国家哲学社会科学基金一般项目"能源转型视野下近代江南社会经济与环境变迁研究（1840—1937）"（编号：21BZS086）结项成果

能源·经济·环境：
近代江南能源史研究
（1840—1937）

裴广强　著

光明日报出版社

图书在版编目（CIP）数据

能源·经济·环境：近代江南能源史研究：1840—1937 / 裴广强著 . —— 北京：光明日报出版社，2024.

8. —— ISBN 978-7-5194-8182-7

Ⅰ . TK01-092

中国国家版本馆 CIP 数据核字第 2024NN5841 号

能源·经济·环境：近代江南能源史研究（1840—1937）

NENGYUAN · JINGJI · HUANJING: JINDAI JIANGNAN NENGYUANSHI YANJIU（1840—1937）

著　　者：裴广强			
责任编辑：鲍鹏飞		责任校对：周文岚	
封面设计：李彦生		责任印制：曹　净	

出版发行：光明日报出版社

地　　址：北京市西城区永安路 106 号，100050

电　　话：010-63169890（咨询），010-63131930（邮购）

传　　真：010-63131930

网　　址：http://book.gmw.cn

E - mail：gmrbcbs@gmw.cn

法律顾问：北京市兰台律师事务所龚柳方律师

印　　刷：北京亿友数字印刷有限公司

装　　订：北京亿友数字印刷有限公司

本书如有破损、缺页、装订错误，请与本社联系调换，电话：010-63131930

开　　本：170mm×240mm

字　　数：300 千字　　　　　　印　　张：19.75

版　　次：2024 年 8 月第 1 版　　印　　次：2024 年 8 月第 1 次印刷

书　　号：ISBN 978-7-5194-8182-7

定　　价：98.00 元

目　录

导　言 ……………………………………………………………………… 1

　　第一节　能源史：探析中国近代社会经济史的新视角 ………………… 1

　　第二节　学术史回顾 ……………………………………………………… 6

　　第三节　研究框架及研究方法 …………………………………………… 14

　　第四节　基本概念及研究时、空界定 …………………………………… 17

第一章　前近代江南的能源结构 ………………………………………… 21

　　第一节　植物型能源利用状况 …………………………………………… 22

　　第二节　矿物型能源利用状况 …………………………………………… 33

　　第三节　无机型能源利用状况 …………………………………………… 39

　　小　结 …………………………………………………………………… 45

第二章　近代江南矿物能源的生产、输入与销售 ……………………… 47

　　第一节　江南本地的能源生产 …………………………………………… 47

　　第二节　能源输入通道及输入数量估测 ………………………………… 52

　　第三节　能源销售方式 …………………………………………………… 69

　　小　结 …………………………………………………………………… 75

第三章　热能转型与近代江南社会经济变迁 …………………………… 77

　　第一节　生产、交通领域内的热能转型 ………………………………… 77

　　第二节　生活领域内的热能利用 ………………………………………… 90

　　小　结 …………………………………………………………………… 104

第四章　光能转型与近代江南社会经济变迁·········· 106

　第一节　道路照明领域内的光能转型　·········· 106

　第二节　室内照明领域内的光能转型　·········· 116

　第三节　光能转型的社会与经济影响　·········· 125

　小　结　·········· 132

第五章　动力能转型与近代江南社会经济变迁·········· 134

　第一节　工业领域内的动力能转型：以电力为中心的分析　·········· 135

　第二节　交通领域内的动力能转型：以内燃机为中心的分析　·········· 147

　第三节　农业领域内的动力能转型：两种基本模式　·········· 157

　小　结　·········· 169

第六章　近代上海煤烟污染的表现、程度及成因·········· 171

　第一节　煤烟污染源地理体系的形成及表现　·········· 172

　第二节　煤烟污染程度的定量估测　·········· 180

　第三节　煤烟污染问题的主要肇因　·········· 187

　小　结　·········· 196

第七章　近代上海煤烟污染的影响探析·········· 197

　第一节　妨害植物生长，损及都市美观　·········· 198

　第二节　污染、腐蚀作用明显，酿成经济损失　·········· 202

　第三节　有碍卫生，损害人体健康　·········· 207

　小　结　·········· 214

第八章　近代上海公共租界煤烟污染治理的实践与困境·········· 216

　第一节　民众的选择：厌恶、逃避与忍受　·········· 217

　第二节　当局的治理态度：法规、实施与不足　·········· 224

　第三节　企业的多重面相：响应、拖延与拒绝　·········· 234

　小　结　·········· 242

结　语　从能源转型视角理解江南的近代化 …………………… 244

附　表 ……………………………………………………………… 255

参考文献 …………………………………………………………… 275

后　记 ……………………………………………………………… 303

图片目录

图 1-1　中国古代手工挖煤图 ⋯⋯⋯⋯⋯⋯⋯⋯⋯⋯⋯⋯　36

图 1-2　杭州地区采用牛力车水（1908） ⋯⋯⋯⋯⋯⋯⋯　44

图 2-1　1864—1937 年上海净输入煤炭数量图 ⋯⋯⋯⋯⋯　63

图 2-2　1865—1937 年江南内地四口净输入煤炭数量图 ⋯⋯　63

图 2-3　1864—1937 年上海净输入煤油数量图 ⋯⋯⋯⋯⋯　64

图 2-4　1868—1937 年江南内地四口净输入煤油数量图 ⋯⋯　65

图 2-5　1923—1937 年上海净输入柴油数量图 ⋯⋯⋯⋯⋯　66

图 2-6　1923—1937 年上海净输入汽油数量图 ⋯⋯⋯⋯⋯　66

图 2-7　1923—1937 年江南内地四口净输入柴油数量图 ⋯⋯　66

图 2-8　1923—1937 年江南内地四口净输入汽油数量图 ⋯⋯　67

图 2-9　美孚石油公司广告 ⋯⋯⋯⋯⋯⋯⋯⋯⋯⋯⋯⋯⋯　70

图 3-1　1893—1936 年上海电力公司煤炭支出占总支出比重图 ⋯　86

图 3-2　1921—1934 年苏州电气厂油煤支出占总支出比重图 ⋯　86

图 3-3　1864—1931 年江南五口煤炭年平均价格变动图 ⋯⋯　87

图 3-4　1921—1937 年间上海和南京燃料及物价总指数趋势图 ⋯　88

图 3-5　杭州郊野背柴禾的小孩（1917—1919） ⋯⋯⋯⋯　95

图 3-6　杭州运河上装载木炭和木材的船只（1917—1919） ⋯　101

图 4-1　1887 年上海外白渡桥上的电弧路灯 ⋯⋯⋯⋯⋯⋯　108

图 4-2　1910—1932 年江苏武进农民灯用燃料零售价格图 ⋯⋯　120

图 4-3　1930 年代初的上海江边电站（杨树浦发电厂） ⋯⋯　122

图 5-1　1933 年上海电力公司的马达租赁费 ⋯⋯⋯⋯⋯⋯　138

图 5-2　上海电力公司用于生产部分电力在总售电量中的比例图 ⋯⋯　141

图 5-3　20 世纪 30 年代初上海工业分布地区图 ·················· 142

图 5-4　1923—1933 年上海进口石油价格变动趋势图 ············ 149

图 5-5　上海某停车场一瞥（1929）····························· 152

图 5-6　民国初年杭州艮山门发电厂使用 25 匹马力抽水机进行排灌 ······ 161

图 6-1　远眺黄浦江上冒烟的轮船（1919）····················· 174

图 6-2　1946—1948 年间《申报》所载上海雾天和霾天数统计··········· 182

图 6-3　1890—1937 年上海每年每平方公里烟尘及二氧化硫排放量
　　　　趋势图 ·· 186

图 7-1　1908—1942 年公共租界各类传染病死亡人数比例图············· 211

图 8-1　1929—1939 年公共租界公园游客人数及民众年均游园频次
　　　　统计 ·· 224

图 8-2　上海公共租界工部局董事会成员合影（1900）·············· 226

图 8-3　1899—1942 年公共租界工部局处理烟气公害事件数量统计········ 232

图 8-4　1923—1941 年上海煤炭趸售市价趋势···················· 240

表目录

表 1–1　清代前中期江南及水路邻近地区煤炭开采情况表 ⋯⋯⋯⋯⋯⋯　33

表 1–2　江南漕船及海船风耗值估算表 ⋯⋯⋯⋯⋯⋯⋯⋯⋯　43

表 2–1　近代江南煤炭开采情况表 ⋯⋯⋯⋯⋯⋯⋯⋯⋯⋯　49

表 3–1　上海树柴采购地点统计表 ⋯⋯⋯⋯⋯⋯⋯⋯⋯⋯　91

表 3–2　上海草柴采购地点统计表 ⋯⋯⋯⋯⋯⋯⋯⋯⋯⋯　92

表 3–3　卜凯调查江南局部地区农户燃料供给情况表 ⋯⋯⋯⋯⋯　97

表 3–4　1914—1933 年上海各类生活燃料零售物价表 ⋯⋯⋯⋯　99

表 4–1　1911—1933 年江南主要城市路灯数量及光度表 ⋯⋯⋯⋯　112

表 5–1　1936 年江浙两省及全国发电总容量统计表 ⋯⋯⋯⋯⋯　146

表 6–1　近代上海烟尘、二氧化硫排放量计算公式及相关参数表 ⋯⋯　183

附表 1　明末以降江南人口统计表 ⋯⋯⋯⋯⋯⋯⋯⋯⋯⋯　255

附表 2　1859—1937 年江南各口煤炭净输入统计表 ⋯⋯⋯⋯⋯　256

附表 3　1864—1937 年江南各口煤油净输入统计表 ⋯⋯⋯⋯⋯　259

附表 4　1923—1937 年江南各口柴油净输入统计表 ⋯⋯⋯⋯⋯　262

附表 5　1923—1937 年江南各口矿质汽发油、石脑汽油、扁陈汽油
　　　　净输入统计表 ⋯⋯⋯⋯⋯⋯⋯⋯⋯⋯⋯⋯⋯⋯　263

附表 6　1921—1937 年上海迳售物价指数表 ⋯⋯⋯⋯⋯⋯⋯　263

附表 7　1924—1931 年南京零售物价指数表 ⋯⋯⋯⋯⋯⋯⋯　264

附表 8　抗战之前江南地区电厂情况一览表 ⋯⋯⋯⋯⋯⋯⋯　265

附表 9　1913—1921 年江南造船所所造船只原动机配备情况表 ⋯⋯⋯　273

导　言

第一节　能源史：探析中国近代社会经济史的新视角

近代以来，中国社会经济呈现了怎样的发展趋势？考虑到百余年来列强的政治、经济侵略及国内战乱频仍的基本史实，长期以来，相当一部分学者持消极观点。他们认为近代中国的社会经济伴随着政治上的混乱而长期处于停滞状态，难觅发展良机，呈现了一种"沉沦"的态势。[①] 与之相对地，吴承明、赵德馨、朱荫贵等先生则认为近代中国经济发展呈现出上升的发展趋势。他们主张从市场经济的角度看待近代中国的经济发展，积极地寻找蕴含在近代中国经济发展中的良性因素。[②] 如吴承明先生认为无论从人口、移民、农业结构的演变，还是从新式工业和交通运输业的创建，抑或是从自然经济的分解和商品、货币经济的发展来看，"都没有悲观的理由"。[③] 总体来看，这一观点逐渐得到学界越来越多的赞同。

相比而言，国内外学界对于抗战前中国经济发展具体原因的解释则存在更多不同意见。总体来看，主要存在以下三种分析视角。

（1）制度史分析视角：认为中国近代经济制度的变迁降低了交易费用，

[①]　主要参见陈诗启：《近代中国有没有民族市场的形成》，《中国经济问题》1961 年第 Z1 期；汪敬虞：《中国近代经济史中心线索问题的再思考》，《中国经济史研究》1990 年第 2 期；潘君祥、沈祖炜主编：《近代中国国情透视——关于近代中国经济、社会的研究》，上海社会科学院出版社，1992，第 216 页；张海鹏：《关于中国近代史的分期及其"沉沦"与"上升"诸问题》，《近代史研究》1998 年第 2 期。

[②]　吴承明：《中国的现代化：市场与社会》，生活·读书·新知三联书店，2001，第 9 页；赵德馨：《中国近代国民经济史教程》，高等教育出版社，1988，第 16 页；朱荫贵：《对近代中国经济史研究中心线索的再思考》，《社会科学》2010 年第 6 期。

[③]　吴承明：《中国近代经济史若干问题的思考》，《中国经济史研究》1988 年第 2 期。

释放了生产力，继而为经济发展提供了机会和激励，主张从宏观和微观的制度变迁视角分析经济发展动因。在其看来，中国近代经济制度变迁以政府主导的强制性制度变迁为主，企业家主导的诱致性制度变迁为辅。王玉茹教授认为进入 20 世纪之后，清政府、北洋政府和南京国民政府都尝试引进相关的近代经济制度，其结果是：制度的供给情况明显好转，并且在某些方面满足了自下而上的对新制度的需求，最终有助于促进经济的发展。[①] 沈祖炜教授、朱荫贵教授、张忠民教授等则对中国近代不同类型企业制度和公司制度的变迁进行了专题式研究，突出企业家在推动企业制度变革中的探索和革新尝试，并旨在强调公司制度的演进对于推进中国近代经济发展的作用。[②]

（2）技术史分析视角：认为经济增长与科学技术知识的增长密不可分，主张就自然科学和社会科学知识范围内的技术传播、发明研究、新思想运用以及人的教育和人力资本养成等对经济发展至关重要的问题展开研究。刘佛丁教授等认为技术进步与管理制度的进步一样，均为中国近代经济发展过程中的决定性因素。[③] 杜恂诚教授等参考威廉·阿瑟·刘易斯（W.Arthur Lewis）的经济增长理论，用人口教育、企业家才能和市场供给扩展来解释知识的增长与意义，并认为这促进了近代中国经济的发展。[④] 近年来，随着科技史研究的方兴未艾，涌现出一批有关近代中国物理学、化学、机械工业学等学科史的研究成果。这些成果一致强调自洋务运动以来的技术革新加快了中国由传统手工劳动向机器化生产过渡的速度，对于推动中国近代社会经济发展起到了重要的作用。[⑤]

（3）全球史分析视角：认为中国的近代化具有"外源性"特征，对外

[①] 王玉茹等：《制度变迁与中国近代工业化——以政府的行为分析为中心》，陕西人民出版社，2000，第 315 页。

[②] 沈祖炜主编：《近代中国企业制度和发展》，上海社会科学院出版社，1999；朱荫贵：《中国近代股份制企业研究》，上海财经大学出版社，2008；张忠民等：《近代中国的企业、政府与社会》，上海社会科学院出版社，2008。

[③] 刘佛丁主编：《中国近代经济发展史》，高等教育出版社，1999，第 115 页。

[④] 杜恂诚主编：《中国近代经济史概论》，上海财经大学出版社，2011，第 334–341 页。

[⑤] 主要参见杨翠华、黄一农主编：《近代中国科技史论集》，"中研院"近代史研究所、台北清华大学历史研究所印行，1991；何艾生、梁成瑞：《中国民国科技史》，人民出版社，1994；段治文：《科学与近代中国》，高等教育出版社，2004；等等。

贸易的发展是促使社会经济领域发生新变化的主因之一，主张从国内外经济因素交融互通的角度开展对中国近代社会经济史的研究。在托马斯·罗斯基（Thomas G.Rawski）教授看来，中国经济在二战之前获得"不可忽视的巨大的进步"的原因植根于海外对中国农产品需求的增长、外国商品的渗入为中国相关行业创造的机遇、便于国际贸易发展的货币金融和运输通信的进步等。[①] 此外，张丽教授对19世纪下半叶至20世纪初期无锡蚕桑业发展状况的研究，仲伟民教授对中英之间茶叶和鸦片贸易兴衰变化的比较分析，以及日本学者城山智子关于世界经济危机与中国政府、市场应对问题的探讨，林满红教授对拉丁美洲白银减产与鸦片战争前后中国社会经济危机关系的联动研究，同样均将国际贸易环境的变动视为影响中国近代经济发展趋势的重要原因。[②]

毫无疑问，这些研究揭示了中国近代社会经济发展中的一些总体特征。不过，诚如蔡昉教授所言，制度经济学虽然侧重于解释中国发展过程中所展现的重大制度变迁，但是却常常因为事先描绘出特定的制度变迁轨迹，终究无法具有实证经济学的"预测"功能，处于一种不得要领的两难境地。[③] 而那些称为科学史的研究成果则显得宏观分析有余而微观分析不足，对科技应用史的具体案例研究远为不足，尚难以全面深入把握科技与社会经济的互动过程。从全球史的角度能够发掘出以往未被充分重视的经济发展因素，但是却侧重对于短时性历史事件的考察，较难以从长时段的维度探析社会经济发展的深层动力。更重要的是，无论是既有制度史、科技史抑或全球史的研究成果，都更多地旨在探讨在资源稀缺的情况下如何提高资源利用率，以促进经济发展的问题，而没有充分考虑到假如资源本身的供需发生了变化，制度、

---

① ［美］托马斯·罗斯基：《战前中国经济的增长》，唐巧天等译，浙江大学出版社，2009，第10、16、335页。

② 张丽：《非平衡化与不平衡：从无锡近代农村经济发展看中国近代农村经济的转型》，中华书局，2010；仲伟民：《茶叶与鸦片：十九世纪经济全球化中的中国》，生活·读书·新知三联书店，2010；［日］城山智子：《大萧条时期的中国——市场、国家与世界经济（1929—1937）》，孟凡礼、尚国敏译，江苏人民出版社，2010；林满红：《银线：19世纪的世界与中国》，詹庆华等译，江苏人民出版社，2011。

③ 蔡昉：《理解中国经济发展的过去、现在和将来——基于一个贯通的增长理论框架》，《经济研究》2013年第11期。

科技、贸易形式和经济发展会发生什么变化。进而言之，作为最重要的资源之一，能源在中国近代宏观经济发展中到底扮演了何种角色？国内外学界对这一问题很少涉及，尚没有专门研究成果问世。

相比而言，国际经济史和能源史学界已经比较充分地注意到了能源的作用，尝试将能源置于促进近代经济发展的中心位置，认为传统经济向近代经济的转型必须以能源转型为前提和基础，表现在能源结构从以植物型能源为主向以矿物型能源为主转型。对于这一观点的详细阐释，集中反映在国外学界有关工业革命史的研究上。美国的约翰·内夫（John Neff）教授是第一位将能源看作英国工业革命主要促进因素的现代历史学家，早在 20 世纪 30 年代初便认为"没有煤炭，早期工业永远不可能发展"[①]。英国的菲利斯·迪恩（Phyllis Deane）教授认为"工业革命最主要的成就，是将英国以木质和水为基础的经济转变成为以煤和铁为基础的经济"[②]。美国的戴维·兰德斯（David S.Landes）教授认为工业革命具有三种内涵：机器代替人工技术和努力；无生命的动力资源代替有生命的动力资源；新的、丰富的原材料代替动植物资源。[③] 很明显，这都需要以能源部门的发展为基础。英国的罗伯特·艾伦（Robert Allen）教授认为英国之所以领先于其他国家发生工业革命，关键原因是拥有非常廉价的能源，而且由于英国工人工资比其他国家高，于是形成了用机械动力代替人力，节省薪资支出的目的。[④] 上述观点在过去三十余年来最知名的拥护者，应该说是剑桥大学的里格利（E.A.Wrigley）教授和加拿大的瓦科拉夫·斯米尔（Vaclav Smil）教授。里格利将煤炭看作工业革命得以发生、发展和扩展的主要促进因素。耄耋之年，他仍致力于从"有机经济"向以煤炭和蒸汽动力支撑的"矿物能源经济"转变的角度重建英国工业革命

---

① J.U.Nef, *The Rise of the British Coal Industry*, Vol.I（London：George Rout Ledge & Sons Ltd，1932），p.189.

② Phyllis Deane, *The First Industrial Revolution*（Cambridge：Cambridge University Press，1965），p.129.

③ ［美］戴维·S.兰德斯：《国富国穷》，门洪华等译，新华出版社，2010，第 199 页。

④ R.C.Allen, "Why the Industrial Revolution Was British：Commerce, Induced Invention, and the Scientific Revolution", *The Economic History Review*，No.2（2011），pp.357-384.

史。① 瓦科拉夫·斯米尔则始终认为"人类利用能源的可获性以及能源转型的方式，对于整个人类历史产生了深远的影响"②。这对于深化对能源史的认识，破解以制度、技术和贸易为主要视角的经济史解释框架，更好地理解传统经济向近代经济的演变机制，具有积极的意义。

就本书的研究地区——江南而言，其自南宋以来便成为中国的经济中心。迨至明清，更可称之为整个东亚经济最发达的地区。在近代屈于西方武力而被迫开放之后，江南也开启了自己"外源性"近代化的过程。在这一过程中，江南并没有完全靠引进西方的制度、技术或开展国际贸易来推动近代化，也没有因为本地能源部门的落后而放慢近代化的脚步。到清末民初，江南摇身一变，由传统社会中高度发达的"有机经济"中心，变为近代中国具有"矿物经济"特征的工业堡垒。问题是，在江南由传统农业社会向近代工业社会转型过程中，能源自身究竟扮演了何种角色？是否像在西方国家工业革命的过程中那样，能源结构发生了从以植物型能源为主向以矿物型能源为主的转型？如果发生了，那么这一转型对近代江南社会经济与环境变迁造成了什么影响？若不正面回应这些问题，就不能完整理解社会经济发展背后的内在运行机制，当然也就不能深入理解江南在近代化过程中一系列纷繁复杂的经济现象产生的原因。加之改革开放以来，我国作为世界上最主要的能源消耗国之一，能源在国家和地区经济发展中发挥了巨大的作用，同时也造成了越来越严重的城市环境问题。因而，无论是基于对江南经济史研究在中国经济史研究中重要性的认识，还是紧跟国际能源史和经济史研究趋势，抑或是对现时能源、经济和环境问题的关注，都应该进一步推进对近代江南能源史及其相关问题的研究。

---

① E.A.Wrigley, *Poverty, Progress, and Population*（Cambridge：Cambridge University Press, 2004）; *Energy and the English Industrial Revolution*（Cambridge：Cambridge University Press, 2010）;《延续、偶然与变迁：英国工业革命的特质》，侯琳琳译，浙江大学出版社，2013; *The Path to Sustained Growth. England's Transition from an Organic Economy to an Industrial Revolution*（Cambridge：Cambridge University Press, 2016）。

② Vaclav Smil, "World History and Energy", in C. Cleveland, et al., *Encyclopedia of Energy*, Vol. 6（New York：Elsevier, Amsterdam, 2004）, p. 549.

第二节　学术史回顾

迄今为止，国内外学界对近代江南能源史的研究主要集中在以下三个方面。

一、侧重考察能源行业史，研究柴薪、煤炭、石油、煤气和电力行业的供需、贸易及发展问题

植物型能源在近代的地位逐渐下降，但是在广大乡村地区仍然在普遍利用。黄敬斌对清初以至民国时期江南居民日常所需的燃料及其来源、耗费，照明燃料的消费及其变迁等问题进行了考述。他认为江南居民的日常燃料主要是秸秆和薪柴，且十分紧缺。此外，照明燃料经历了从火石到煤油的变迁。[1] 王建革以上海松江县华阳桥乡水利、肥料和土壤之间的生态联系为例，简要说明了近代以来燃料与肥料、饲料之间的关系。[2]

近代江南的能源转型以煤炭的大量使用为典型特征，目前学界关于煤炭行业史的研究成果最为集中。张伟保等对发生于1928—1932年的长江煤荒危机进行了研究，对此次煤荒产生的原因以及国民政府的应对措施做了考察。[3] 朱佩禧深入挖掘了上海市档案馆所藏相关资料，并结合战时《申报》有关煤荒的报道，分析了当时上海煤荒产生的原因、日本兴亚院制定统制经济政策的影响以及公共租界工部局与上海煤业公会救济煤荒的举措。[4] 高明对1945—1949年间国民政府在上海成立的燃料管制机构进行了系统分析，试图突破政治军事的框架，从以煤炭供应问题为例的经济角度分析战后的经济重建问题，并修正以往研究中对战后国统区经济的消极印象。[5]

在煤炭贸易史领域，几位日本学者做出了较为突出的贡献。山下直登概要地分析了近代以来销售于上海市场的煤炭种类、煤炭来源以及各行业消费

① 黄敬斌：《民生与家计：清初至民国时期江南居民的消费》，复旦大学出版社，2009，第183-191页。
② 王建革：《华阳桥乡：水、肥、土与江南乡村生态（1800—1960）》，《近代史研究》2009年第1期。
③ 张伟保等：《经济与政治之间——中国经济史专题研究》，厦门大学出版社，2010。
④ 朱佩禧：《抗战时期上海的"煤荒"研究》，《社会科学》2009年第1期。
⑤ 高明：《边缘之路：战后中国经济的重建——基于民国时期上海燃料管理机构档案的研究》，《史林》2017年第3期。

情况，可谓是这一领域内的开创之作。① 塚濑进的跟进研究亦以上海煤炭市场为研究对象，梳理了"九一八"事变之前上海煤炭贸易的大体面貌。② 杉山伸也对幕末、明治初期日本煤炭（特别是高岛煤）出口量进行了量化分析，探讨日本煤与上海煤炭市场的关系，旨在阐明中国对于煤炭的强烈需求给日本国内资本主义的发展提供了重要的"国际契机"。③ 国内研究方面，毛立坤对晚清上海煤炭贸易进行了考述，认为早在甲午战争前的三十余年间，以煤炭为代表的一部分日货已打入上海等沿海口岸城市的燃料市场，而日本煤炭输华贸易中采用的营销手段，则为日后其他日本工业品称雄中国市场摸索了经验。④ 王力从中日双方的煤炭供需情况出发，就 20 世纪初期的中日煤炭贸易进行了考察，认为当时两国之间煤炭贸易关系日益紧密，煤炭市场依存度不断增强。⑤ 张珺考证了近代中日煤炭贸易的产生与发展历程，分析了上海对煤炭的需求与消费结构的变化，并探讨了中日煤炭贸易在近代中国对外贸易整体框架下的意义。⑥

除煤炭之外，矿物能源还包括汽油、柴油、煤油、煤气等。相比学界有关煤炭的研究而言，对于石油类能源的研究成果较少。20 世纪 20 年代初，日本学者马场锹太郎调查了当时上海石油业及其销售情况，为深入研究近代江南石油供需问题之滥觞。⑦ 陈梅龙、沈月红考察了近代浙江洋油进口贸易的变化过程，认为近代浙江的洋油进口给地方经济带来了一定的积极影响，改善了企业和城乡居民的照明条件，促进了浙江的近代化。⑧ 常旭利用旧海关

①　［日］山下直登：《日本資本主義確立期における東アジア石炭市場と三井物産——上海市場を中心に》，《エネルギー史研究：石炭を中心として》1977 年第 8 号；《日本資本主義確立期における上海石炭市場の展開》，《エネルギー史研究：石炭を中心として》1977 年第 9 号。

②　［日］塚瀬進：《上海石炭市場をめぐる日中関係（1896—1931 年）》，《アジア研究》1989 年第 4 号。

③　［日］杉山伸也：《幕末、明治初期における石炭輸出の動向と上海石炭市場》，《社会経済史学》1978 年第 6 号。

④　毛立坤：《日货称雄中国市场的先声：晚清上海煤炭贸易初探》，《史学月刊》2013 年第 2 期。

⑤　王力：《近代上海における石炭の輸移入と消費事情》，《史泉》2006 年第 103 号；《20 世纪初期中日煤炭贸易的分析》，《中国经济史研究》2008 年第 3 期。

⑥　张珺：《近代中日煤炭贸易——以上海对日本煤炭的进口为中心》，《清史研究》2021 年第 2 期；《近代上海市场的中外煤炭竞争》，《近代史研究》2023 年第 4 期。

⑦　台湾总督府官房调查课编印：《上海を中心とする石油販卖业及其组织》，1923。

⑧　陈梅龙、沈月红：《近代浙江洋油进口探析》，《宁波大学学报》（人文科学版）2006 年第 3 期。

史料系统整理了 1863—1931 年历年全国和各海关贸易统计及报告中有关石油进口的数据，从总体上研究了近代中国石油贸易的规模、结构及其发展变化的特点和原因。[①]

电力部门也是能源部门中重要的一环，但不同于煤炭、石油等一次能源，其是作为二次能源的转换形式出现的，且在发展和应用的过程中具有一定的独特性。陈中熙、[②] 李代耕、[③] 郑亦芳[④] 等人从整体上回顾了近代中国电力、电机事业的发展状况，其中都将江南作为重点论述地区之一。从具体问题的研究来看，日本学者金丸裕一较早涉足近代江南电力史领域。他对 1879—1924 年间上海市和江苏省电业的发电容量和资本变化情况进行了初步统计，并将电气化进程与工业化过程联系起来看待。[⑤] 他还对"七七事变"后日本对华中电力事业采取的破坏行动进行了分析，较详细地考察了日本侵华战争对江南地区电力事业的破坏以及修复计划，并认为日本在华中地区实行的军事接管行动阻碍了战前江南地区电业民营化的趋势。[⑥] 此外，王静雅考察了 20 世纪 30 年代以前长江中下游地区的电业情况，从一个侧面揭示了早期民族资本主义工业发展中存在底子薄、基础弱、规模小、技术差和管理不科学等难题。[⑦] 黄河梳理了近代苏州电气事业的发展过程，认为电是现代化的标志性事物，以该事物为视角研究近代苏州城市社会，能够探析现代化带给传统城市的转变。[⑧]

[①] 常旭：《旧海关史料与煤油进口（1863—1904）》，《中国经济史研究》2015 年第 5 期；《中国近代煤油埠际运销与区域消费（1863—1931）》，《中国经济史研究》2016 年第 6 期。

[②] 陈中熙：《三十年来中国之电力工业》，载中国工程学会编印《三十年来之中国工程》，1946，第 1—20 页。

[③] 李代耕：《中国电力工业发展史料——解放前的七十年：1897—1949》，水利水电出版社，1983。

[④] 郑亦芳：《中国电气事业的发展，1882—1949》，博士学位论文，台湾师范大学，1988。

[⑤] ［日］金丸裕一：《中国「民族工业の黄金时期」と电力产业——1879—1924 年の上海市·江苏省を中心に》，《アジア研究》1993 年第 4 号；《统计表中之江苏电业——以「建国十年」时期为中心の讨论稿》，《立命馆经济学》1999 年第 5 号。

[⑥] ［日］金丸裕一：《从破坏到复兴？——从经济史来看"通往南京之路"》，《近代中国》第 122 期，1997 年 12 月；「支那事变」直後，日本による华中电力产业の调查と复旧计画》，《立命馆经济学》2005 年第 5—6 号；《「中支电气事业调查报告书」（昭和 13 年 2 月）の一考察》，《立命馆经济学》2005 年第 4 号。

[⑦] 王静雅：《论近代民族资本主义工业发展历程及特点——以 20 世纪 30 年代以前长江中下游电业为例》，《石河子大学学报》（哲学社会科学版）2013 年第 4 期。

[⑧] 黄河：《近代苏州电力事业研究》，安徽师范大学出版社，2019。

电力事业是一项重要的公用事业，关乎社会的发展和民众的福祉。这在很大程度上决定了政府既是电力事业的规划者、建设者，亦是重要的监管者。近代江南的电力事业发轫于外人，其在相当一段时间内主导着电力事业的发展。邢建榕对近代上海水电煤供给事业的发展状况进行了研究，认为租界当局和外商水电煤公司通过控制公用事业，操纵了上海城市的近代化进程，以达到扩大政治影响的目的。① 樊果对公共租界在 1930—1942 年间的电费调整进行了研究，并对公共租界工部局对电力的监控行为进行了分析，认为在工部局的监管下，美商上海电力公司的供电行为保持了较高效率。② 在南京国民政府处治窃电法规颁布以前，长江中下游地区用户窃电成风。针对这一问题，建设委员会从立法、司法、舆论宣传等方面对窃电行为进行整治。王静雅对建设委员会处治窃电行为进行了分析，认为其实践效果不尽如人意，并探讨了其中的原因。③ 陈文彬对上海特别市公用局成立后制定颁布《商办公用事业监理规则》的过程进行了考察，认为此举之所以引起民用电厂和国民政府的否定，反映了上海特别市建立之初政府权威的阙如和公用局在民营公用事业管理理念上的落后。④ 严国海则认为上海特别市此举虽然干预强度过大，改善民生和维护社会公共利益的作用有限，但是其所制定的特许经营合同保证金制度以及公用事业价格的成本监管制度，却具有一定的参考价值。⑤

二、开展对能源企业史的研究，涉及典型企业的经营策略、组织与人事、设备与生产、资产与财务等问题

从微观层面来看，近代江南的能源行业是由若干不同类型的能源企业构成的。因此，对其中具有代表性的企业开展专门研究，有助于深化对于能源

---

①　邢建榕：《水电煤：近代上海公用事业演进及华洋不同心态》，《史学月刊》2004 年第 4 期。

②　樊果：《近代上海公共租界中的电费调整及监管分析：1930—1942》，《中国经济史研究》2011年第 4 期；《上海公共租界工部局电力监管研究》，《中国经济史研究》2014 年第 2 期。

③　王静雅：《建设委员会与民国窃电问题治理——以 1930 年代长江中下游地区为例》，《暨南学报》（哲学社会科学版）2012 年第 6 期。

④　陈文彬：《民营公用事业：“监理”还是“监督”？——关于近代上海公用事业管理方式的一场官商之争（1927—1930）》，《史林》2006 年第 2 期。

⑤　严国海：《公用事业的特许经营与价格监管——以近代上海民营水电业为例的考察》，《财经研究》2016 年第 7 期。

史的整体理解。刘鸿生是活跃于清末民初江南地区的著名实业家，主要经营煤炭、煤球、煤油、火柴、水泥等产品，被称为近代江南的"能源大王"。马伯煜分析了刘鸿生的企业经营管理理念、资本积累及市场竞争方式，认为其是旧中国民族资本发展中的一个有代表性的企业类型。[①] 姜新论述了刘鸿生创办华东煤矿的过程，认为从中体现了刘鸿生既顺应时代热潮，又开辟新路；既垂直延伸，又横向联合；既分散投资，又集中管理；既立足经济中心，又发展周边地区的经济思想。[②]

在近代江南能源企业史的研究方面，台湾学者王树槐的贡献颇大。他以建设委员会的相关档案为主要资料，对一些重要的煤矿和电厂进行了个案式研究。他将抗战之前长兴煤矿的发展历史分为早期发展时期、建设委员会接办时期、宁益银团经营时期三个阶段，并就每一阶段的情况进行了详细的考察。[③] 同时，他以单个电厂为研究单位，对首都（南京）电厂、（上海）浦东电气公司、江苏武进戚墅堰电厂、（上海）翔华电气公司、（上海）闸北水电公司、杭州电厂、（上海）华商电气公司、溧阳振亨电灯公司等展开了一系列研究。[④] 其研究理路基本上都是从电厂基本概况、组织变迁、人事安排、发电设备与发电容量、经营业务及盈亏情况等多方面分析相关电厂的历史。

在近代江南各类型电厂之中，以工部局电气处（上海电力公司）为代

① 马伯煜：《论旧中国刘鸿生企业发展中的几个问题》，《历史研究》1980年第3期；《刘鸿生的企业投资和经营》，《社会科学》1980年第5期。

② 姜新：《从华东煤矿公司看刘鸿生的辩证发展观》，《徐州师范大学学报》（哲学社会科学版）2000年第12期。

③ 王树槐：《浙江长兴煤矿的发展，1913—1937》，"中研院"《近代史研究所集刊》1987年第16号。

④ 《首都电厂的成长（1928—1937）》，"中研院"《近代史研究所集刊》1991年第20号；《江苏武进戚墅堰电厂的经营（1928—1937）》，"中研院"《近代史研究所集刊》1992年第21号；《上海浦东电气公司的发展（1919—1937）》，"中研院"《近代史研究所集刊》1994年第23号；《江苏省第一家民营电气事业——镇江大照电气公司（1904—1937）》，"中研院"《近代史研究所集刊》1995年第24号（下）；《上海翔华电气公司（1923—1937）》，载"中研院"近代史研究所编印《郭廷以先生九秩诞辰纪念论文集》上册，1995；《上海闸北水电商办的争执，1920—1924》，"中研院"《近代史研究所集刊》1996年第25号；《上海华商电气公司的发展，1904—1937》，载"中研院"近代史研究所编印《近世中国之传统与蜕变：刘广京院士七十五岁祝寿论文集》上册，1998；《振亨电灯公司发展史：1915—1937》，载"中华民国"建国八十年学术讨论集编辑委员会编《"中华民国"建国八十年学术讨论集》，近代中国出版社，1991，第94-133页；《张人傑与杭州电厂》，"中研院"《近代史研究所集刊》2004年第43号。

表的外资电厂规模最大。对其进行个案式研究，可以从一个侧面反映出近代上海电力事业的发展历程。台湾学者林美莉对抗战前上海电力公司和法商电车电灯公司的发电容量及发电量进行了重新计算，纠正了以往研究的一些不足。[1] 澳大利亚学者蒂姆·赖特（Tim Wright）对抗战前中国的电力生产能力进行了初步统计，其中将上海电力公司作为重要统计对象。[2] 陈宝云对上海电力公司的发展历程和运营特点进行了研究，借此对近代中国电力工业的发展特点及规律提出了一些新的看法。[3] 杨琰以工部局电气处为主要研究对象，对近代上海租界内煤气照明及电力照明的演变情况进行了梳理，并对两者之间的竞争过程和工部局电气处在促进电力照明中的作用进行了分析。[4] 陈碧舟则从并购策略、股权策略、人力资源管理策略、融资策略、成本控制策略、营销策略等方面对上海电力公司的经营策略进行了多角度考察，全面系统地解析了该公司经营的实况与内涵。[5]

三、分析能源利用与产业发展的关系，探讨工业、农业以及交通运输业中的能源利用及其经济意义

能源按其用途来看，主要分为动力能、热能和光能三大功用。三种功用的综合运用，推动了近代江南工业、农业和交通运输业等领域的近代化。在探讨动力革新与工业发展的关系方面，最典型者表现在纺织业领域。徐新吾[6]、陈慈玉[7]、段本洛[8]就近代江南缫丝机器、动力革新与缫丝工业发展之间的关系进行了论述。严中平就近代江南棉纺织业的机械换代与动力革新进行

---

① 林美莉：《外资电业的研究（1882—1937）》，硕士学位论文，台湾大学，1990。
② Tim Wright, Electric Power Production in Pre-1937 China, *China Quarterly*, 126（June 1991）, pp.356-363.
③ 陈宝云：《中国早期电力工业发展研究：以上海电力公司为基点的考察（1879—1950）》，合肥工业大学出版社，2014。
④ 杨琰：《政企之间：工部局与近代上海电力照明产业研究（1880—1929）》，上海社会科学院出版社，2018。
⑤ 陈碧舟：《美商上海电力公司经营策略研究（1929—1941）》，博士学位论文，上海社会科学院，2018。
⑥ 徐新吾：《中国近代缫丝工业史》，上海人民出版社，1990。
⑦ 陈慈玉：《近代中国的机械缫丝工业（1860—1945）》，"中研院"近代史研究所印行，1989。
⑧ 段本洛：《苏南近代社会经济史》，中国商业出版社，1997。

了研究，并将机纺工人与手纺工人、机织工人与手织工人的工作效率进行了对比。[①] 彭南生以常州、武进的织布业，吴兴、盛泽的丝织业机器改良为例，说明了马达的出现为分散的乡村手工业利用动力带来了方便，有利于"半工业化"向广度发展。[②] 张东刚和李东生对民族棉纺织业在近代的技术进步进行了分析，认为清末至二战之前技术进步对近代中国民族棉纺织工业产值增长速度的贡献率为8.6%，技术进步对劳动生产率的贡献显著。在这一过程中，动力机械及机械动力的改进功不可没。[③]

在促进农业发展方面，动力的作用也十分明显。中国近代农业机械的引进和使用始于清末，其中应用最为广泛的首推灌溉机械。咸金山以清末中国传统农业逐步向近代农业过渡为背景，就灌溉机械的应用、推广、民族灌溉机械制造业的发展以及半殖民地半封建社会制度下灌溉机械使用的若干历史特点进行了探讨。[④] 袁家明等[⑤]和台湾学者侯嘉星[⑥]详述了电力和内燃机动力的机械灌溉经营形式——"包打水"在20世纪二三十年代于江南局部地区推行的过程，并梳理和总结了"包打水"的灌溉服务、收费标准及经济意义。此外，唐文起还对1937年之前江苏士绅创办的碾米厂、榨油厂以及面粉加工厂的动力机械革新进行了简要叙述。[⑦]

抗战爆发前，轮船、火车、电车、汽车等新式交通事业已成为江南个别城市生活的物质载体和衡量评估城市发展水平的重要标志。陈文彬全面梳理了抗战前上海公共交通事业的发展过程，并分析了交通近代化之于上海城市近代化的意义。[⑧] 戴鞍钢对清末民初上海与杭州之间的交通联系进行了研究，认为铁路及轮船的修建与应用大大方便了沪浙间人员和物资等方面的流通，

---

① 严中平：《中国棉纺织史稿》，科学出版社，1955。
② 彭南生：《半工业化——近代中国乡村手工业的发展与社会变迁》，中华书局，2007。
③ 张东刚、李东升：《近代中国民族棉纺织工业技术进步研究》，《经济评论》2007年第6期。
④ 咸金山：《中国近代机灌事业的发展》，《中国农史》1989年第2期。
⑤ 袁家明：《近代江南地区灌溉机械推广应用研究》，中国农业科学技术出版社，2013；袁家明、惠富平：《近代江南新型灌溉经营形式——"包打水"研究》，《中国农史》2009年第1期。
⑥ 侯嘉星：《中国近代农业机械化发展——以抽水机灌溉事业为例》，《民国研究》2013年第2期；《机器业与江南农村：近代中国的农工业转换（1920—1950）》，政治大学出版社，2019。
⑦ 唐文起：《旧中国江苏地区农业机器使用情况概述》，《江苏经济探讨》1992年第11期。
⑧ 陈文彬：《近代化进程中的上海城市公共交通研究（1908—1937）》，学林出版社，2008。

促进了地区近代化。① 李沛霖通过电车事业与时尚理念、公共参与和国家利权三个交互界面，探讨了公共交通与上海城市现代性的共生共长的关系，以此勾勒近代上海城市化进程的演化轨迹。② 开埠后，上海街道上小车、行人、马车聚集，争夺有限的道路资源。何益忠通过对马车、小车、行人交通行为争论的分析，展示了城市社会内中外双方在民族情感、生活习惯等方面的冲突与调适。③ 此外，经盛鸿讨论了铁路建设与南京经济发展之间的关系，指出津浦铁路、沪宁铁路以及长江列车轮渡等交通道路的修建，大大加强了南京与其他地区的联系，成为推动区域经济发展的重要原因。④

除了促进社会经济的近代化，能源的利用还在一定程度上推动了社会风俗乃至思想的变化。熊月之梳理了近代上海灯烛的演化历程，并对蕴含在灯烛里的文化意义进行了阐述，认为油灯、蜡烛、煤气灯、电灯等照明用具的演替虽然方便了民众的生活，但是老式照明用具的许多特有的幽暗、朦胧、神秘的情趣也因这种进步而逐渐消逝了。⑤ 近代以降，交通运输系统是最需要时间纪律以维系工作效率的部门之一。丁贤勇认为轮船、火车、汽车等近代新式交通工具的进入，使人们开始确立科学的时间观念，改变了人们的出行方式、时间节奏和对时间的感知，扩大了人们的活动半径，也使人们有了"时间就是金钱"的观念。⑥ 黄河对苏州商人筹办苏州电气公司的过程进行了分析，认为苏州商人群体激发出经济民族主义思潮，积极投身保护民族利权的斗争之中。他还分析了苏州民众对电的认知过程，指出电一方面带给了国人"新奇""先进"的认知，但另一方面未能深刻改变社会文化层面的近代化形态。⑦

---

① 戴鞍钢：《清末民初上海与杭州的交通联系》，载上海市档案馆编《上海档案史料研究》第9辑，上海三联书店，2010。
② 李沛霖：《公共交通与城市现代性：以上海电车为中心（1908—1937）》，《史林》2018年第3期。
③ 何益忠：《近代中国早期的城市交通与社会冲突——以上海为例》，《史林》2005年第4期。
④ 经盛鸿：《南京近代的铁路建设》，载南京市人民政府经济研究中心编《下关开埠与南京百年》，方志出版社，1999。
⑤ 熊月之：《照明与文化：从油灯、蜡烛到电灯》，《社会科学》2003年第3期。
⑥ 丁贤勇：《新式交通与生活中的时间：以近代江南为例》，《史林》2005年第4期。
⑦ 黄河：《对民国前期苏州收回电权运动中商界的考察》，《近代中国》2018年第2期；《民国前期国人的科技观念——以苏州民众对电的认知为例》，《民国研究》2019年第3期。

综上可见，国内外学界对近代江南能源史的研究已取得不少成果，为本书的研究打下了较为良好的基础。但是，也应意识到以往研究尚存在一定局限，主要体现在以下几点。一是研究视角方面，多囿于能源行业史或企业史研究，主动从能源转型角度对宏观社会经济以及环境变迁进行互动性、整体性分析的成果极少。二是研究时段和范围方面，多关注20世纪二三十年代上海、南京、杭州等主要城市的能源利用情况，对于此一时段前后江南为数众多的次等级城市和广大乡村地区的关注远远不够。三是研究资料方面，多利用地方志、中文报刊和调查报告，对于大量一手档案、外文报刊、海关贸易统计等重要资料的挖掘和利用仍不足。四是研究方法方面，多侧重对历史学考证方法和一般性统计方法的运用，鲜有多学科研究方法的借鉴与融合。本书力图在前人研究的基础上，进一步推进对近代以来江南能源史及其相关问题的探讨，在弥补已有成果的某些不足之余，尝试从能源史的角度对某些旧的问题进行新的阐发，以期抛砖引玉，最终把对近代江南能源史、社会经济史和环境史的研究引向深入。

第三节　研究框架及研究方法

一、研究框架

本书紧紧围绕近代江南的能源转型及其与社会经济、环境变迁的关系展开研究。一方面，对近代江南能源结构由柴薪为主向煤炭、石油、电力为主转型的过程进行历时性考察。另一方面，分析这一转型对江南社会经济和环境变迁的影响，探讨能源转型之于江南近代化的意义。就主体研究内容而言，包括以下八章。

第一章：前近代江南的能源结构。首先，评述"加州学派"有关中西"大分流"的研究路径，强调从能源角度重新分析江南近代化问题的必要性。其次，借鉴生态学知识，将能源划分为植物型、矿物型以及无机型三大类，在此基础上深入分析清代前中期江南的能源体系，估测各类能源的消费数量。

最后，论证以植物型能源占主导的传统能源体系无法推动近代社会转型的原因，强调需要向以矿物型能源为主导的近代能源体系转型才能适合近代化的需要。

第二章：近代江南矿物能源的生产、输入与销售。首先，考察近代江南本地的矿物能源生产状况，揭示江南本地存在能源供需不平衡，供小于求的基本矛盾，需要从外地进口矿物能源方能弥补供给不足。其次，梳理国际和国内矿物能源输入江南的途径和方式，并根据《中国旧海关史料》所载年度能源进口数据对江南能源输入规模进行量化估计。最后，通过对开滦煤矿、美孚石油公司以及刘鸿生企业集团等典型企业的分析，勾勒近代江南的能源分销模式。

第三章：热能转型与近代江南社会经济变迁。首先，考察生产和交通领域内矿物热能的利用状况，以江南制造总局、嘉兴窑业和轮船招商局为例，探讨矿物能源利用对于行业发展的影响和意义。其次，考察城市生活领域热能利用状况，探讨城市生活类能源的利用结构和演变趋势。最后，考察乡村生活领域热能利用状况，探讨乡村生活类能源的利用结构和演变趋势。在此基础上，分析城乡之间"二元燃料格局"的产生原因及其对居民日常生活的影响。

第四章：光能转型与近代江南社会经济变迁。首先，考察公共照明领域内以煤气灯和电气灯为代表的光能利用状况，比较分析江南城乡之间、不同城市之间以及城市内部不同地段之间新式光能的利用情况。其次，考察私人照明领域以煤油灯和电气灯为代表的光能利用情况，分析新式照明方式替代旧式植物油灯的过程和程度。最后，以道路照明和工厂照明为例，探讨新式光能之于社会治安、交通往来、工厂生产方式和生产效率等方面的影响和意义。

第五章：动力能转型与近代江南社会经济变迁。首先，梳理工业领域内蒸汽机、内燃机、电动机等各类原动机的应用历程，分析动力能应用对近代江南产业发展与区域内经济地理格局演化的影响。其次，梳理交通运输业内各类原动机的应用历程，探讨船舶及车用原动力的革新过程及其社会经济意义。最后，以内燃机和电动机推动的动力灌溉业和碾米业为例，考察机械动力能应用之于农业领域近代化的影响。

第六章：近代上海煤烟污染的表现、程度及成因。首先，结合近代上海煤炭、石油消费量和消费效率，以及上海自然地理、城市化水平和城市分区状况，分析近代上海空气污染的产生原因。其次，借鉴空气污染学方法，将空气污染源分为点、线、面污染源，依次考察每类污染源的具体表现。最后，借鉴能源经济学方法，参照上海历年煤炭和石油消费量，估测历年煤灰和二氧化硫排放量，定量把握上海空气污染的程度及其阶段性变化。

第七章：近代上海煤烟污染的影响探析。首先，考察煤烟污染对植物生长的影响，揭示空气污染已妨害市内绿植生长，损及都市美观清洁，导致郊区农作物减产。其次，考察煤烟污染对室内外物品和建筑物造成的污染或腐蚀，估测因此导致的直接和间接经济损失，揭示煤烟污染对城市繁荣与进步所构成的威胁。最后，考察煤烟污染对上海居民身体健康的影响，揭示煤烟污染之于居民内、外呼吸道乃至精神层面的损害。

第八章：近代上海公共租界煤烟污染治理的实践与困境。首先，借鉴环境政治学方法，将涉及煤烟污染治理的诸多环境主体划分为民众个体、工商企业和行政当局。其次，通过对上海公共租界相关史料的解读，分阶段地考察不同环境主体之于煤烟污染问题的观感态度、应对举措以及彼此之间的利益纠葛。最后，综合评价不同环境主体治理煤烟污染的实际效果，并分析其内在原因。

结语部分，首先结合正文研究内容，总结近代江南能源转型过程中体现出的若干基本特征。其次，提炼能源转型影响社会经济变迁的一般性机制及能源转型与环境变迁之间的因果关联，尝试从理论上构建"需求—供给—应用—影响"的能源史分析框架。最后，阐发本书对于当今社会推动新一轮能源转型和治理空气污染问题的历史启示。

二、研究方法

1. 历史学的实证研究方法。本书以历史唯物主义为指导，以历史学实证研究方法为基础方法，在对大量中文外一手史料进行梳理、分类、考订和解读的基础上，做到论从史出，史论结合，进行实事求是的研究与分析。

2. 生态学的研究方法。本书将能源划分为以柴薪为代表的植物型、以煤炭和石油为代表的矿物型、以风力和水力为代表的无机型三大类，并将能源消费结构从植物型为主向矿物型为主转型的程度，作为衡量传统经济向近代经济转型程度的标准。

3. 能源经济学和计量经济史学的研究方法。本书对清代前中期江南的能源消耗量和近代江南的能源供需量、能源价格、利用效率、空气污染程度等以往研究不足和研究难点之处进行量化分析，以弥补常规定性分析的不足。

4. 空气污染学的研究方法。本书根据煤烟污染物排放口位置的不同，将煤烟污染源划分为点污染源、线污染源和面污染源三大类，并对各类煤烟污染源的形成过程、具体表现进行分析，对煤烟污染的多重危害进行考察。

5. 环境政治学的研究方法。本书将参与煤烟污染治理的社会主体划分为民众个体、行政当局、工商企业三大类，以期清晰地揭示不同主体在煤烟污染治理中的利益诉求、互动博弈和背后原因。

第四节　基本概念及研究时、空界定

一、能源

依照《大英百科全书》的定义，能源涵盖能够直接取得或者通过加工、转换而取得的，可产生各种能量（热量、电能、光能和机械能等）或可做功的物质的各种资源。[①] 学界一般按照获取途径的不同，将能源划分为一类能源（食物、牧草、木柴、风力、水力、煤炭、石油、天然气以及来自核能和来自风力、水力、地热能的电力）和二类能源（木炭、焦炭以及来自煤炭、石油、天然气的电力）。[②] 欧洲科学院院士、国际著名能源史学家保罗·马拉尼马（Paolo Malanima）教授单独将前工业社会中的能源划分为"植物型"与

① 《大英百科全书》网络版，"能源"释义，http://www.britannica.com/EBchecked/topic/187171/energy，访问日期：2024 年 1 月 17 日。

② Astrid Kander, eds., *Power to the People: Energy in Europe over the Last Five Centuries*（Princeton: Princeton University Press, 2014），p.20；《能源转换》，《能源与节能》2012 年第 7 期。

"非植物型"两类。[1] 也有从用途和性质上对能源进行分类的，如李伯重先生认为"工业中使用的能源，用途上可分为动力与燃料，而性质上则又分为可再生能源和不可再生能源"。[2] 为切合近代江南能源史的实际情况，并考虑到能源在获取方式以及物质构成方面的差异，也即生态属性上的不同，本书将能源划分为有机型能源和无机型能源两大类。

有机型能源是指其构成要素中含有碳元素，获得途径是依靠吸收太阳能，大多在自然界中以原有形式存在的、未经加工转换的能量资源。如果考虑到一定时间内获取和利用方式的不同，还可将其划分为植物型能源和矿物型能源。前者是指依靠光合作用可以循环再生，但在一定时间之内的获得量被严格限制的能源，主要包括柴薪、木炭、秸秆、芦草等。后者是指那些虽然同样依靠太阳能而形成，但其在人类开发利用后，多数在现阶段不可再生的能源，主要包括煤炭和石油及其二次转化能源（如焦炭、煤油、汽油、柴油、电能、煤气等）。无机型能源是指其构成要素中不含有碳元素，在自然界中可以无限获取，并具有无限存量的能源。其利用程度须视人类的利用方式和技术而定，主要包括风力和水力等。

二、能源转型

关于能源转型的定义，国内外能源史学界存在多种表述，没有形成一致共识。国际能源史权威、加拿大学者瓦科拉夫·斯米尔（Vaclav Smil）教授认为能源转型（energy transition）是指从一种具体的能源形式转变为另一种能源形式的过程，迄今经历的四次能源转型，其阶段性标志依次是驯养役畜和使用火—风车和水车的出现—蒸汽机和内燃机的发明—发电机的发明—天然气原动机的使用。[3] 美国学者布鲁斯·波多布尼克（Bruce Podobnik）则是

---

[1] Paolo Malanima, "Energy Consumption in England and Italy, 1560–1913.Two Pathways toward Energy Transition", *Economic History Review*, No.1（2015）, pp.78–103.

[2] 李伯重：《江南的早期工业化（1550—1850）》（修订版），中国人民大学出版社，2010，第211页。

[3] ［加］瓦科拉夫·斯米尔：《能源转型：数据、历史与未来》，高峰等译，科学出版社，2018，第 xi–xii 页；Vaclav Smil, "World History and Energy", in C.Cleveland, et al., *Encyclopedia of Energy*, Vol.6,（New York：Elsevier, Amsterdam, 2004）, pp.549–561.

从能源变化（Energy Shift）的层面来理解能源转型，意指一种借助技术应用将新的一次能源大量运用于人类消费的过程。他认为人类历史上共有三次大的能源转型，各转型阶段的标志性能源依次为煤炭—石油—天然气、水电和核能—风能和太阳能为代表的可再生能源。[①] 英国学者罗杰·富凯（Roger Fouquet）从重大、中层和微型层面界定能源转型，认为重大能源转型是促使经济彻底转变，甚至是创造新型文明的转型。中层能源转型是从一个能源系统（或结构）到另一个能源系统的转变，涉及能源生产、分配和消耗环节。微型能源转型系指小规模的能源替代，表示所消耗的能源水平或对消费者的服务质量没有重大变化。[②] 德国学者乔晨·霍夫（Jochen Hauff）等认为能源转型意指能源系统内部根本的、结构性的变化过程，突出表现为一次能源消费结构中主导性能源种类的变化。[③] 我国学者朱彤认为能源转型是由"能量原动机推动的，伴随着能源体系深刻变革的一次能源长期结构变化过程"。具体而言，他将能源转型划分为从植物能源依次向矿物能源以及可再生能源转型两大阶段。[④]

可见，基于不同的观察角度，国内外学者对能源转型的内涵见仁见智，互有差异。本书在充分参考上述观点的基础之上，认为能源转型应该包括三个方面。既指能源结构的变化，体现在主导性能源（植物型能源到矿物型能源）的历史变迁上；又指同一能源利用形式的变化，也即能源服务（光能、热能、动力能）的转变上；还指能源转换器的变化，表现在主要动力转换器（从人畜、风车、水车到蒸汽机、内燃机、电动机）的渐次更新上。这三个方面涵盖了能源转型最核心的内容，是本书后续研究过程中一以贯之的分析角度。

[①] Bruce Podobnik, *Global Energy Shifts: Fostering Sustainability in a Turbulent Age* (Philadelphia: Temple University Press, 2006), p.4.

[②] Roger Fouquet, "The Slow Search for Solutions: Lessons from Historical Energy Transitions by Sector and Service", BC3 Working Paper Series (2010), p.4.

[③] Jochen Hauff, et al. "Global Energy Transitions: A Comparative Analysis of Key Countries and Implications for the International Energy Debate", *World Energy Council* (Berlin: Weltenergierat-Deutschland, 2014), p.2.

[④] 朱彤、王蕾:《国家能源转型：德、美实践与中国选择》，浙江大学出版社，2015，第76、85-88页。

三、研究时、空界定

本书的研究时段限定于1840—1937年。在1840年之前，江南仍属于"有机经济"的一统天下，其能源结构也是植物型能源占据绝对优势。1840年后，伴随着西方列强的入侵和上海的率先开埠，江南逐渐被迫对外开放，新式交通运输业和工业的兴起使得区域内能源利用结构开始发生转型。1937年后，日本帝国主义的全面侵华打断了江南的正常发展道路，使江南经济呈现出战时经济的特征，也就不宜再用与此前同样的标准来延续对江南能源史的研究。再者，抗战前中国经济的兴衰起伏一直是中外近代经济史家关注的焦点之一。无论是持"发展论"者，还是持"衰退论"者，都将抗战前江南经济的发展状况作为主要引证论据。因而，将研究下限定在1937年，便于与中外学者展开对话。

至于本书研究的地区——江南，有众多学者对其所指区域进行过界定。在此特别指出，本书采用的是李伯重先生对江南所做的区域界定，也即苏南浙北包括上海、南京、杭州、苏州、常州、镇江、嘉兴、湖州，大约4万平方公里的地区。[1] 之所以如此，是因为李说影响很大，不少论者都以此为前提展开后续相关研究。倘若所研究的地区一致，自可形成前后呼应之势，增强本书的整体性和历史感。

---

[1] 李伯重：《江南的早期工业化（1550—1850）》（修订版），第15页。

第一章　前近代江南的能源结构

近世以来，中西之间为何会出现分流？这一极具学术魅力和思想张力的课题，超越了国别的限制，引起了全球不同领域内几代学者的研究与反思。尤其是兴起于千年之交的"加州学派"及其"大分流"观点，因其阵容庞大、方法独特、观点新颖，引起了众多学者的关注，影响甚广。该派学者的基本观点是东西方（以江南和英格兰为代表）在1800年之前都处在高度相似的发展水平上。西方不但没有明显的内生优势，反而在多个方面落后于中国。直到1800年之后东西方之间才出现了"大分流"。这归因于两个重要的外生因素：美洲新大陆的开发和英国煤炭"偶然"所处的地理位置。①

"加州学派"将能源因素提高到解释如此宏大命题的高度，有助于深化能源史研究的意义。但是，也应该看到其分析逻辑的内在局限性：（1）他们仅在狭义的范围内理解能源的内涵，基本只限于对煤炭和动力状况的分析，没有勾勒出一个完整的能源体系结构，也没有系统、全面地考察前近代江南的能源利用情况；（2）他们虽然一再强调能源是突破"旧生态机制"的根本性因素之一，但是又缺乏从生态属性的角度对能源本身进行划分和研究的意愿，因而难以在此基础上分析各种能源的内在互动和制约机制；（3）即便就前近代东西方之间煤炭业本身的研究而言，也存在一些基本事实上的误解。由于对英格兰和江南在燃料结构、矿业政策以及矿业技术等几个关键问题上认识不清，

① 参见［美］彭慕兰：《大分流：欧洲、中国及现代世界经济的发展》，史建云译，江苏人民出版社，2008；［美］王国斌：《转变的中国：历史变迁与欧洲经验的局限》，李伯重、连玲玲译，江苏人民出版社，2010；［德］贡德·弗兰克：《白银资本：重视经济全球化中的东方》，刘北成译，中央编译出版社，2011；［美］罗伯特·B.马克思：《现代世界的起源——全球的、生态的述说》，夏继果译，商务印书馆，2006；［美］杰克·戈德斯通：《为什么是欧洲？——世界史视角下的西方崛起（1500—1850）》，关永强译，浙江大学出版社，2010；李伯重：《江南的早期工业化（1550—1850）》（修订版）。

导致其立论的可靠性遭到削弱。[1]

基于此，本章尝试重新分析清代前中期江南的能源结构及其内在运行机制。并尝试在统一计量标准和数理法则的基础上对部分能源消耗做一初步估算。需要注意的是，有关江南普通居民日常消费情况的直接性史料非常难得，近代以前尤其如此。因此，目前对近代以前普通居民能源消费情况的研究还只能说是一个粗略的尝试。

第一节　植物型能源利用状况

如前所述，植物型能源主要包括柴薪、木炭、芦草以及农作物秸秆等燃料。传统社会中，燃料在整个能源结构中占据最重要的地位。江南内部地域之间的环境差异，尤其是自然资源禀赋和农作物种类上的不同，会对不同地区的燃料利用结构产生深远影响。李伯重先生已就前近代江南的燃料问题做了较为充分的研究。[2] 此处以其研究为基础，参考其他研究成果，并做适当的修订与估算，从生活类燃料、生产类燃料和照明类燃料三个方面对前近代江南的燃料利用状况做进一步探讨。

一、生活类燃料

正如《补农书》所言，"日用所急，薪米二事为重"。一般而言，燃料的消费量受一地的生活习惯尤其是炊事风俗的影响很大，其需求弹性较小。而在取暖方面，清人张履祥曾谈及冬季如何充分利用廉价的炭屑实现炊事和取暖的双重目的。[3] 鉴于 18 世纪以来江南的炊事风俗并没有发生大的变化，故生活类燃料的消费量也当大体不变。

---

① 裴广强：《想象的偶然——从近代早期中英煤炭业比较研究中的几个关键问题看"加州学派"的分流观》，《清史研究》2014 年第 3 期。

② 李伯重：《明清江南工农业生产中的燃料问题》，《中国社会经济史研究》1984 年第 4 期；《江南的早期工业化（1550—1850）》（修订版），第 219–231 页。

③〔清〕张履祥辑补：《补农书校释》，陈恒力校释，王达参校、增订，农业出版社，1983，第 135–136 页。

就日用炊爨以及取暖的燃料而言，城镇居民多用柴、炭。清人童岳荐编撰的《调鼎集》记载了多种炊事用柴、炭，包括桑柴、松柴、栎柴、茅柴、竹炭、稻穗、麦穗、芦、砻糠等。[①] 清代前期，上海一带的柴价已然很高，"大约百斤之担，值新米一斗，准银六七八分或一钱内外不等"[②]，已非一般居户所能承受。嘉定地区在光绪三十年（1904）前，"柴一担不逾百文，数文之柴可供三餐之燃料，有时或因灾荒腾跃，每斤亦至多三四文，厥后渐增至十文为常价"[③]。以"数文之柴可供三餐之燃料"为计算标准，则正常年景下一户居民每天消耗的柴草量可能不到 10 斤。依照陈确所言，当时一个富家仆人一天消费 8 斤柴，[④] 故假定城镇普通居民每户每日生活燃耗亦维持在这一水平，则一年共需 2920 斤，合 1.46 吨左右。若以户均 5 口计算，则每人约为 0.3 吨。

江南乡间燃料种类多样，且随处可见，故农民可用作生活燃料的数量当较之城镇居民为多。具体而言，农民日常所消耗的燃料主要以农作物秸秆及柴草一类为多，包括草柴（如稻秆、麦秆）、桑柴、茅柴（如芊芏柴、麻秸柴、荷梗柴、豆藿柴、菜梗柴等）、砻糠等。[⑤] 秸秆各地农村都有，绝对产量不少，其利用种类与江南的农业分区有直接关系。东部棉稻区以棉、稻秸秆为主；太湖以南的蚕桑区或桑稻并重区以及包括太湖北部的稻田区，自然以稻草、桑柴为主。不过，由于江南农村人口较多，人均秸秆数量并不充裕，加之其单位燃值低，仅勉强够炊爨之用。一直到 1922—1925 年间卜凯（John L. Buck）对江宁淳化镇、太平门以及武进等地展开调查之时，农户所用燃料仍绝大部分依靠自给，三地的自给率依次为 100%、92.7% 和 90.5%。[⑥] 另据调查，苏杭嘉湖一带解放前农民平均每户有 4.5 人，占有田地 9 亩，亩产稻草 500 斤。每日炊爨所用，需烧稻草 15 斤，一年合计 5400 斤。[⑦] 粗略计算，

---

① 〔清〕童岳荐编撰：《调鼎集》，张延年校注，中国纺织出版社，2006，第 252 页。

② 〔清〕叶梦珠：《阅世编》卷七，食货六，来新夏点校，中华书局，2007，第 180 页。

③ 陈传德修，黄世祚纂：《嘉定县续志》卷五，风土志·风俗，成文出版社，1975，第 303 页。

④ 《寄祝二陶兄弟书》，载〔清〕陈确《陈确集》，中华书局，1979，第 67 页。

⑤ 〔清〕汪曰桢：《南浔镇志》卷二十四，物产，上海书店，1992，第 280 页；〔清〕潘玉璿、冯健修，〔清〕周学濬、汪曰桢纂：《乌程县志》（光绪）卷二十九，物产，上海书店，1993，第 951 页。

⑥ 〔美〕卜凯：《中国农家经济》，张季鸾译，商务印书馆，1937，第 524 页。

⑦ 〔清〕张履祥辑补：《补农书校释》，第 120 页。

田地所产稻草仅能支撑 10 个月之需。倘加上麦、豆、油菜等其他作物秸秆以及谷壳、谷糠等，再扣除用作盖房、补房等的稻草，仅勉强够用。正常的话，一年内稻草之外的农用燃料大概需要 1080 斤，平均一户总共耗用秸秆 6480 斤，每人每年消费斤数为 1440 斤（0.72 吨）。明清江南平原地区农村情况与此大致相同。每公斤秸秆（含水分 15%）的热值相当于 1 公斤原煤热值的 76%。[1] 江南每户农民每年烧稻草 6480 斤，按热值相当于煤 4900 余斤，人均近 1100 斤。

二、生产类燃料

五金加工、窑业和煮盐业是明清江南工业中主要的燃料消耗部门，榨油业、染色业、制烛业、食品加工业等次之。一般来说，五金加工过程中需要使用煤或硬木炭，窑业生产则用煤或炭均可，[2] 而煮盐业则多用芦苇或茅草。其他行业大致以薪、炭为主。此外，农作物秸秆也可用于煮盐，但工业生产中使用不多。

五金加工业包括铜、铁、锡加工及贵金属加工，其中又以铁器制造业消耗燃料最多。明清时期，随着江南社会经济的发展，当地的铁器制造业已发展到一定规模。李伯重先生以瓦格纳、丘亮辉对近代以前中国人均铁消费量的估算为基准，参考《天工开物》所记江南废铁再利用情况以及江南的人口数量，推算出明末（1600）江南年消费铁的数量约为 2000 万斤（1 万吨），1850 年左右约为 3416 万斤（约 1.7 万吨）。如果用炭做燃料，将生铁加工为铁器，单位燃耗当为 1（铁）∶2.5（炭）左右。明清江南产铁数量极少，铁器制作主要是以输入的生铁及本地的废铁资源为原料。按这一比例计算，则明末江南加工铁 2000 万斤，当用木炭 5000 万斤（2.5 万吨）；1850 年左右加工铁 3600 万斤，当用木炭 9000 万斤（4.5 万吨）左右。[3]

明清江南的窑业规模不小，形成了苏州府的长洲、常州府的无锡和嘉兴府的嘉善三处窑业中心，此外尚有若干小的窑业生产作坊散落各地。一般而

① 鲁明中等：《我国农村能源消费典型分析》，《农业经济论丛》第 4 辑，1982 年 11 月。
② 〔明〕宋应星：《天工开物》，管巧玲等注释，岳麓书社，2002，第 177、246 页。
③ 李伯重：《江南的早期工业化（1550—1850）》（修订版），第 219–221 页。

言，烧制陶器 130 斤，需要耗费木柴 100 斤；[1] 烧制砖块 1000 块，约需要耗费木柴 1 马车（合煤 0.44 吨）以上；烧制石灰 1 吨，至少需要消耗木柴 4 马车（合煤 1.76 吨）。[2] 依据有限的资料，目前尚很难对江南窑业所用的燃料总量进行估计。不过，考虑到烧制砖瓦、石灰、陶器过程中的单位燃耗较高，而且明清江南在这三个生产领域内已经形成一定的规模，因此每年累计消耗的燃料量应该是非常可观的，很可能不亚于铁器制造业所需数量。此处做一粗略的估算，即假设 1850 年左右江南窑业的燃耗总量与铁器制造业所用燃料量相当，即约 4.25 万吨木炭。据此，则 1850 年左右窑业所用燃料大约可折算为 8.5 万吨木炭。

明清时期，江南主要的制盐之地分布在松江府、嘉兴府和杭州府。明代，江南共计有盐场 13 个，迨至清代，仍基本与此相同。当时各盐场制造盐的方法相差无几，几乎都是先晒灰、刮土，然后沥卤、煎卤成盐。16 世纪 70 年代，英国德洛依图里奇地区熬制井盐 1 吨，要消耗木柴 4 马车（合煤 1.76 吨）左右。[3] 江南地区熬盐 1 吨，需要熬煮卤水 4~10 吨，估计消耗燃料量与英国差距不大。明末江南年产盐 96 万担（4.8 万吨），1850 年左右约 104 万担（5.2 万吨）。如以此为准，并将其视为江南各大盐场的总产量，则明清时期江南产盐总量在 4.8 万 ~5.2 万吨。[4] 参照上述英国德洛依图里奇地区的燃耗比例，则估计江南煮盐所耗燃料可折算为 8.45 万 ~9.15 万吨煤。[5]

此外，榨油业、染色业、食品加工业、制烛业、蚕桑业等部门在生产过程中也都要消费大量的燃料。虽然这些行业在生产中的单位燃耗较低，但是鉴于各行业中的生产单位数量多，因此有理由估计所消耗燃料的总量并不少。然而，由于欠缺用以推算的相关数字，目前尚无法估测其总体消耗值。不过，如果考虑到各行业的特征及其不同的规模，其少于五金加工、烧窑以及煮盐的燃耗总量，应是没有问题的。

---

① 〔明〕宋应星：《天工开物》，第 179 页。

② J.U.Nef, *The Rise of the British Coal Industry*, Vol.1（George Rout ledge & Sons Ltd, 1932），pp.192-193, 217.

③ J.U.Nef, *The Rise of the British Coal Industry*, Vol.1, p.193.

④ 李伯重：《江南的早期工业化（1550—1850）》（修订版），第 222-223 页。

⑤ 李伯重：《明清江南工农业生产中的燃料问题》，《中国社会经济史研究》1984 年第 4 期。

三、照明类燃料

近代以前，江南地区照明所用能源主要为蜡烛、棉籽油（青油）、菜籽油以及豆油四种。蜡烛是一种优质的照明能源，但因其价格高昂，[①]主要在婚丧、佞神以及节日祭祀等特殊场合下使用。考虑到其在照明类燃料中所占比例极小，故在具体估算中不再涉及。用于日常照明的能源，主要是棉籽油和菜籽油。明清江南棉籽的总产量不详，但可以从棉花总产量来推算。李伯重先生估算明代后期江南棉花的总产量约为每年150万担，1850年左右约为300万担。[②]他按照崇祯《太仓州志》关于"一人日可轧百十斤，得净花三之一"的记载，推出明末和1850年左右江南棉籽产量分别为100万担和200万担。[③]棉籽的含油量一般在14%~25%，现代技术条件下出油率可以达到18%左右。[④]清代的出油率应该达不到这个水平，但仍以此数计算，作为其所获上限，则1850年左右江南所产棉籽油数量可达3600万斤。参照人口数字计算，平均每人为1.1斤左右。

得益于适宜的自然环境，江南普遍种植油菜。李伯重先生估计1850年左右江南油菜籽产量为320万石，[⑤]即41600万斤。据"亩收子二石，可榨油八十斤"[⑥]的标准计算，每百斤油菜籽出油31斤左右。参考战前浙江桐乡县石门镇"常作车"的生产情况，每3斤油菜籽出油1斤左右，[⑦]即每百斤油菜籽出油33斤左右。取其中间值，以每百斤油菜籽出油32斤计算，1850年左右江南菜籽油产量可达13312万斤，人均4斤左右。

由于本地极少产豆，清代江南所消耗的大豆绝大部分依靠外地输入。范金民估计乾嘉年间江南通过运河和海道输入的东北及华北豆麦杂粮数量有

① 乾隆五十五年（1790），杭州蜡烛价格每斤为110文，苏州则达120文。参见方豪：《乾隆五十五年自休宁至北京旅行用账》，《食货》月刊1971年第7期。
② 据李伯重《江南农业的发展（1620—1850）》（上海古籍出版社，2007）第40、136页中的棉花种植面积与亩产量计算。此外，范金民估算明代后期江南籽棉产量为96万担，清代中期为288万担，参见范金民：《明清江南商业的发展》，南京大学出版社，1998，第71—72页。
③ 李伯重：《江南的早期工业化（1550—1850）》（修订版），第107—108页。
④ 王茂亭：《影响棉籽出油率的因素浅析》，《新疆农机化》2004年第3期。
⑤ 李伯重：《江南农业的发展（1620—1850）》，第41、136页。
⑥ 〔清〕包世臣：《齐民四术》，李星点校，卷一上，任土，黄山书社，1997，第171页。
⑦ 李伯重：《江南的早期工业化（1550—1850）》（修订版），第103页。

1100 万石。[1] 李伯重先生认为 1850 年左右江南年输入大豆多达 2000 万石。[2] 黄敬斌根据民国年间资料，统计 1930 年左右江南本地所产大豆约有 42560 万斤，[3] 即 304 万石。姑且认为 1850 年左右江南大豆产量也维持在这一水平，则加上输入的部分，江南可支配的大豆数量共计 2300 万石左右。刨除黄敬斌估算的用于制作豆腐和其他豆制品、酱类等的 1000 万石，实际用于榨油的不超过 1300 万石。参照近代石门镇油坊的情况来看，大豆的出油率大约为每担（百斤）出油 10 斤。[4] 以此为上限标准，则知 1850 年左右江南产豆油 18200 万斤，人均用油量为 5.4 斤。如存在出口，则还要低一些。李伯重先生估算 1820 年华亭 – 娄县地区人均消费豆油 10 斤，[5] 可能有所高估。

江南居民消费的菜油和豆油主要用于食用，小部分用于照明、润滑等。对于具体分配比例，向无研究，史料中亦未曾见及。黄敬斌认为 19 世纪中期江南人均消费菜油和豆油量的四分之一用于照明。[6] 若以这一比例计算，则用于照明的部分当在 2.35 斤左右。

四、人力和畜力

前近代社会中的动力能源主要包括人力、畜力、风力和水力 4 种。一般而言，很难将人力和畜力划归到植物型能源之中，这似乎是一件风马牛不相及的事情。但是，严格来说，人、畜只能依靠食物或者饲料维持生存，产生动力，而这些食物或者饲料则属于植物型能源，必然受到自然规律如光合作用的制约。因此，可以说人力和畜力从本质上受制于植物型能源的生产和供给，对后者存在一种依附关系。

有关清代前中期江南的人口数量，根据曹树基的研究，1776 年时接近 2500 万人，1820 年为 3022 万人左右，到 1851 年增长到 3400 万人左右（参

① 范金民:《明清江南商业的发展》，第 66 页。
② 李伯重:《江南的早期工业化（1550—1850）》（修订版），第 107 页。
③ 黄敬斌:《家计与民生：清初至民国时期江南居民的消费》，第 93 页。
④ 李伯重:《江南的早期工业化（1550—1850）》（修订版），第 107 页。
⑤ 李伯重:《中国的早期近代经济——1820 年代华亭 – 娄县地区 GDP 研究》，中华书局，2010，第 526~527 页。
⑥ 黄敬斌:《家计与民生：清初至民国时期江南居民的消费》，第 94 页。

见附表 1）。① 至于明清江南工农业生产中所使用的畜力，基本上仅包括牛力，很少使用马、骡或者驴力。雍正年间，苏州长洲县驿站所买马匹平均每匹接近 14 两。② 这样高昂的开支，绝大多数民众负担不起。卜凯于 20 世纪 20 年代对江宁淳化镇、太平门以及武进役畜的调查，甚至没有对骡、马进行单独统计，而驴也只在太平门一地有少量存在。③ 因而，本章首先对畜牛的使用情况做一探讨，之后再估算人力和畜力所能提供的动力总值。

1. 畜牛应用情况

由于自然条件的不同，畜牛在江南不同地区间的利用程度存在差异。道光时期的松江府一带，多数农田都使用畜牛耕犁。"计一牛之力，除车水外，可耕田五六十亩。"④ 相较而言，江南的蚕桑区养牛很少。张履祥即说嘉湖一带"不宜牛耕"。⑤ 在一些地区，牛在工业生产中的应用较为广泛。明清江南一些碾米、磨面、榨油等行业比较集中的市镇，都有使用牛力为生产动力的记载。在江南榨油业中，牛是主要的动力提供者，无论城乡油坊，均为如此。此外，江南盐业中，广泛使用牛力牵引卤船，运载茅柴和盐。然而，牛力在江南的普及程度存在局限性，不能被夸大。总体来看，随着时间的推移，牛耕在清代江南呈减少趋势。清代中期后，太湖地区原先存在的人垦与牛耕相结合的套耕方法逐渐消失，人力铁搭成为最主要的稻作整田工具。直到太平天国运动之后，江南地区人口锐减，"豫、楚、皖及本省宁、绍、台之客民咸来垦荒"，因人力稀少，为节省工费，"耕耘多用牛功"，才又扩大了牛耕的使用。⑥ 相比而言，用牛车水的记载倒是更多一些，即使到了近代，仍然在

① 曹树基：《中国人口史（第五卷）》，复旦大学出版社，2001，第 691–692 页。
② 〔清〕李光祚修，顾诒禄等纂：《长洲县志》（乾隆）卷十，驿站，江苏古籍出版社，1991，第 91 页。
③ 〔美〕卜凯：《中国农家经济》，第 307–308 页。
④ 〔清〕姜皋《浦泖农咨》（八），载《续修四库全书·子部·农家类》第 976 册，上海古籍出版社，2002，第 217 页。
⑤ 〔清〕张履祥辑补：《补农书校释》，第 11 页。
⑥ 曾雄生：《从江东犁到铁搭：9 世纪到 19 世纪江南的缩影》，《中国经济史研究》2003 年第 1 期。殷志华、惠富平等认为铁搭取代牛耕，主要原因是耕犁深度只有三寸左右，不及铁搭可达五六寸深，如果"二、三层起深"，则至少有七八寸深，难以适应明清时期太湖地区稻作农业日益精细化、高产化的趋势。参见殷志华、惠富平：《再论明清时期太湖地区的铁搭与牛耕》，《中国农史》2012 年第 4 期。总体来看，两种解释均为铁搭取代牛耕的重要原因。

江南农村广泛使用。牛力在工业生产中的应用规模也不大，正如李伯重先生所言，其在明清江南工业生产的动力结构中所占的比重颇为有限。[①]

明清江南畜牛并不普遍，其原因主要有三点。其一，"物以稀为贵"，牛价太高，一般民众承受不起。道光时期松江一带，"耕牛用水牛、黄牛二种，价亦不甚悬殊，其最上者须四十余千，递减至七八千而止"[②]。陶煦则言苏松一带农民"若畜牛，（生产开支）则三五倍之"[③]。故而，只有富人才能养得起牛。其二，明清江南地狭人稠，天然牧场绝少，草类供应是一个重要问题。据包世臣言，"九月草枯后入栏，储草宜足，故谚有'水牛三千，黄牛八百'之说"，"冬月，仍时以干桑叶和麦面，剉草剉豆其饲之"。[④] 谢成侠认为"水牛三千，黄牛八百"之说，绝不能当作越冬所需干草的全部斤量，"恐未包括稿秆豆秸之类，否则就很不够"[⑤]。大量消耗饲料，导致养牛成本太高。其三，随着江南人口的增加，人力变得廉价，对牛力的使用产生相当程度的替代，继而使得畜牛的使用减少。李伯重先生通过梳理不同时期的方志记载，发现嘉靖时期的上海还是牛马滋生之地，但此后随着人口的增多，此种局面得到改变，到乾隆年间时，已经变为骡、马绝少畜养了。[⑥] 究其原因，正如马尔嘎尼使团中的斯当东所说，"在中国不仅人工便宜，而且处处不惜用人力，凡人力所能做到的事无不用人做"[⑦] 所致。

2. 畜牛数量估算

有关清代江南畜牛数量的史料记载很少，要直接统计其数量存在相当困难，因而不得不适当参考民国年间的相关资料进行倒推。前文曾引道光时期松江一带"计一牛之力，除车水外，可耕田五六十亩"[⑧]。李伯重先生估测松江

---

① 李伯重：《江南的早期工业化（1550—1850）》（修订版），第 104 页。

② 〔清〕姜皋：《浦泖农咨》（八），载《续修四库全书·子部·农家类》第 976 册，第 217 页。

③ 〔清〕陶煦：《租核》，转引自方行《清代江南农民的消费》，《中国经济史研究》1996 年第 3 期。

④ 〔清〕包世臣：《齐民四术》，第 204 页。

⑤ 谢成侠：《中国养牛羊史》，中国农业出版社，1985，第 80 页。

⑥ 李伯重：《江南的早期工业化（1550—1850）》（修订版），第 216 页。

⑦ 刘璐、〔英〕吴芳思编译：《帝国掠影：英国访华使团画笔下的清代中国》，中国人民大学出版社，2006，第 75 页。

⑧ 〔清〕姜皋《浦泖农咨》（八），载《续修四库全书·子部·农家类》第 976 册，第 217 页。

西部一带一般是户耕十亩，因此 4~5 家农户平均养牛一头，即每个农户平均养牛 0.2~0.25 头。[①] 但他此后对于华娄地区畜牛数量的估算明显比这一数字为高。他从 19 世纪初期华娄农场规模和饲料供给情况出发，结合 20 世纪 30 年代满铁的调查结果，认为耕作对畜牛的需要不会比 20 世纪中期的每户养牛 0.5 头为少，继而估测 19 世纪 20 年代华娄农家平均每户养牛 0.5 头。[②]

近代关于江南农户生产状况的调查，有四组数据可供利用。

（1）20 世纪 30 年代左右卜凯对江南局部地区农村家畜饲养的抽样调查。

卜凯的调查共涉及 1242 家农户，调查中 13 个区域基本上均为松江以西的桑稻区及水稻区。平均而言，每家农户仅拥有 0.188 头水牛和 0.176 头黄牛。按照以下冯紫岗所用折算标准，则每家农户有 0.305 头黄牛。[③]

（2）1936 年冯紫岗对嘉兴县牲畜数量的调查。

此次调查针对嘉兴全县 5113 家养牛农户，统计大黄牛有 19514 头，小黄牛有 580 头；大水牛有 15507 头，小水牛为 1006 头。按照黄牛 1 头为 1 家畜单位，小黄牛折半；水牛 1 头为 1 个半牲畜（黄牛）单位，小水牛亦折半的折算标准，总计全县有 29227 头水牛单位（43819 头黄牛单位）。嘉兴县当时七区总户数为 98920 户，平均每户为 0.30 头。[④]

（3）1938—1939 年满铁关于江南局部地区畜牛数量的调查。

20 世纪 30 年代末满铁针对苏南一带 11 村的调查仅涉及 300 农户，属于典型的小众调查。据其调查，平均而言该地区 7.27 亩耕地使用 13.8 头耕牛，每农户占有耕牛 0.24 头。[⑤]

（4）20 世纪 30 年代初实业部国际贸易局关于江南牲畜数量的调查。

较之卜凯、冯紫岗以及满铁调查而言，实业部国际调查局于 20 世纪 30 年代初所做的统计涵盖地区最广，包括江南全部，并且人口统计方式也最为

① 李伯重：《发展与制约：明清江南生产力研究》，联经出版事业公司，2002，第 332 页。
② 李伯重：《中国的早期近代经济——1820 年代华亭－娄县地区 GDP 研究》，第 399–400 页。
③ ［美］卜凯主编：《中国土地利用·统计资料》，商务印书馆，1937，第 123、467–469 页。
④ 冯紫岗：《嘉兴县农村调查》，国立浙江大学、嘉兴县政府印行，1936，第 9、64、66、68 页。
⑤ 满铁：《无锡县》附表一、表八；《常熟县》附表一、表八；《嘉定县》附表二、表六；《太仓县》附表一、表七；《松江县》附表一、表八，参见曹幸穗：《旧中国苏南农家经济研究》，中央编译出版社，1996，第 104 页。

精确，抛弃了以户为单位的传统统计方式，直接以单个人为单位。另外，该次统计并非仅包括农户，而是针对全部居民而言。因而，单纯从调查精准度而言，此次调查超过以上三组调查，能够直接反映江南畜牛的利用情况。据其统计，20 世纪 30 年代初，江南本地所产的牛加上输入的部分（输入浙北地区者不计）共计 336632 头。江南总人口数为 16287696 人，人均占有牛数为 0.02 头。① 如以一家五口计算，则户均 0.1 头左右。即使将输入浙北地区以及上海、常熟、杭州、海宁等地饲养的牛数计入户均占有牛数亦不可能翻倍，这还不说江南所有的牛并非全部用于提供动力。

综合上述四种调查或统计数字，可以发现，就农户占有畜牛情况而言，农村地区要远大于城镇地区。在松江以西的桑稻区及水稻区，平均每家农户占有牛 0.3 头左右是没有问题的。而江南东部一带的松江、太仓的个别农村则要超过这一数字，户均能够达到 0.4~0.5 头。但参考实业部国际贸易局关于江南全部人口畜牛的占有情况，平均每户仅 0.1 头左右。据有关学者研究，太平天国运动之后，江南牛耕情况较之清代中期为多，② 但不能够据此认为太平天国之前江南的畜牛数量少于民国时期的调查数字。实际上，参照本书第五章的有关内容可知，民国时期由于柴油机、煤油机、煤气机、电动机等多种原动机的应用，工业生产领域已经较少用牛，农村局部地区也已经采用动力排灌，而这些方面在太平天国之前都是大量靠牛提供动力的。考虑到这一点，可以认为清代中期江南地区民众占有的畜牛数量可能不一定比民国时期少，但是也不会达到每户 0.2 头，每户 0.15 头左右似较合理。以此为基数进行计算，可知 1850 年左右江南畜牛总数量当在 102 万头左右。李伯重先生认为 19 世纪 20 年代华娄地区平均每家农户有牛 0.5 头，应为一个特例，很难说能够代表江南整体。

3. 畜牛动力值估算（附人力）

上文就前近代江南的人口数以及畜牛数进行了分析，此处进而采用"单

---

① 根据实业部国际贸易局编印《中国实业志·江苏省》（第 1 编，第 12-14 页；第 5 编，第 339-343、344-345 页）以及实业部国际贸易局编印《中国实业志·浙江省》（第 341-343、345、347-348、351 页；第 18-19 页，甲）等数据计算所得。

② 殷志华、惠富平：《再论明清时期太湖地区的铁搭与牛耕》，《中国农史》2012 年第 4 期。

位动力值 × 工作时间 × 总数量"的计算公式，来对前近代江南的畜牛和人力所能提供的动力总值进行估算。

一头畜牛所能提供的动力值有多大？根据相关研究，役牛的最大挽力相当于其体重的 50%~70%，常规挽力为 15%~20%。马的挽力最大能够达到其体重的 75%，驮载能力一般超过体重的三分之一。[①] 一匹马的动力值是牛的 2 倍，而且马每日比牛工作时间长（多工作 2 小时），工作速度快，因此马的日工作量至少相当于牛的 2 倍。[②] 对马而言，其力量因受制于马龄、健康状况、采用工具等的影响而稍有差异。但是一般而言，一匹马所能提供的动力值默认为 1 匹马力。这样看来，1 头牛的动力值当在 0.5 匹马力左右。而就人体所能产生的动力而言，明代正德年间，松江一带农民用铁搭整地，"制如锄而四齿，俗呼为铁搭，每人日可一亩，率十人当一牛"[③]。1 牛可当 10 人之力，故可推测出 1 人所能提供的动力值正常来说当为 0.05 匹马力。比如，国际能源史学家阿斯特丽德·坎德（Astrid Kander）和保罗·沃德（Paul Warde）教授在计算欧洲农民的动力值时，亦将单位农民所能提供的动力值设定为 0.05 匹马力。[④]

人或畜牛每日的工作时间多久？这当与具体行业的特征存在直接关系。严格来说，只要是作为一个活着的个体，其每日都需做出一系列机械动作，输出一定的动力值。"日出而作，日落而息"用于描述一般劳动人民动力的输出情况，尚没有多大问题。就畜牛而言，虽然其每日也都输出动力值，但其中只有一部分为人类所利用，故我们只需计入这一部分即可。然而，由于生产活动中的繁简轻重程度不一，畜力应用时间不明，以及工、农业领域中畜牛数量的分配比例难以确定，故计算人、牛的总动力值仍存在很大困难。基于此种原因，借用能源经济学的一般方法，此处仅计算人、牛所能提供的"千瓦"数，也即动力基数，不再计算"千瓦时"，也即实际输出动力总值。由此可知，1850 年左右人力消耗量约为 170 万千瓦，牛力消耗量约为 51 千瓦。

---

① 柴国生:《中国古代农用畜力能源体系构成及利用形式浅探》,《农业考古》2010 年第 1 期。

② J.Gimpell:《中世の产业革命》,坂本贤三日译本,岩波书店,1978,第 63 页。

③ 〔清〕顾炎武:《肇域志》第 1 册,谭其骧等点校,上海古籍出版社,2004,第 310 页。

④ Astrid Kander and Paul Warde, "Number, Size and Energy Consumption of Draught Animals in European Agriculture", Centre for History and Economics Working Paper, 2009.

第二节　矿物型能源利用状况

近年来在有关中西大分流的争论中，煤炭成为核心话题之一。"加州学派"的主要代表人物都认为江南极度缺少煤炭，而中国的煤炭埋藏在远离江南的西北地区，进而得出中国在前近代经济发展过程中由于缺少煤炭资源的支撑，导致大工业发展不起来，因此与西方分流的观点。然而，通过梳理大量史料，可以发现明清之时江南不仅在内部很多地区曾经有过煤炭开采活动，而且还包含一个地域较广的煤炭贸易网络，在能源供给方面并非如"加州学派"所说的那样悲观。

表 1-1　清代前中期江南及水路邻近地区煤炭开采情况表

时间	开采地点	史料	史料出处
万历	济宁府峄县	"下掘重泉，伤绝地脉。"	《峄县志》（康熙）卷二，物产
	宁国府宣城县	十三年，"太守廖、县令陈勒碑禁止……二十八年，重立禁碑"。	《宣城县志》（光绪）卷三十，艺文
天启	徐州府萧县	兵备唐焕重开，"以为民利"。	《萧县志》（嘉庆）嘉庆卷二，山川
崇祯	衡州府耒阳县	"新城去衡州……适有煤舟从后至。"	《徐霞客游记》卷二下，楚游日记
	郴州兴宁县	"程乡水西入耒江，其处煤炭大舟鳞次……"	《徐霞客游记》卷二下，楚游日记二
崇祯	苏州府洞庭西山	"是山产煤，明崇祯初，山民挖煤为害，巡抚曹文衡勒碑永禁。"	王惟德：《林屋民风》卷十一，村巷
	长兴县合溪镇	"较北煤坚细，无臭气者，名曰香煤。"	《湖州府志》（同治）卷三十三，舆地略物产下
	池州府贵池县	九年，"复盗开"煤井，诸生李可珍建言禁止。	《贵池县志》（光绪）卷三，山川二
清初	宝庆府饶州府乐平县武昌府兴国州	"煤，有宝庆、乐平，而湖北之兴国州为劣。"	《上江两县志》（同治），卷七，食货
康熙	武昌府大冶县	"煤、炭、石灰。"	《大冶县志》（康熙）卷一，物产

（续表）

时间	开采地点	史料	史料出处
康熙	池州府	"货之属……"	《池州府志》（康熙）卷三，物产
	太平府繁昌县	"石炭，即煤炭，出赭圻山。"	《太平府志》（康熙）卷十三，物产
	宁国府宣城县	此前曾多次立碑禁止采煤，但私采者仍不绝。	《宣城县志》（光绪）卷三十，艺文
	长沙府善化县	"产煤，利徒开采"，至五十四年封禁。	《善化县志》（光绪）卷四，山川
雍正	桂阳州	"物产……煤炭。"	雍正《桂阳州志》卷六，物产
乾隆	镇江府	结都山东南六十里，山产石煤。	《镇江府志》（乾隆）卷三，山川下
	常州府阳湖县	城濠、河港中有"黑泥（泥炭）"，赵翼之弟买数百斤。	赵翼：《檐曝杂记》卷四，河底古木灰
	湖州府长兴县	"煤出合溪以上西山一带。"	《长兴县志》（乾隆）卷十，物产
	杭州府桐庐县	"物产……石灰、墨煤……"	《桐庐县志》（乾隆）卷七，物产
	？	官府在上海等五县采购海煤。	陈宏谋：《物料价值则例》
	九江府德安县	"货殖之属……煤炭。"	《德安县志》（乾隆）卷六，物产
	衡州府耒阳县、衡山县	"物产：煤，耒阳、衡山皆出，湖北、湖南市之。"	《湖南通志》（乾隆）卷五十，物产
		"煤炭，出衡山、耒阳。"	《衡州府志》（乾隆）卷十九，物产
	长沙府湘潭、湘乡、安化及桂阳州	"民间开挖运贩，以供炊爨之用……江南之制造铁器者亦多资之。"	湖南巡抚高其倬：《奏请开湘乡、安化二县查收磺矿事》，朱批奏折
	徐州府	"石炭，郡邑遍产。"	《江南通志》（乾隆）卷八十六，徐州府一，物产
	江宁府	煤"仅足供工匠之陶冶，而不能济闾阎之炊爨"。	中国人民大学清史研究所等编：《清代的矿业》，中华书局，1983，第463-464页
乾嘉	济宁府峄县	"乾嘉盛时……炭窑时有增置。"	《峄县志》（光绪）卷七，物产

（续表）

时间	开采地点	史料	史料出处
嘉庆	郴州	煤炭，五属同产	《郴州总志》（嘉庆）卷四十，物产
	宁国府	"煤炭……各邑皆产。"	《宁国府志》（嘉庆）卷十八，物产
	常州府宜兴县	"土产：石灰，煤，炭。"	《宜兴县志》（嘉庆）卷一，土产
	峄县	"嘉、道间，民采炭者，岁有数窑……"	《峄县志》（光绪）卷十三，杂税
道光	峄县	"嘉、道间，民采炭者，岁有数窑……"	《峄县志》（光绪）卷十三，杂税
	大冶县	"牛马隘为县来脉，道光丙午年，土人在此挖煤。"	《大冶县志》（同治）卷二，山川

注："？"表示史料中难以确知。

据表1-1，自明末以至道光年间，江南本地的苏州府洞庭西山、镇江府、常州府阳湖县、湖州府长兴县、杭州府桐庐县等地，都曾有过煤炭开采活动，个别地方还经历了持续上百年的开采。如长兴煤矿，至少在明代后期即已开采，明末清初已有一些煤炭作为商品出售，故在南皋山已出现煤市。[①]至乾隆时，表层易采之处多已采尽，故"煤井深有百余丈，远至二、三里，开挖者数十人、百余人不止"[②]。与此同时，在水路意义上与江南临近的苏北、鲁南沿运河一带，安徽、江西、湖北、湖南等沿江地带以及浙北沿运河一带，在清代前中期有超过30个县份曾开采过煤炭，且有的是持续性开采，涵盖长江中下游及京杭大运河南段沿岸地区。据史料记载，这些地区早已通过水路与江南进行煤炭贸易。明朝时期，江宁龙江关已对输入的煤炭征税。[③]清朝初年，江西乐平、湖南宝庆、湖北兴国的煤炭可凭江道抵苏。[④]到乾隆初年，湖南

① 〔清〕陈梦雷等编：《古今图书集成》，职方典卷九百六十八，湖州府部山川考二。
② 乾隆《长兴县志》卷十，物产，转引自祁守华、钟晓钟编：《中国地方志煤炭史料选辑》，煤炭工业出版社，1990，第220页。
③ 〔清〕吕燕昭修、姚鼐纂：《新修江宁府志》（嘉庆）卷十五，赋役，成文出版社，1974，第141页。
④ 〔清〕莫祥之、甘绍盘修，汪士铎等纂：《上江两县志》（同治）卷七，食货，成文出版社，1970，第164页。

衡阳府、长沙府及桂阳州的下属县份，也都有煤炭远输江南。[①] 乾嘉时期，"江浙湖广诸行省漕粮数千艘"经鲁南峄县"往返不绝"，当地所产煤炭"亦得善价而行销数千里"[②]，理应也销往江南一带。嘉庆、道光时期，苏北及安徽沿江地区所产之煤亦可运达江南。[③] 另外，乾隆年间上海等五县还有海煤输入，只是无法确定来源地。可见，在西至湖北武汉，南至湖南郴州，东至大海，北至山东峄县的范围之内，江南具有水路运煤的基本自然条件。

然而，煤炭在前近代江南的燃料利用结构中始终处于较低的位置。其原因不但与江南及其邻近地区的煤炭资源受限于制度、技术等因素得不到充分开发有关，而且与江南的燃料价格结构与利用结构存在密切关系。

图 1-1　中国古代手工挖煤图

图片来源：〔明〕宋应星：《天工开物》，第 272 页。

---

① 湖南巡抚高其倬：《奏请开湘乡、安化二县查收礦矿事》（乾隆二年二月三日），中国第一历史档案馆藏，档案号：04-01-36-0083-004。

② 〔清〕王振禄、周凤鸣修，王宝田纂：《峄县志》（光绪）卷七，物产，凤凰出版社，2004，第 87 页。

③ 李伯重：《江南的早期工业化（1550—1850）》（修订版），第 228 页。

首先，由于受到矿业制度上的桎梏、风水观念的限制以及落后的采矿技术的束缚，江南及其邻近地区的煤炭资源并没有得到充分开采，煤炭的实际供给处于不足状态。从宏观层面而言，明清时期矿业政策的制定与调整，多与国内政治局势、地方治安以及煤炭业的行业特征有密切关系。乾隆初年，矿禁虽然逐渐松弛，但清廷同时规定"嗣后凡有产煤开采之山，俱著地方官不时稽查"①，并制定了严密的稽核规则，限制矿工的人身自由。在煤炭税收方面，清廷不但规定煤业从业者要缴出井税、过境坐地税，有时还严格限定煤炭的运输量，逾额罚款。再者，江南为人文辐辏之区，民众"俱信风水"，认为开矿有伤地脉和风水，因此一旦开矿，"必至（致）聚众酿案"②。此外，江南及其邻近地区在煤炭开采、煤矿排水和煤炭运输等环节，技术亦很落后。比如在勘煤环节，仍依靠感性知识寻找煤炭，从土的表面来辨别地下是否有煤，然后挖掘。③排水一般是将水盛入牛皮所制的囊内，然后通过人力托运或马骡拉挽至井口下，再用辘轳或绞车提升出井。④这必然会影响煤炭的产量，并使得销售范围和销售量受到限制。

其次，煤炭在江南售价高昂，一般民众很难负担得起，导致对煤炭资源的需求不足。康熙年间，扬河厅采购河工物料，"红草每束二十五斤，价银一分五厘。稻草每束二十五斤，价银一分二厘五毫。江柴每束百斤，价银八分"，而"煤炭一石（注：120斤）价银三钱"，⑤价格远高于柴、草。到乾隆初年，南京城内富裕之家多柴、煤兼用，芦柴"每担需银一钱二三四分不等"，价本已高，但煤因稀得贵，价更高于芦柴，故民人"皆用芦"。⑥又据乾隆三十三年（1768）陈宏谋编的《物料价值则例》，其时官府在上海等五县采购海煤，每斤定价银3.4分。而当时杭州、嘉兴、江宁三府属下的20个县

① 江西巡抚岳浚：《奏为遵议江西省开采煤窑事》（乾隆五年七月二十五日），中国第一历史档案馆藏，档案号：04-01-36-0083-037。
② 〔清〕吕燕昭修，姚鼐纂：《新修江宁府志》（嘉庆）卷二十五，名宦一，第244页。
③ 〔明〕宋应星：《天工开物》，第262页。
④ 《中国古代煤矿开发史》编写组：《中国古代煤矿开发史》，煤矿工业出版社，1986，第204-205页。
⑤ 〔清〕傅泽洪辑录，郑元庆编辑：《行水金鉴》第8册，商务印书馆，1937，第2556页。
⑥ 两江总督德沛：《奏请开煤井之禁以益民生事》（乾隆七年七月二十二日），中国第一历史档案馆藏，档案号：04-01-36-0084-012。

的匠、伕日薪，平均为每工得银 5.85 分、4.16 分。[①] 一日劳动所得，不足以购煤二斤。两相对比，可见煤价之高，由此也就大大束缚了煤炭的销售市场。

最后，江南在生产、生活领域同时使用多种燃料，在不同价格的基础上，形成了多层次化的燃料利用结构。江南本地森林覆盖率极低，平原地区林木早在明代就已基本消失。葛全胜等人估算，今江苏、上海一带 1700 年时森林覆盖率为 4.6%，1750 年时为 3.8%，到 1800 年更是降至 3%。浙江的森林覆盖率到 1800 年虽仍达 46%，[②] 但森林基本在该省南部丘陵、山区，而浙西山区柴薪供应早已不敷本地所用。江南由严、婺、衢、徽等州大量输入柴薪。清代，海宁的黄湾盐场所用柴薪还有一部分海运自浙江舟山、象山等地。此外，福建、江西、湖南、四川及贵州等地也向江南输入木材，但并非主要用作燃料。木柴、木炭主要用于城镇居民手工业（蚕桑生产），较少单纯用于炊爨和取暖。江南乡间主要还是以农家秸秆及自有桑柴等为炊爨燃料。各种燃料的价格高低不一，"炭及山柴为上费，树柴次之，桑条、豆萁又次之，稻柴、麦柴又次之"。"最俭者有烧砻糠之法……其费较稻柴倍省。"[③] 直到民国年间，江南除了蚕桑区农家必须购买木炭，仍少见有农家购买薪柴的支出记载。燃料利用结构的多层次化，尤其对秸秆、芦苇等植物型燃料的大量使用，造成了一种在燃料利用结构上的"有机路径依赖"，不但对木柴，更是对煤炭产生了一种强烈的替代作用。

有关清代前中期江南的煤炭利用规模，由于相关史料的不足，目前所知的还远远不够。不过，能够确定的一点是，煤炭在江南的绝对利用量很小。瓦科拉夫·斯米尔教授在分析一个国家能源转型的过程中认为，在由一种能源转向另一种新能源的过程中，5% 是一个标志性的数值。[④] 参考其研究成果，可以估计煤炭在前近代江南总的能耗中占据的比例不会高于 5%。

---

① 李伯重：《江南的早期工业化（1550—1850）》（修订版），第 231 页。

② 葛全胜、戴君虎等：《过去三百年中国土地利用变化与陆地碳收支》，科学出版社，2008，第 68 页。此外，凌大燮估计 1700 年时江苏森林覆盖率为 4.6%，但他认为浙江为 30%。参见《我国森林资源的变迁》，《中国农史》1983 年第 2 期。

③ 〔清〕张履祥辑补：《补农书校释》，第 135 页。

④ 〔加〕瓦科拉夫·斯米尔：《能源转型：数据、历史与未来》，第 103 页。

第三节　无机型能源利用状况

在传统农业社会里，风力和水力是唯一不依赖人力和畜力而提供机械能的能源种类。借用风力的器具，主要是风车和帆船。利用水力的器具，主要是水车。近年来，国际能源史领域的研究一致认为在前近代社会中，由帆船运用的风力以及风车应用的水力在整个能源结构中只占据很小的比例。理查德·昂格（Richard W.Unger）和约翰·西斯尔（John Thistle）教授在研究加拿大能源史的过程中，就认为这两种动力形式"无论做出哪一假设或者如何得出一个结果，都在总的能耗中占据非常低的比例"[1]。保罗·马拉尼马教授认为，"在任何情况下，由船只所消耗的能量，在任何欧洲国家内都在整个能耗结构中占据不到1%的比例"[2]。因此，无论将其计算在内或排除在外，都不会对整个能源结构的分析产生大的影响。当然，相比那些消耗煤炭较多的欧洲国家（尤其是英国），江南水力和风力的使用量在其能源结构中占据的比例可能会大一些，但就整体来说，估计仍占少数。此处结合相关资料，对江南风力和水力的动力值进行估算。

一、风力

1. 风车

明清时期，在松江府的一些地方，一直有使用风力车水的传统。当时，苏州地区还曾用风车进行脱粒。[3]康熙年间，上海出现了"不用人而以牛"和"并牛不用而以风运"的牛转风车和风转风车。[4]此外，对江南本地风车利用史料的进一步检索没有大的发现，据此似乎可以推测风力水车在江南的使用很少。有学者所持明清之际风力水车在东南一带得到广泛应用的说法，[5]似有所夸大。邻近江南的地区利用风力的情况却并不少见，尤其是江南北面

---

①　Richard W. Unger, John Thistle, *Energy Consumption in Canada in the 19th and 20th Centuries*, A Statistical Outline, 2013, p.48.

②　与保罗·马拉尼马（Paolo Malanima）的私人通信，2015 年 4 月 30 日。

③　金煦、陆志明：《苏州稻作木制农具及俗事考》，《民俗研究》1993 年第 4 期。

④　谢国桢选编：《明代社会经济史料选编（校勘本）》上册，福建人民出版社，2004，第 81 页。

⑤　方立松：《中国传统水车研究》，中国农业科学技术出版社，2013，第 171 页。

的淮扬、通泰一带以及南面的处州一带。清人纳兰性德说扬州有"西人风车借风力以转动，可省人力"[1]。江北通泰一带使用一种"以蒲为蓬八，中立柱，八蓬围绕之，随风左右"的立轴式大风车，其"下置龙骨车，挽水而上，日夜不绝。较水车，同一便疾也"。[2] 浙江处州一带所用风车车水，"风车一具可转水车两具"，且可自行对准风向。其运用齿轮传运，带动普通水车，"随风所向，转水灌田"。[3]

上述风车所能提供的动力值多大？ 2004—2006 年，中国科学院自然科学史研究所的孙烈等人曾于江苏省盐城市海河镇遵循传统工艺和用料，按照 1∶1 的比例复原了一部带有实用功能的大风车和一部受其驱动的龙骨水车。但遗憾的是并没有对其动力值进行测算。[4] 不过，澳大利亚的尹懋可（Mark Elvin）教授认为明代中国的风车构造就已经达到了很高的水平，比欧洲的更为有效。[5] 在此，依据同时期西方的风车使用情况，对清代江南及其附近区域风车的动力值做一粗略的估计。保罗·马拉尼马教授认为 18 世纪晚期时一架风车的动力值是一架水车的 2~3 倍，维持在 5~10 匹马力的范围之内。[6] 据此，江南及其附近所使用的风车，其动力值至少当在 5~10 马力之间。

2. 帆船

由于特殊的自然地理环境，江南民众出入江湖，"动必以舟"，因此船只不在少数。"常、镇、苏、松、嘉、杭、湖内之地，沟河交错，水港相通。惟舟楫之行，则周流无滞。"[7] 在"浙西、平江纵横七百里内尽是深沟小水湾环，浪船以万亿计"[8]。这当然是夸张之说，但很形象地道出了江南船只之多。总体

---

① 〔清〕纳兰性德：《纳兰性德全集》第 4 册，闵泽平评注，哈尔滨出版社，2021，第 100 页。

② 〔清〕金武祥：《粟香随笔》上册，谢永芳校点，凤凰出版社，2017，第 234 页。

③ 〔清〕林昌彝：《砚（耒圭）绪录》卷十二，转引自周昕《中国农具通史》，山东科学技术出版社，2010，第 712 页。

④ 孙烈等：《传统立轴式大风车及其龙骨水车之调查与复原》，《哈尔滨工业大学学报》（社会科学版）2008 年第 3 期。

⑤ 〔英〕尹懋可：《中国的历史之路：基于社会和经济的阐释》，王湘云等译，浙江大学出版社，2023，第 116 页。

⑥ Astrid Kander, eds., *Power to the People: Energy in Europe over the Last Five Centuries*, p.69.

⑦ 《论宜整搠河船》，载〔明〕俞大猷《正气堂全集》，廖渊泉等整理点校，福建人民出版社，2007，第 189 页。

⑧ 〔明〕宋应星：《天工开物》，第 230 页。

而言，按照用途的不同，清代江南的船只可划分为农船、渔船、货船、漕船、海船、航船六大类。除去一部分农船以及小型的渔船外，货船、航船、漕船、沙船的绝大部分都要借助于竹席或棉布所制成的风帆航行。①

农船是江南农民不可缺少的生产和运输工具，从应用规模上而言，应是数量最多的一种船只。其"大小不等，通曰农装，换粪出壅，皆用船载"②。江南素称鱼米之乡，渔船数目众多。乾隆时，太湖中仅最大的六桅瓜船（即帆罟）就已经达到了100艘。③ 此种渔船之最大者，竖桅5至6道，没有桨橹，专门以风为动力。货船航行于江南内河水网之中，一般多为中型船只。航船数量也不在少数，有的已经形成涵盖较广范围的固定路线。如乾隆年间吴江一带操航船之人，"一日夜行二百五十里，南至杭州北至镇江，近且渡河淮而至北通州"。④ 这四类船只，除却各种较为夸张及局部性的说法外，没有发现与之总数相关的较为可信的直接记载。因此，总数"到底有多大，完全无法估计"⑤。能够进行估算的，只有漕船和海船。

漕船是一种狭长的平底内河货运船。自明代后期至清道光以前，江南每年征收解运的漕粮数量基本维持在200万石左右。李伯重先生据崇祯十四年（1641）苏州抚院黄希宪致函户部咨文，推测明末江南每条漕船载米量为600到700石，漕船总数当在3600艘左右。清代以后，漕船尺寸变大，载重1000石的船只已经不被算作大船。其载重量，嘉道时期一般约为1500石。道光初期，江南共有漕船3300艘，咸丰元年（1851）由于漕粮的减少，总数下降到2200艘左右。⑥ 以20石合1吨计算，⑦ 则明末江南漕船的总载重量最低在12.6万吨。到道光初年，总载重量超过25万吨，咸丰元年下降到了16.5万吨左右。

海船主要为适用于北洋沿海航运的沙船。乾嘉道时，"上海、乍浦各口有

---

① 刘璐、[英]吴芳思编译：《帝国掠影：英国访华使团画笔下的清代中国》，第83—84页。

② 〔清〕宗源瀚等修，周学濬等纂：同治《湖州府志》卷三十三，舆地略物产下，成文出版社，1970，第647页。

③ 李伯重：《江南的早期工业化（1550—1850）》修订版，第176页。

④ 吴江市地方志编纂委员会编：《吴江县志》，江苏科学技术出版社，1994，第200页。

⑤ 李伯重：《江南的早期工业化（1550—1850）》修订版，第178页。

⑥ 李伯重：《江南的早期工业化（1550—1850）》修订版，第178—182页。

⑦ 许涤新、吴承明主编：《中国资本主义发展史》第1卷，人民出版社，2005，第670页。

善走关东、山东海船五千余只，每船可载二三千石不等"[1]。仅上海一地就"约有三千五六百号，其船大者载官斛三千石，小者千五六百石"[2]。李伯重先生考证明末江南的沙船总数在千艘以上，每艘载重量在千石或千石以上。嘉庆元年（1796），上海千石以上的海运沙船最多达到3600艘，道光时降到2000艘左右。加上江南其他地方的大小海船，合计嘉庆时共有5000艘，道光中期则已超过5500艘。据1834年英人对上海航运的实地调查，可知每艘海船吨位自100吨至400吨不等。[3]据此看来，乾隆末年马嘎尔尼访华使团成员观察到的载重量达到200吨的船只，顶多能算作中等船只。[4]取其中间值，假若平均每艘为5000官石（250吨），则道光中期江南拥有的海船总吨位接近140万吨。李伯重先生认为明代中后期江南沙船总吨位约15万吨，到清代中期增至75万吨，可能是有所低估了。[5]

虽然帆船在运行的过程中同时使用了风力和水力，但是按照能源史学界的通用研究方法，一般只计算其使用的风力，而那些没有帆的船只，则主要考虑其所使用的水力。同理，以风车为驱动力带动的龙骨水车、翻车亦主要核算其消耗的风力。在计算前近代社会中帆船的能耗之时，主要有两种方法。保罗·马拉尼马教授参考蒸汽船的吨位与其动力之间的比值（2.8∶1），认为相同吨位情况下，帆船一般拥有蒸汽船的三分之一动力，因此，将帆船的吨位除以8.4，即为帆船所使用的动力。[6]这种方式实际上假设风能自输入到输出过程中没有产生能量损失。瑞典的马格努斯·林德马克（Magnus Lindmark）教授提出了另一种替代性的方法，他通过观察风能冲击船桅的物理现象估算风能消耗。因为风帆之间存在干扰，他估算每吨有0.6千瓦的风能耗损。这一数字接近保罗·马拉尼马估值的2倍，也即意味着在风能推动船只往前进过

---

① 〔清〕钱泳：《履园丛话》上册，丛话四，水学，中国书店，1991，第26页。

② 〔清〕包世臣：《安吴四种》卷一，文海出版社，1966，第43页。

③ 李荣昌：《上海开埠前西方商人对上海的了解与贸易往来》，《史林》1987年第3期。

④ 刘璐、〔英〕吴芳思编译：《帝国掠影：英国访华使团画笔下的清代中国》，第81页。

⑤ 李伯重：《明清江南地区造船业的发展》，《中国社会经济史研究》1989年第1期。

⑥ Paolo Malanima, *Energy consumption in Italy in the 19th and 20th centuries* (Naples：Consiglio Nazionale delle Ricerche, 2006), pp. 36–37.

程中，有一半的能量损失掉了。①相较而言，马格努斯·林德马克的方法可能更符合实际情况，故而采用之。考虑到无论哪种船只都并非全天使用，平均来看，少于半天的全速航行是可信的，即一年最多 3650 小时。据此，表 1-2 对江南漕船及海船风耗值进行了估算。

表 1-2　江南漕船及海船风耗值估算表

时期	船型	数量（艘）	总载重量（万吨）	风耗值（千瓦时）	总计（千瓦时）
明代末年	漕船	3600	12.6	7.56	82344
	海船	1000	25	15	
道光初期	漕船	3300	25	15	361350
道光中期	海船	5500	140	84	

二、水力

使用水力的工具，主要是水车。明清时期，江南使用的水车有人力水车（包括手转翻车和脚踏翻车）、畜力水车（包括牛转水车和驴转水车）、风力水车（包括立轴式水车和卧轴式水车）、水力水车（以水转筒车为主）四类。其中，最主要者当为人力水车。

江南虽为水乡，但多数地区地势平坦，可以利用的水力资源极为贫乏。水力固可用以车水、舂碓，"然必得上流之水下注以转其车，水平处即不可施"②。清代，江南水力的使用仅限于宁镇丘陵和浙西山地的部分县份，用以舂谷和捣纸浆。至乾隆时，用水碓捣竹作纸，仅在余杭和孝丰一带流行。③即使是江南西部山区，可以利用的水力资源也不多。例如，江宁府上元县境内虽多山，而"其地脉枯燥"。除了秦淮河与汤泉，"其余溪涧，皆未有淙淙如

① Paul Warde, *Energy consumption in England and Wales 1560-2000*（Naples: Consiglio Nazionale delle Ricerche, 2007), p.47.
② 〔清〕林昌彝:《砚（未圭）绪录》卷十三，转引自清华大学图书馆科技史研究组编《中国科技史资料选编·农业机械》，清华大学出版社，1982，第 213 页。
③ 〔清〕刘蓟植纂:《安吉州志》（乾隆）卷八，物产，海南出版社，2001，第 158 页。

注之水可以筑坝而截流者也"。① 总体来看，水力在江南的能源结构中所占的比例可以说微乎其微。由于江南无较多水力可以应用，畜力太贵，风力又不稳定，因而人力水车成为最常见的水车种类，广泛应用于灌溉、排涝、济漕等领域。其中，又以踏车最为普遍，依靠人的自身重量和多人协作，踩动轮轴汲水，因其汲水量大，故特别适合在水网密布的太湖流域一带使用，② 一直沿用到新中国成立之后。

图1-2 杭州地区采用牛力车水（1908）

图片来源: 杜克大学所藏中国历史老照片，https://repository.duke.edu/dc/gamble/gamst001045。

因为式样的不同，各种水车的工作效率存在较大差别。如宋应星所记载，"车身长者二丈，短者半之。其内用龙骨拴串板，关水逆流而上。大抵一人竟日之力，灌田五亩，而牛则倍之。其浅池、小浍不载长车者，则数尺之车，一人两手疾转，竟日之功可灌二亩而已"③。也即一日内脚踏翻车一人灌田5亩，牛力翻车为10亩，手转翻车仅为2亩。嘉庆时期，松江地区有一种采用

---

① 〔清〕蓝应袭修，何梦篆、程廷祚等纂:《上元县志》(乾隆)卷四，山川，南京出版社，2011，第132页。
② 方立松、惠富平:《中国传统水车应用与推广的地域环境因素》,《中国农史》2010年第1期。
③ 〔明〕宋应星:《天工开物》，第13页。

3 人至 6 人的大水车，"日灌田二十亩"，而用牛来转动"如车轮而大"的风车，"力省而功倍"。[①] 据此，一人每日最大灌溉能力不足 7 亩，牛转翻车则为 40 亩。干旱之时，于高地汲水，效率降低一半，正所谓"旱岁倍焉，高地倍焉"[②]。袁家明、惠富平对不同车水方式的工作效率进行了对比，认为四人脚踏水车每日 5~10 亩，二牛水车每日 10~20 亩，风力水车（3 级风以上）每日 20 亩。[③] 由此推测风力水车（3 级风以上）的动力值应与 2~4 头水牛所能提供的动力值差不多，也即 1~2 匹马力。在 18 世纪晚期的欧洲，一架水车的动力值是一架风车的二分之一到三分之一，而风车的动力值在 5~10 匹马力的范围之内。可知，一架普通水车的动力值也很少有超过 3 匹马力的。有学者分析了欧洲一个拥有 300 居民、60 头牲畜以及 1 架水车的农村社区的能源结构。据其估测，一架水车的马力值为 3 匹马力。[④] 由于各种水车的总数难以确知，故对其动力消耗总值目前仍无法加以计算。

小　结

　　从上文对前近代江南能源结构的分析来看，江南的能源利用类型以植物型能源为主，燃料是最基本的热量获取途径，而人力和畜力则是最主要的动力来源。虽然江南也消费煤炭、风力和水力，但三者在总能源结构中所占比例很小。这种能源利用结构以及能源利用方式不仅反映了江南本地的特点，实际上也反映出传统农业社会能源利用结构上的一些总体性、根本性特征。据此，可进一步将此种以植物型能源为运行基础的社会定义为"有机植物型社会"。

---

①〔明〕宋如林等修，孙星衍等纂：《松江府志》（嘉庆）卷五，疆域志，第 155 页。

②〔明〕徐光启：《农政全书》，陈焕良、罗文华校注，卷十九，水利，岳麓书社，2002，第 294 页。

③ 袁家明、惠富平：《民国时期苏锡常地区新式排灌机械发展及原因探析》，《南京农业大学学报》（社会科学版）2007 年第 4 期。

④ Astrid Kander（eds.），*Power to the People：Energy in Europe Over the Last Five Centuries*，pp.65，67，69.

这种社会中的能源获取途径以及能源利用结构具有典型特征。首先，植物型能源的可获数量少，受到太阳辐射能即气候变化的明显影响。其次，植物型能源内部存在一种不可调和的结构性冲突。这主要表现在扩大了食物来源，就势必减少森林和牧场。而如果扩大燃料的来源和畜力的应用，则势必又要压缩耕地的面积，减少可获食物的数量。再次，植物型能源的获取受到时间、空间的严格限制。植物的生长受制于自然的规律，短期之内不可能获得巨量增长，其直接结果即食物、燃料以及牲畜的供给数量无法快速增长。而对传统时代落后的运输方式而言，很难通过远距离运输的方式获取所需要的能源，这就无疑更加限制了可获的能源数量。最后，在传统社会下，人类能够利用的动力数量非常有限。人力和畜力是主要的提供者，两者的动力值很小。风力和水力是已被当时人类利用的、能够摆脱"有机规律"束缚的仅有的两种无机型能源，且动力值相对较大。但因其受自然环境尤其是气候变化的影响很大，它们无法成为可靠、稳定的动力来源。

这种"有机植物型"社会中能源的获取途径少，可获量少，即便是一段时间之内可获能源总量增多，也是伴随人口的同时增长而被消费掉，也即实质上是一种能源利用上的"广泛性增长"，而非"集中性增长"。尹懋可教授用"高水平均衡陷阱"（high-level equilibrium trap）理论描述中国 14—19 世纪初社会经济的发展状况。[①] 这一概念实际上也可以看作是对以"有机植物型"能源为基础的生态运行机制在农业领域内的反映。前近代江南这种"有机植物型"能源结构的存在，迫使江南只能够在此基础上建立一种"有机植物型"经济，继而使得轻、重工业严重失调，形成李伯重先生所谓的"超轻结构"。直到近代之后，江南这种"有机植物型"为主导的能源结构的转型和工业化生产方式的建立，方才伴随着矿物能源的大量输入及利用得以实现。

---

① 对这一理论最精练的概括，参见 Little Daniel, *Microfoundations, Method and Causation: On the Philosophy of the Social Sciences*（New Jersey: Transaction Publishers, 1998）, pp.151–169.

第二章　近代江南矿物能源的生产、输入与销售

就一国的近代化而言，煤、铁和石油是工业化得以发生和持续进行的基础。在经济发展的过程中，这三种矿物的出产与消费，"往往足以视为工业化的程度的指数"。如果把整个工业体系比作一个身体，"那么钢铁便十分恰当的是这个身体的骨骼，而煤和石油便是他的血液"[1]。能源是维持现代文明和人类生存的"第一要件"。工业机器的运转、交通工具的运动以及食物的熟化、加工，都要依靠能源。[2] 近代江南，矿物能源以煤和石油为主要类型，其大规模输入江南，正是江南能源转型得以实现和工业化过程得以推进的前提。

本章尝试在前人研究的基础上，重点对抗战之前江南矿物能源的生产和输入情况进行全面性梳理，并就能源贸易的规模进行量化分析，对能源分销的基本模式进行探讨，以期揭示江南矿物能源生产与贸易的总体面貌。

第一节　江南本地的能源生产

江南缺乏石油资源，此处所指的能源生产，主要是就煤炭而言。近代以来，由于见识到西方船坚炮利的厉害，清朝的有识之士和地方大员开始意识到开矿设厂的重要性。由于中国自身煤炭开采事业的落后，在江南开设的外国工厂、公用企业和洋务运动建立的几个大型企业，如江南制造局、金陵机器局、上海机器织布局、轮船招商局等所需要的煤炭，多数只能依赖昂贵的

---

[1] 吴半农:《铁煤及石油》, 北平社会调查所, 1932, 第3-4页。
[2] 朱公振编著:《家用物供给法》, 世界书局, 1932, 第63-64页。

外煤供应。[1] 外煤售价高昂，19 世纪 70 年代初，上海市场上的英国煤每吨售价 11 两，澳大利亚煤每吨售价 8 两，就连质量较差的日本煤每吨也要 5 两 5 钱。[2] 而且，"一遇煤炭缺乏，往往洋煤进口，故意居奇"[3]。煤为近世工业所需的主要燃料，20 世纪 30 年代时，世界上所有热与动力的大部分"均由煤供给之，故煤在各种燃料中，实居最重要之位置"[4]。考虑到一旦中外关系紧张，外煤断绝，各局厂必将"废工坐困"，轮船亦会"寸步不行"，[5] 清政府遂在全国范围内掀起了一场规模浩大的勘矿和开矿运动。江南一地，亦不例外。1906 年初，两江矿务局曾札饬各地将所属煤炭等矿苗从速采取，送交矿务局查验。[6]

江南的煤炭储量情况如何？据第二次《中国矿业纪要》的调查，江苏省所藏烟煤数量接近 2 亿吨，没有无烟煤；浙江省有无烟煤 0.5 亿吨，烟煤 0.7 亿吨，计 1.2 亿吨。就全国来看，无烟煤储藏量为 436 亿吨，烟煤为 1735 亿吨，褐煤为 5.7 亿吨，总计 2176 亿余吨。江浙两省合计，还不到全国储量的 1.5‰。[7] 难怪在一些西方人看来，江苏并不是出产矿物的省份。[8] 不过，在这有限的煤炭储量的前提下，江南局部地区的煤炭资源自晚清以来仍得到了不同程度的开采。据表 2-1，江南的昌化、江宁、镇江、句容、孝丰、吴县、吴兴、长兴等地，都曾开采过煤炭。

---

① 张国辉认为，清代晚期外国轮船所消耗的煤炭，"都是从其本国载运而来"（《洋务运动与中国近代企业》，中国社会科学出版社，1979，第 181 页）。其实未必尽然，外国轮船也采用中国的煤炭，只是由于是浅层煤，质量并不太好。参见 R.M.Martin, *China: Political, Commercial, and Social*, Vol. 1, (London: James Maddes and Leadenhall Street, 1847), pp.311–315.

② 《英国领事报告·1872 年（上海）》，第 141 页，转引自张国辉《洋务运动与中国近代企业》，第 182 页。

③ 《总署收南洋大臣何璟文，附江南机器制造局来禀》，同治十一年六月十八日，"中研院"近代史研究所编印《海防档》，丙，机器局一，1957，第 107 页。

④ 郑廷砐：《汽力厂》，商务印书馆，1935，第 20 页。

⑤ 李鸿章：《筹议制造轮船未可裁撤折》，同治十一年五月十五日，载〔清〕吴汝纶编《李文忠公全集》，奏稿，第十九卷，商务印书馆，1921，第 49 页。

⑥ 《江督饬取矿苗送验镇江》，《申报》1906 年 1 月 15 日，第 2-3 版。

⑦ 实业部《中国经济年鉴》编纂委员会编：《中国经济年鉴》，商务印书馆，1934，第 K676-677 页。

⑧ 《海关十年报告之三（1902—1911）》，载徐雪筠等译编《上海近代社会经济发展概况（1882—1931）——〈海关十年报告〉译编》，张仲礼校订，上海社会科学院出版社，1985，第 158 页。

表 2-1 近代江南煤炭开采情况表

地点	时间	概况	史料依据
昌化县内矿产甚多，如十一都鹄山之无烟白煤	光绪初年	"出煤甚多。"	《东京通信》，《申报》1908年1月20日，第2张第4版
江宁府东北乡由青龙山至句容县一带	1896年	产煤甚旺，"大可开采"。	《振兴矿务》，《申报》1896年8月5日，第2版
镇江高资镇西项家窑	1896年	"勘得实系煤矿。"	《铁瓮秋涛》，《申报》1896年10月31日，第3版
句容县属之龙潭，上元县属之栖霞山、林山、祠山、胡山、圆山、青龙山、马扒井、石澜山等处	1896年	"虽煤层厚薄不等，煤质优劣互异，然均系可采之矿。"	《光绪二十二年十月十八日京报全录》，《申报》1896年12月1日，第12版
南京朝阳门外之祠山、湖山、青龙山	1897年	"据言所产之煤倍于他省，而青龙山为尤丰。"	《矿师莅止》，《申报》1897年5月2日，第1版
南京青龙山、幕府山、幕府寺、磁山、华山、朱家巴、王家窝、武岗山八处	1898年	"烟煤白煤皆有。"	《续录矿局招股章程》，《申报》1898年5月5日，第9版
句容县属之龙潭	1905年	"所出之煤极多，煤质亦佳。"	《领照开办龙潭煤矿》，《申报》1905年4月13日，第3版
孝丰县西乡、南乡一带	光绪年间、民国初年	均有煤出产。	魏颂唐编：《浙江经济纪略》，第二十篇，孝丰县，第9页
南京太平门外三十里林山	1910年	"该煤烧用最佳，无烟无味。"	《林山煤矿之发达》，《申报》1910年6月28日，第12版
吴县洞庭西山一带	1913年	试采20吨后，送往上海实验。	《中华民国二年（1913）苏州口华洋贸易情形论略》，载陆允昌编《苏州洋关史料（1896—1945）》，第233页
吴县洞庭西山一带	1933年	"系罗氏呈请开采，矿区面积为27435公亩。"	《江苏洞庭西山煤矿私营矿区面积》，《矿业周报》1933年第263期

（续表）

地点	时间	概况	史料依据
江宁北固乡、江乘乡一带	20世纪20年代初至30年代初	用土法开采，用人力运送。	实业部国际贸易局编印：《中国实业志·江苏省》第7编，第17页
长兴西北山大煤山一带	1933年已采	厚1~3公尺不等，煤田范围约40平方公里，可采储量约两千万吨。	实业部国际贸易局编印：《中国实业志·浙江省》，己，第103–108页
吴兴南乡崇塘村	1933年已采	1933年时正在开采。	
江宁东北猴子山一带	抗战前	煤层不厚，出煤数百吨。	杨大金：《现代中国实业志（下）》，第146页

　　总体来看，江南的煤炭开采活动并不乐观，成效不大。考其原因，一是浅层煤炭储量较少，地质构造复杂，"煤层忽有忽无，断续无定"①，进一步开采的难度较大，导致很多煤矿开采成本高，难以持续性地开采。比如句容县响水坝地方，1925年11月曾有人在没有领得执照的情况下私采，每日仅可出煤二三十吨，到1926年时即已停止开采。② 从富阳一直延伸到江西边界的煤矿，既狭小又分散，很难进行大规模开采。③ 长兴煤矿"煤气之重，比较国内任何矿井为甚，防范稍疏，易肇爆炸"，加之还需防止遇到老窿、水患等危险，"故长矿工程，较之国内其他矿厂，事常倍而功则仅半"。④ 长兴煤田尾间的宜溧煤矿亦当基于同样原因而没有得到较大规模的持续性开采。⑤ 二是江浙一带在近代以来军事活动频繁，尤其以齐燮元与卢永祥为抢夺东南财赋重地而发动的两次"江浙战争"为甚。战争一起，交通受阻，矿场财产受到掠夺，生产活动无法正常进行下去。比如，江宁县北固乡猴子山、夏家洼、长山等处煤矿，面积有600余亩，于1922年呈请开采，但是由于受到军事影

---

① 《光绪二十二年十月十八日京报全录》，《申报》1896年12月1日，第12版。
② 实业部国际贸易局编印：《中国实业志·江苏省》第7编，1933，第17–18页。
③ 《海关十年报告·杭州（1922—1931年）》，载陈梅龙、景消波译编《近代浙江对外贸易及社会变迁：宁波、温州、杭州海关贸易报告译编》，宁波出版社，2003，第294页。
④ 《长兴煤矿局之现在与将来》，《湖州月刊》1928年第9期。
⑤ 实业部国际贸易局编印：《中国实业志·江苏省》第7编，第18页。

响，"未得大兴工"，以致股本亏折，中途停顿。① 长兴煤矿因江浙战争的发
生，矿场设备被掠夺，直接造成停工和被建设委员会改组。三是煤质不佳，
且受限于资金的不足，难以提高生产能力，销场亦不见好。比如，长兴煤矿
的煤质属于次烟煤类，"色黔而胶，灰多硫重，质不甚佳"②。煤中含有较高比
例的硫黄，在市场上无法同一些含硫量较少的煤开展竞争，③ 致使销场并不见
佳。④ 南京青龙山、幕府山、磁山等八处所产煤炭试销于金陵制造局及镇江
等处，"惟经费未足，出产无多"⑤。民国初年，孝丰县所出煤炭即曾"因煤嫩
不能着火，且资本不继，先后停办"⑥。1913 年 7 月，苏州洞庭西山一带发现
煤炭，"一时人人喧传，以为无尽藏之宝库"。报由苏州海关出口 20 吨至上海
进行试验，但此后证明"此煤烟多，火力亦不佳，不足以达其最初之希望"。
后在苏州低价出售，每吨仅约 6 元。到 1929 年时，又在苏州穹窿山发现了无
烟煤，可能同样因为质量太差而没有得到开采。⑦

　　因故，江南本地的煤炭产量很少。据统计，1931 年江苏的煤炭产量仅为
10.8 万吨，浙江稍多一些，但也只有 23.4 万吨，而同年全国煤炭总产量达到
2700 余万吨。⑧ 再以长兴煤矿为例，1927 年建设委员会接办时该矿日产煤仅数
十吨以至百余吨。1931 年每日产煤始超过 600 吨，年产量 18.5 万吨，占浙江煤
炭总产量的近 80%。即便是长兴煤矿 1914—1937 年间的最高产量，也没有超
过 20 万吨。⑨ 据此可知，江南的煤炭产量尚不及全国总产量的 1.3%。与江南
弱小的煤炭生产能力相对应的，是近代以来上海、南京、杭州以及无锡、苏州

---

① 《江宁县煤矿由华茂煤矿公司承继》，《矿冶》1928 年第 6 期。
② 实业部国际贸易局编印：《中国实业志·浙江省》，1933，己，第 113 页。
③ 《海关十年报告·杭州（1922—1931 年）》，载陈梅龙、景消波译编《近代浙江对外贸易及社
会变迁：宁波、温州、杭州海关贸易报告译编》，第 294 页。
④ 长兴煤销售最多之地为太湖四周及杭嘉湖各内河沿岸，包括长兴、无锡、常州、湖州、宜
兴、嘉兴、杭州等地，距离再远的话，就不占优势了。参见《长兴煤矿局之现在与将来》，《湖州月
刊》1928 年第 9 期。
⑤ 《续录矿局招股章程》，《申报》1898 年 5 月 5 日，第 9 版。
⑥ 魏颂唐编：《浙江经济纪略》，出版社不明，1929，第二十篇，孝丰县，第 9 页。
⑦ 《海关十年报告·苏州（1922—1931 年）》《中华民国二年（1913）苏州口华洋贸易情形论
略》，载陆允昌编《苏州洋关史料（1896—1945）》，南京大学出版社，1991，第 126、233 页。
⑧ 杨大金：《现代中国实业志（下）》，商务印书馆，1938，第 39—43 页。
⑨ 王树槐：《浙江长兴煤矿的发展，1913—1937》，"中研院"《近代史研究所集刊》第 16 期，
1987 年 6 月。

等地工业化兴起之后对于煤炭和石油的大量需求。既然本地的煤炭产量已经远不能满足这一需求，那么也就只有通过外地大量输入这一途径弥补缺口了。

第二节　能源输入通道及输入数量估测

近代以来，江南能源输入通道可以分为海上能源通道和陆地能源通道。由于能源的来源方向以及具体运输方式存在差异，每条能源通道下还可细分为多条分支通道。

一、海上能源通道

1. 南洋通道

通过南洋通道输入江南的能源，主要是英国、澳大利亚、越南及中国台湾[①]等国家和地区生产（包括经香港转口）的煤炭以及东南亚地区所产的石油。由于这些能源都经由广义上南洋地区输入江南，故而将这一通道命名为南洋通道。就输入煤炭而言，该条通道在近代前期是江南最为依赖的路线，此后其重要性逐渐被东洋及北洋通道超过。从输入石油来看，该条通道的重要性更加凸显，可称之为抗战之前江南最主要的液体能源"生命线"之一。

大体来看，一战以前，通过南洋通道输入江南的外煤以英国煤、中国台湾煤和澳大利亚煤为主。早在 19 世纪 70 年代初，由南海、澳大利亚运煤到上海的船只就有 40 只。[②]据英国外务部统计，1872 年上海输入煤炭数量接近 16 万吨，其中由英国运来 4.5 万吨，澳大利亚、日本煤各 4 万吨，中国台湾煤 2.6 万吨。[③]在 19 世纪 90 年代之前，上海煤炭市场一度为英商销售的英松煤垄断。从质量上来看，各种煤炭中以英国煤最优，烟少耐烧。相比而言，日本煤和台湾煤因燃烧太快，火性不能持久，故充作轮船用煤时需额外多辟

---

① 需要说明的是，抗战之前运往上海的台湾、开滦、抚顺等地所产煤炭视实际已由帝国主义操控，煤炭的生产、运输、销售全过程都在英、日等列强监管之下。
② 《上海近事》，《中西闻见录》1873 年第 8 期。
③ 《英领事寄英国为上海所行煤斤事》，《教会新报》1874 年第 280 期。

堆煤空间，带来诸多不便。基于此种原因，英国煤多为军舰及轮船所需燃料，较少为工厂及日常生活所用。此一时期内总计运至江南的英国煤和澳大利亚煤估计不在少数，不过一战发生后即在市场上"从此断绝"。总之，随着一战之后日本煤的强势和开滦、抚顺煤的开采，英国煤、台湾煤和澳大利亚煤已无法在江南总的煤炭输入量中占据重要地位。

越南煤是近代江南输入的最主要的无烟煤，其中又以东京煤及鸿基煤占多数。近代以来，国产柴煤在上海市场几乎绝迹，上海无烟煤市场几为越南煤独占。1928 年，中国进口煤炭和焦炭 248 万担，共计价值 2300 余万两，其中越南煤"约居十之三"[1]，绝大多数被运往江南一带销售。1927—1933 年间，上海每年可销无烟煤在 28~33 万吨之间，主要为鸿基无烟煤。[2] 虽然 1934 年国民政府提高无烟煤进口税率的举措一度使越南煤输入量减少，但是之后越南煤削减售价，输入中国势头慢慢复苏。东京煤公司将上海和长江流域作为最主要的销售市场，在 1926—1938 年的十余年间，销至两地的无烟煤数量由 8 万余吨增长至 10 余万吨，最多时接近 20 万吨。1937 年，东京煤销量的 95.5% 被销往上海，而 1938 年更是达到 100%。[3] 除此之外，香港、澳门等处也有一些煤炭转口至上海销售，但是数量无足轻重。

通过南洋通道输入江南的石油资源，主要产自荷属印度的苏门答腊以及婆罗洲（加里曼丹岛）等地，内中尤以煤油为主。1864 年，上海已从英国、中国香港、澳大利亚一带进口煤油 4000 余加仑。[4] 之后，苏门答腊以及婆罗洲等地石油资源得到开发，在炼制成煤油后被大量输往江南。得益于储油丰富且与中国距离较近，运费较廉的优势，两地所产煤油在近代江南的销售状况颇称兴旺。经营该种石油业务的企业为英国亚细亚石油公司，其与美国美孚石油公司、德士古石油公司并称为近代中国三大外资石油公司。20 世纪 30

---

① 陈重民：《中国进口贸易》，商务印书馆，1934，第 106 页。

② 《上海之柴煤战》，《矿业周报》1934 年第 287 期。

③ 上海社会科学院经济研究所编：《刘鸿生企业史料》（上），上海人民出版社，1981，第 42-43 页；《刘鸿生企业史料》（中），第 271 页。

④ 《各年海关贸易统计报告》，载上海社会科学院经济研究所、上海市国际贸易学会学术委员会编《上海对外贸易》（上册），第 361 页。

年代初，上海、南京等地煤油市场几乎全为亚细亚和美孚所占。[①] 而在某些时段，江南个别城市进口荷属印度煤油数量甚至超过美国煤油。如苏州1903年煤油进口中即以苏门答腊煤油最多。[②] 再相比较，一般年份里进口苏门答腊煤油要多于婆罗洲煤油，以致江海关在19世纪末的十年报告中甚至不单独统计后者输入数量。[③]

2. 东洋通道

通过东洋通道输入江南的能源，主要是日本煤炭和美国石油。由于这些能源主要由轮船自东向西横跨太平洋或沿朝鲜海岸后经黄海和东海运抵江南，故而将此通道命名为东洋通道。1917年，日本横滨宝田公司就已运送煤油至杭州销售，但其油质低劣，销路不畅。[④] 因而，由日本大量输入江南的能源种类主要是煤炭。江南进口的日本煤依产地主要分为三池煤、筑丰煤、唐津煤、长崎煤、杵岛煤等，其中以九州岛所产煤最多。需要注意的是，日煤实际上还有相当一部分是产自中国东北的抚顺煤。凭借日本、中国东北以及江南之间相对便利、廉价的海路运输以及售价低于英国煤、澳大利亚煤而质量稍好于国产煤的优势，日煤逐渐大量输入江南。可以说，在近代江南输入的所有外煤中，最重要者无疑当数日本煤。自19世纪70年代至20世纪30年代初，日煤在江海关煤炭总输入数量中长期占据第一把交椅，其之于上海的重要性远超国产煤。[⑤]

相比其他国家或地区相关史料的不足，关于日煤输入江南数量的记载则较多。输入上海的日煤1878年达到14.4万吨左右，1882年约为19万吨，

---

① 《上海之煤油输入额》，《国际贸易导报》1930年第6期；《南京燃料之调查》，《矿业周报》1932年第193期。

② 《光绪二十九年（1903）苏州口华洋贸易情形论略》，载陆允昌编《苏州洋关史料（1896—1945）》，第184页。

③ 《海关十年报告之二（1892—1901）》，载徐雪筠等译编《上海近代社会经济发展概况（1882—1931）——〈海关十年报告〉译编》，第55页。

④ 《民国六年（1917年）杭州口华洋贸易情形论略》，载中华人民共和国杭州海关译编《近代浙江通商口岸经济社会概况——浙海关、瓯海关、杭州关贸易报告集成》，浙江人民出版社，2002，第789页。

⑤ 毛立坤：《日货称雄中国市场的先声：晚清上海煤炭贸易初探》，《史学月刊》2013年第2期。

1883 年上升到 27 万吨，1884 年以后基本每年都在 30 万吨以上，[①] 到 20 世纪初已超百万吨。如据上海税关报告，1908 年上海进口英国煤、澳大利亚煤、越南煤合计约 5.7 万吨，而日煤却已达 110 万吨，内中九州岛煤占 80% 以上。[②] 20 世纪 20 年代之前，仅日本本土煤在上海的销量就已十分可观，在 1904—1918 年间维持在 70~90 余万吨。1922 年始，日煤对中国实行倾销政策，更加巨量地输入以上海为代表的江南地区。其中，尤以 1926 年为甚，该年上海进口外煤总数接近 300 万吨，日煤达 236 万吨，将近全数的 80%。[③] 1931 年，受到抵制日货运动的影响，日煤在上海进口煤炭中的比重有所下降，并逐渐被开滦煤以及国产煤超过，但 1934 年的绝对数量仍有近 45 万吨。[④]

美国石油在江南乃至整个中国同类能源的输入中，都占据绝对重要地位。19 世纪 80 年代以前，输入中国的煤油主要来自美国。如 1864 年，上海已从美国进口煤油 7000 加仑。[⑤] 此后，两地之间煤油贸易增长迅速。19 世纪晚期，中美之间的石油贸易主要由美孚和德士古石油公司经理。其中，美孚公司于 1894 年在中国设立办事处，1903 年在上海建立油栈，1904 年开始由美国输入煤油。[⑥] 德士古公司 1916 年左右进入中国市场，由于实行积极扩张政策，逐渐与美孚、亚细亚成鼎足之势。[⑦] 总体来看，以上述两大公司为代表的美产煤油常年占我国煤油输入总量的 70% 以上。如据海关统计，1923 年美国煤油输入中国 1.8 亿加仑，占中国煤油总输入量的 83.3%。因故，煤油贸易成为"美对华最大投资"[⑧]。美产煤油遍销江南，如 1936 年美孚和德士古在江苏农村

---

① 《领事达文波 1878 年度上海贸易报告》，载李必樟编译《上海近代贸易经济发展概况：1854—1898 年英国驻上海领事贸易报告汇编》，上海社会科学院出版社，1993，第 488 页；Coal in Japan，*The North-China Daily News*，January 30, 1889.

② 杨志洵：《上海石炭之需要》，《申报》1910 年 1 月 19 日，第 26 版。

③ 杨大金：《现代中国实业志》（下），第 45 页。

④ 《上海廿三年十二月份及全年煤斤输入量》，《矿业周报》1935 年第 327 期。

⑤ 《海关贸易报告·上海（1888 年）》，载上海社会科学院经济研究所、上海市国际贸易学会学术委员会编《上海对外贸易》（上册），第 361 页。

⑥ 《美孚石油公司调查材料》，载陈真等编《中国近代工业史资料》第二辑，生活·读书·新知三联书店，1958，第 324–327 页。

⑦ 刘阶平：《最近我国市场的煤油战》，《国闻周报》1933 年第 32 期；浙江省政府秘书处服用国货委员会编印：《浙江省会各业调查录》，手稿，1934，无页码。

⑧ 杨瑾琤：《美帝在中国的吸血站》，《大公报》1951 年 1 月 24 日，第 4 版。

煤油市场中所占份额超过 62%，在浙江相对较小，然亦有 43%。[1]

3. 北洋通道

通过北洋通道输往江南的能源，主要包括从英国实际控制下的开滦煤矿经秦皇岛港出海，自北向南纵贯中国北部沿海运载的煤炭以及由俄国（苏联）经北太平洋沿岸港口南下远途运输的煤油。

开平煤在上海销售较早，19 世纪 80 年代轮船招商局拱北号轮船即曾装载其由津抵沪。[2] 该种煤发火力强，熔渣很少，尤其适于轮船燃用，故而受到江南一带轮船主的欢迎。到 1912 年，开平英商夺取滦州矿务局全部矿权，将两矿合并改组为英属开滦矿务公司。一战期间，江南一带工厂企业因偶逢"黄金时代"而获发展良机，对煤炭需求量大增。此种背景下，开滦煤开始被以刘鸿生为代表的私人船主大量运至江南一带销售。开滦煤销量飞速增长，1914 年接近 40 万吨，到 20 世纪 20 年代中期已接近 100 万吨。总体来看，二十年间开滦煤在沪销售量增长 90 余万吨，年均增长率在 12% 左右。同时段内，其在上海煤炭总销量中的比重也由最初不足 5% 飙升到 47%。另据刘鸿生致开滦矿务局信函所言，上海开滦售品处自 1930 年至抗战全面爆发前的销售量每年均在 50 万吨以上，最高一年接近 120 万吨，平均每年 85 万吨左右。[3] 可以说，二战之前，开滦煤和日本煤（包括抚顺煤）已垄断整个上海煤炭市场。

近代以来，俄国（苏联）也出口煤炭至江南一带销售。比如 1882 年，上海元亨洋行曾运到千余吨俄煤发售。[4] 总体来看，俄国（苏联）煤炭虽然常有运至上海者，但因运价和售价较高，成交量难与日本煤、抚顺煤及开滦煤相提并论。由俄国（苏联）输入江南的主要能源当数煤油。据海关资料，1888 年俄油首次进入上海，"3 条油轮从里海装来 2473590 加仑"[5]。光绪十五

① 《农村商品调查》，《农情报告》1936 年第 8 期。
② 《煤色甚佳》，《申报》1886 年 7 月 13 日，第 3 版。
③ 上海社会科学院经济研究所编：《刘鸿生企业史料》（上），第 8—9 页；《刘鸿生企业史料》（中），第 270—271 页。
④ 《俄煤招售》，《申报》1882 年 7 月 9 日，第 6 版。
⑤ 《海关贸易报告・上海（1888 年）》，载上海社会科学院经济研究所、上海市国际贸易学会学术委员会编《上海对外贸易》（上册），第 361 页。

年（1889），俄油占中国煤油总进口量的24.5%，次年升至39%。不过，后经1905年日俄战争、1917年苏联社会主义革命以及1929年中东路事件之后，苏俄在华势力受到削弱，煤油输入量也大为减少。[1] 国民政府与苏联复交之后，苏油积极在江南一带开拓市场，其代理者为光华煤油公司，其"尤能抱定牺牲目下之利益，努力推销，以争得将来优越之市场"[2]。英、美、苏三国石油公司遂以江南市场为中心展开了激烈的竞争，使得每箱煤油的价格不断下降，同时光华煤油市场份额不断扩大。然而好景不长，到1933年苏联不再供应货源，光华公司全部资产亦因倾销政策而损失殆尽，被迫与三大石油公司妥协，将全部油池、油库等资产作价出售。到1935年，其在江苏市场的份额只有6.4%，浙江为15.1%，[3] 较之此前远甚。

二、陆地能源通道

就石油资源来说，近代以来国产很少，以致民国时期一些学者在谈及国产石油数量时，"不忍书出，自露其丑"[4]。由于国产石油资源匮乏，故输往江南的国产能源仅有煤炭。近代以来，江南这一"能源漏斗"同样吸纳了众多国产煤炭的输入。受中国煤炭地理分布格局的影响，国煤输入江南的总体方向呈由北往南、由西向东的特点。根据运输方式组合形式的不同，可将国煤输往江南的路线细分为三条分支通道。

1. 铁路—海运通道

通过此条通道输入江南的能源，主要包括由青岛、塘沽和秦皇岛等港口运至上海的山东、山西和河北煤炭。

山东煤炭资源主要分布于该省中东部的淄川、博山、潍坊、章丘以及西部的峰县、滕县等地，尤其以淄博一带最为密集，20世纪30年代初矿区多达93个之多。[5] 1904年胶济铁路建成之后，淄川、坊子煤的销售范围大为拓展。但在20世纪初，坊子煤经胶济铁路运至青岛再出口至上海的数量不多，每月只

① 祝仰辰：《中国石油之供求状况》，《中行月刊》1931年第8期。
② 《国内要闻·中国市场之国际煤油战》，《银行周报》1933年第15期。
③ 《农村商品调查》，《农情报告》1936年第8期。
④ 《杂俎·艺庐随笔·煤油》，《实业杂志》1931年第164期。
⑤ 胡荣铨：《中国煤矿》，商务印书馆，1935，第242页。

在 2000 吨左右。① 此后，随着铁路沿线煤矿出产量的增加，由青岛出口至上海的煤炭数量不断上升。如 1928—1930 年间博山煤产量约占胶济铁路沿线总产量的 60% 多，② 其中一部分由胶济铁路运抵青岛出口至上海，专供工厂燃料之用。

山西由于交通不便，所产煤炭难得畅销。一战之前，江南市场上很少见到山西煤的踪影。此后，少部分阳泉、大同等地所产煤炭借助正太—平汉—北宁铁路或者平绥—北宁铁路辗转运至塘沽装轮出口至上海。1930 年，国民政府为鼓励晋北煤炭出口，规定平绥、北宁两路与晋北矿务局订立出口特价，由大同口泉车站转运至塘沽出口的煤炭可享受运输优惠。但是，此项优惠措施到次年便被取消。大同矿商感叹由于无法降低高昂运价，即使晋煤"无偿奉还，亦有不能竞争之势"③。因此，抗战之前山西煤在江南市场上的销售数量非常有限。

河北煤中有一部分属无烟煤，主要产自长城、临榆（柳江）等煤矿，此外还有少部分井陉等地所产烟煤。柳江和长城煤矿于 20 世纪初修筑通往秦皇岛的轻便铁路，并在秦皇岛租有堆煤场。长城煤矿曾租用开滦煤矿的运煤船只，以提高运输能力。井陉煤矿则借助平汉铁路和北宁铁路往来运输。上述各矿所产之煤经秦皇岛港和塘沽港出口至东部沿海各地，不过就数量而言难称可观。1915—1925 年间，柳江、长城煤经由秦皇岛港运出的数量最少时仅有 1500 吨，最多时刚超过 20 万吨。④ 20 世纪 30 年代初，临榆无烟煤亦曾运至上海，但数量不多，"非柴煤业劲敌"⑤。考虑到各矿煤炭销售地域较广，运往江南的部分当不多。

2. 内陆水运通道（或铁路—内陆水运通道）

此条通道主要依靠大运河和长江航道，将山东、江苏、湖北、湖南、江西、山西、河南、河北等地所产煤炭运往江南。

津浦铁路未修筑之前，山东中兴煤矿和江苏贾汪煤矿凭借大运河向江南输送煤炭。中兴煤矿在 1905 年和 1906 年设立镇江及瓜洲分销厂，并建立了

① 杨志洵：《上海石炭之需要》，《申报》1910 年 1 月 19 日，第 2 张后幅第 2 版。
② 淄博矿务局、山东大学编：《淄博煤矿史》，山东人民出版社，1986，第 171 页。
③ 国煤救济委员会编印：《国煤救济委员会专刊》，1933，第 29 页。
④ 《秦皇岛·海关贸易关册（1915—1925）》，载王庆普总编《秦皇岛港口史料汇辑（1898—1953）》，秦皇岛港务局史志编审委员会印行，2000，第 429 页。
⑤ 《上海之柴煤战》，《矿业周报》1934 年第 287 期。

一个覆盖江南北部区域的煤炭行销网络,镇江和瓜洲成为该矿于"江南销煤之总汇"①。此外,1911徐州萧县白土山煤矿亦曾计划利用大运河输送煤炭,并在镇江和瓜洲等处添设分销厂。②

湖北、湖南、江西等地所产煤炭主要以汉口和长沙为集散地,再通过长江干道输送至江南一带。咸同年间,有利用放空回头淮盐船只运载湖南湘潭、衡州、醴陵、宝庆等处所产烟煤和白煤赴镇江销售者。③江南矿务总局鉴于萍乡煤矿出煤日旺,曾申请在镇江设厂分销,以达到"畅官煤销路"的目的。④不过一战之前,湖北、湖南、江西煤每年只有少量运至江南。如汉口煤"系萍乡所产","于上海尚未得欢迎之势",每月煤和焦煤合计最多输入二三千吨。⑤20世纪30年代初,湖北大冶柴煤产量可达30余万吨,但每年也只有3万吨左右运往苏杭嘉湖地区销售。⑥此外,安徽沿江一带小煤矿也通过长江向江南运煤,但数量极为有限。

1906年平汉铁路修建之后,山西、河南、河北等地部分煤炭先运至汉口,再由长江水道辗转输送至江南销售。比如1918年,怡和洋行曾向河南福中公司(《申报》为"山东福中公司",有误,现予以纠正)订购白煤数千吨,经平汉铁路运至汉口交卸,再由轮船装载赴申。⑦山西阳泉广懋煤矿在20世纪20年代也曾在镇江建立分销处,由汉口发煤到镇江销售。⑧不过,由于转运周折,手续烦琐,加之远距离运价高昂,故而经由此路输往江南的煤炭数量难言称多。如1933年由平汉路运至汉口的山西、河南等省无烟煤仅有1.44余万吨,转运至江南者当为数更少。⑨同年,河北井陉正丰煤矿亦于平汉路沿线及上海等处销售煤炭,⑩但数量亦不会太多。

① 〔清〕周凤鸣撰:光绪《峄县乡土志》(光绪),矿业,成文出版社,1968,第25页。
② 《推广白土山矿煤销路》,《申报》1911年6月5日,第1张后幅第4版。
③ 孙平生:《镇江煤业和米市的兴起》,《镇江史志通讯》1988年第2期,第35页。
④ 《设厂分销官煤》,《申报》1905年8月1日,第9版。
⑤ 杨志洵:《上海石炭之需要》,《申报》1910年1月19日,第2张后幅第2-3版。
⑥ 《上海之柴煤战》,《矿业周报》1934年第287期。
⑦ 《江和轮船载运山东白煤》,《申报》1918年6月25日,第11版。
⑧ 《咨税务处广懋煤矿公司运销汉口、长江、上海等处煤斤可否准免五十里内常税请查核见复文》,《财政月刊》1923年第117期。
⑨ 《上海之柴煤战》,《矿业周报》1934年第287期。
⑩ 《煤商开会讨论救济国煤》,《矿业周报》1933年第266期。

3. 铁路通道

煤炭业与铁路事业息息相关，正如张伟保所言，轮船和铁路是近代运输革命的"两个法宝"，"打破了传统的运输体系"。[①] 抗战之前，江南主要通过津浦铁路和淮南铁路向内部输入煤炭。

津浦铁路北起天津，南至浦口，于 1912 年全线通车。铁路通车后，山东中兴煤矿自筑临枣支线，与津浦线上临城站接通，同时与津浦铁路局签订互惠合同，使自产煤炭进入北至京津，南至宁沪的广阔市场。为推销业务，中兴煤矿在浦口设立中兴煤场，1926 年前最盛时有装卸工人 2000 余人。[②] 从此，津浦铁路取代运河，成为中兴煤的主要运输通道。与此同时，徐州贾汪（华东）煤矿、安徽烈山煤矿、河南中福煤矿等亦凭借津浦铁路在南京浦口码头以及中山码头、三汊河、九甲圩一带建立煤炭堆栈，竭力在江南一带推广市场。这些煤炭在南京完成交易后，多由浦口装轮或借由火车运至江南各地销售。据 20 世纪 30 年代初中国银行调查所的调查，1923—1924 年为津浦线各矿最盛时期，当年中兴、贾汪、烈山等煤运至浦口销售者不下 50 万吨。[③] 迨至 1936 年，中兴煤运抵江南者有增无减，载至上海销售者有 60 万~70 万吨，直接销于上海者也有 30 万~40 万吨，其余则由上海转销至江南各地。[④]

利用淮南铁路向江南输送煤炭的，主要是国民政府建设委员会主办的安徽淮南煤矿。出于救济长江中下游"煤荒"的目的，建设委员会于 1930 年开始筹办淮南煤矿，并于 1934—1935 年底建成长度为 200 余公里的淮南铁路。沿此铁路，淮南、大通等地所产煤炭可运至浦口。浦口是淮南煤销量最多之地，由 1932 年上半年占淮南煤总销量的 57% 增加到 1933 年的 83%。如加上经浦口转运至无锡等地的煤炭，1934—1935 年合计销量在 38 万余吨左右，占总销量的 70% 左右。[⑤]

总之，二战之前，国产煤炭输入江南已严重依赖津浦铁路和淮南铁路，

① 张伟保：《艰难的腾飞：华北新式煤矿与中国现代化》，厦门大学出版社，2012，第 104 页。
② 吕华清主编：《南京港史》，人民交通出版社，1989，第 143 页。
③ 《产业·矿业·长江流域国产煤调查》，《中行月刊》1933 年第 5 期。
④ 《上海销煤总量》，《中外经济情报》1936 年第 23 期。
⑤ 王树槐：《张人杰与淮南煤矿，1928—1937》，"中研院"《近代史研究所集刊》第 17 期下册，1988 年 12 月。

所以一旦两者运输断绝，即对江南煤炭市场造成严重影响。如北伐战争爆发之后，军人把持路政，平汉、津浦两条南北干线车辆被扣，加之铁路系统遭受战争破坏，煤炭无从运到，直接导致长江中下游"煤荒"危机的发生。[①]又如，1937 年 12 月日军占领南京后，掠夺浦口存煤 8000 余吨，加之战争阻断铁路运输，致使来煤不继，南京煤炭市场遂陷于瘫痪。[②] 从中亦可反映出在输入江南的众多国产煤中，中兴煤、贾汪煤以及淮南煤等占有重要地位。

　　然而总体来看，外国能源在近代江南总的能源消费结构中的重要性要远超国产能源。且不说石油资源完全仰赖外人供应，即便就煤炭来看，国产煤亦无法与外国煤相提并论。近代以来，虽然内陆省份的民族矿业有所发展，但是由于铁路运费太高，加之国内政局不稳，导致运至江南的煤炭售价高昂，无法与外煤竞争。尽管反帝爱国运动以及提高煤炭进口关税的举动会暂时减少外国能源的输入，但是由于上述阻碍因素一直没有得到根本消除，致使国产煤在江南能源市场上的处境始终不容乐观。国产煤的这种弱势地位，可以从江南能源市场上各种煤炭销售情况的对比中得到直接反映。1910 年国产煤见于上海市场者仅有湖北煤和山东煤两种。[③] 1922 年以后，外商（主要是英、日、法商）经营煤炭量已占上海煤炭市场总销量的 70%。[④] 而在 20 世纪 30 年代初期，销售于上海的煤炭更是约有 80% 运自海外。[⑤] 当时，日本煤、抚顺煤和开滦煤已在上海煤炭市场形成"三分鼎足"之势。以国产煤在上海销售情况相对乐观的 1934 年为例，该年日本、抚顺、安南、开滦煤仍占沪地输入煤炭总量的 57%。[⑥] 再据 20 世纪 30 年代初南京市社会局煤业状况调查，南京每月平均消费煤炭 1.2 万余吨，其中国产煤占 43.2%，外煤占 56.8%。[⑦]同一时期，杭州煤炭市场上国产煤占三分之二，非国产煤仅占三分之一。[⑧]

---

① 张伟保等：《经济与政治之间——中国经济史专题研究》，第 219–222 页。
② 经盛鸿：《南京沦陷八年史（增订版·上）》，社会科学文献出版社，2013，第 608 页。
③ 杨志洵：《上海石炭之需要》，《申报》1910 年 1 月 19 日，第 2 张后幅第 2 版。
④ 姚鹤年：《旧上海煤炭行业的变迁》，《上海地方志》1999 年第 5 期。
⑤ 范师任：《振兴国煤之我见》，《中国实业》1935 年第 5 期。
⑥ 中国经济情报社编：《中国经济年报》第 1 辑，生活书店，1935，第 127–128 页。
⑦ 《南京市销煤数量》，《矿业周报》1931 年第 166 期。
⑧ 浙江省政府秘书处服用国货委员会编印：《浙江省会各业调查录》，无页码。

不过，如果同样去掉被统计为国煤的开滦煤和抚顺煤，则南京和杭州市场上纯粹国煤的实际比例会更低。可以说，近代以来外国能源在江南逐渐形成的垄断性地位，在抗战之前始终没有被打破。

三、能源输入总量估测

能否对近代江南由外地输入能源的数量进行长时段定量估算？迄今为止，针对江南不同年份和不同地点能源输入量及贸易量的史料记载与既有研究成果较多，然而却因统计口径、涵盖时段以及涉及范围无法划一等问题，彼此之间存在很大差异。从地理空间上看，江南的能源输入及地理分销格局以上海、镇江、南京、苏州、杭州五口展开，其中上海与镇江同为煤炭和石油分销中心，南京主要为煤炭分销中心。至于苏州、杭州、无锡等其他城市，虽然也有煤商和油商于当地设立分销支店，但主要还是次级区域内销售中心。在此，本书依据《中国旧海关史料》所载各海关年度能源进口一手数据，并结合相关资料，对1864—1937年间江南五口能源净输入总量进行统计分析。所谓净输入量，是指输入国外能源和国内能源之和，减去复出口至国外和转口至本国口岸后的剩余部分。

1. 煤炭净输入量统计

近代以来，沪上工业发达，交通便利，故商人都将其视为煤炭和石油类能源的首要集散地。从上海煤炭净输入量在江南煤炭净输入总量所占比重来看，江海关一口多数年份占90%以上。而就上海净输入数量而言，随着沪上社会经济发展的加快，由19世纪60年代的不足50万吨增至1913年左右的100余万吨，1923年左右突破200万吨，到1931年左右达至峰值350万吨左右（见图2-1）。应该说，在绝大多数年份中，江海关的净输入量都要超过50万吨。从增长幅度上来看，以民国初年到20世纪30年代初为最大，晚清40余年间相对较小，这与上海整体工业化进程相符。

图 2-1　1864—1937 年上海净输入煤炭数量图

资料来源：附表 2。

　　除上海外，江南内地四口煤炭净输入量有限。从图 2-2 可知，抗战之前四口都没有达到 50 万吨，较之上海远甚。相比而言，镇江比其他三口为多，在 19 世纪 80 年代即已超过 20 万吨，到 20 世纪 30 年代初最多时接近 30 万吨。考虑到其社会经济发展水平不及苏杭一带，大量进口煤炭当主要与镇江作为能源分销中心有莫大关系。同一时段，其他各口自始至终都没有超过 20 万吨者，在个别口岸的个别年份中，输入量甚至不足百吨。从趋势上来看，南京、镇江、杭州净输入量在 20 世纪 30 年代之前总体呈增长态势，均在 1930 年前后达至各自输入峰值。与之相比，苏州净输入量变动趋势较为紊乱，其输入峰值出现在 1914 年左右，此后一直呈波动和衰减状态。

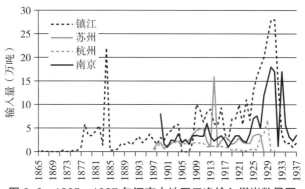

图 2-2　1865—1937 年江南内地四口净输入煤炭数量图

资料来源：附表 2。

2. 煤油净输入量统计

近代以来江南煤油净输入量的变动趋势与煤炭具有共性，五口煤油净输入量增长趋势亦很明显。江海关仍独占鳌头，自 1864 年至 20 世纪初，几乎每年都占江南净输入总量的 60% 以上，有些年份高达 90% 以上。1910—1930 年间，由于其他四口煤油净输入量增多，江海关的比重开始走低，维持在 50% 以下，个别年份仅勉强超过 20%。到抗战之前逐渐反弹，基本恢复到 50% 以上。从数量上来看，据图 2-3，江海关由 19 世纪 80 年代的不足 10 万加仑增长至 1934 年的接近 1.7 亿加仑，增长幅度令人印象深刻。如果说 20 世纪 30 年代前其增长仍较缓慢的话，那么 1931 年后就呈现了"井喷"现象。不过，在短暂的几年繁荣后即呈快速递减趋势，抗战之前回落到不足 5000 万加仑。

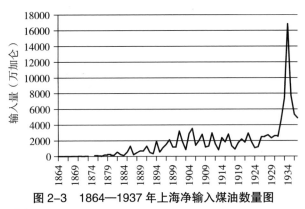

图 2-3　1864—1937 年上海净输入煤油数量图

资料来源：附表 3。

两相对比，江南内地四口煤油净输入量在抗战之前均没有超过 4500 万加仑。不过，镇江在四口中的表现倒是又让人眼前一亮，几乎每年均要超过其他三口，在 20 世纪 20 年代中期甚至一度超过上海。截至 1906 年，仅美孚在镇江建立的煤油池总容量就在 130 万加仑以上。[1] 当然，镇江输入的煤油并非全部用于本地消费，有相当一部分还通过多种方式转运至他处。除镇江

---

① 〔清〕张玉藻、翁有成修，高翼昌等纂：《续丹徒县志》卷八，外交一，江苏古籍出版社，1991，第 597 页。

之外，苏州、杭州和南京最多时勉强超过 1000 万加仑，增长速度和幅度也均较低（见图 2-4）。

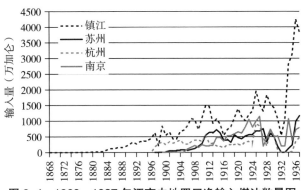

图 2-4　1868—1937 年江南内地四口净输入煤油数量图
资料来源：附表 3。

3. 柴油和汽油净输入量统计

柴油与汽油亦为石油炼制产品，不过输入江南的时间要比煤油晚许多，如《中国旧海关史料》中对于江南各口输入柴油和汽油数量的记载晚至 1923年始。较之煤油巨量的净输入量而言，1905 年上海仅进口美国汽油 4.7 万加仑。迨至 20 世纪 20 年代中期之后，随着内燃机的逐渐推广，江南各口柴油及汽油净输入量才获得较大增长。1923—1937 年，江海关柴油和汽油净输入量在江南五口中亦为最多，一般都在 90% 以上。据图 2-5，就柴油而言，上海由 1923 年的 2 万余吨增长至 1934 年的峰值 18 万吨出头。到抗战之前，回落并稳定在 12 万吨出头左右。同期内江海关汽油净输入量变动趋势则表现出不同于柴油的一面，在 1932 年之前没有超过 1500 万加仑，但之后短短五六年间飞速增长，到 1935 年达到抗战前的输入峰值 9300 余万加仑。1936—1937 年间虽有下降，但仍保持在 7000 万加仑左右（见图 2-6）。

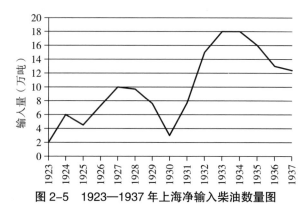

图 2-5　1923—1937 年上海净输入柴油数量图

资料来源：附表 4。

图 2-6　1923—1937 年上海净输入汽油数量图

资料来源：附表 5。

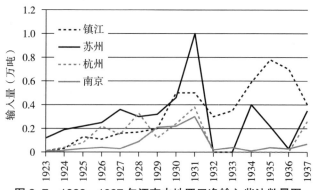

图 2-7　1923—1937 年江南内地四口净输入柴油数量图

资料来源：附表 4。

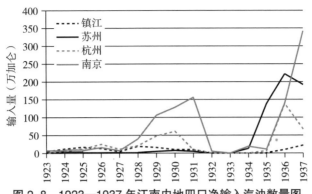

图 2-8　1923—1937 年江南内地四口净输入汽油数量图

资料来源：附表 5。

与上海相比，江南内地四口柴油及汽油净输入量相对有限，各自输入
峰值均没有超过 400 万加仑。柴油净输入量在 1931 年之前尚能保持低速增
长，但在 1931 年后又重新回落到之前的进口水平（见图 2-7）。汽油净输入
量更少，甚至在 1932—1934 年间一度归零，1935 年之后方才恢复增长（见图
2-8）。值得注意的是，与煤炭和煤油的净输入情况不同，镇江在柴油输入方
面较之江南内地其余三口的领先优势大为缩小，而在输入汽油方面绝无优势
可言。这从中反映出一个事实，即汽油主要用于输入地消费，转销别地的比
例较小，其消费量与输入地整体社会经济发展水平有关。

《中国旧海关史料》中所载数据在多大程度上符合能源贸易的真实性？需
要注意的是，海关史料中对江南五口能源输入情况的记载是不全面的，不可
避免地在不同年份内存在着不同程度的漏记。造成此种现象的原因最主要有
两点，兹以杭州关煤油进口情况为例加以说明。

其一，近代中国通行关税与地方厘捐税之间的税率变化，会对海关贸易
数量的准确性产生影响。按照清政府规定，各类进口货物均须缴纳一定税费，
但具体纳税方式可在关税和厘税之间二选其一。精明的商人对此熟稔于胸：
如果厘税低于关税，则内地税减轻，进口货物运入内地自然趋纳厘税而弃交
关税；反之，则趋纳关税而避厘税。《马关条约》签订之后，厘局即将大宗货
物酌减抽厘，较之条约所定海关正半税犹轻，"以示招徕之意"。1905 年后，
厘卡进一步下调基准税率，更比海关子口税为低，遂使大量进出口商弃海关

而转向厘金局缴纳税金。海关资料中所载杭州煤油净输入量因此从 1924 年前的 300 余万加仑猛增到 1925 年的 900 多万加仑，增幅达 180% 左右。而待杭州煤油特税提高后，煤油净输入量即从 1926 年的 830 余万加仑锐减到 1927 年的 470 万加仑左右，降幅达 43%。厘金的取消，对于江南内地四口能源进口方式影响深远。由于内地税率大减，输入煤油呈报缴纳关税者更是减少，之后才因 1936 年起沪埠进口货物须另缴浚浦捐及码头捐所导致的高税率而缓慢恢复。①

其二，运输方式的变化，会直接促使江南五口海关登记能源净输入数量偏离实际净输入数量。近代以来，江南内地各口与上海之间公路、铁路、民船、汽船均极便利。但属海关管辖者仅汽船贸易一项，由海关记录在册的能源贸易数量也仅代表汽船运销数量。实际上，随着铁路、公路以及民船的广泛利用，由汽船运载的部分逐渐降低。如杭州海关 1912 年进口美国煤油由火车运载部分（250 万加仑）已经超过海关所载汽船运载部分（160 余万加仑）。② 再如，1918 年杭州某洋行进口 350 万加仑煤油，而考诸同年关册仅登记有 138 余万加仑，相差倍计有余。③ 连杭州海关工作人员在 1923 年时也坦诚 "关册所载各货数目，仅占本城全部贸易之少数，另有由火车及民船轮运进出之货为数甚巨，但只报统捐，不纳关税，故海关无册可稽也"④。厘金取消之后，所有往来上海与江南内地各口的能源贸易多于海关管辖之外另由他路运输，趋避关税，以致海关统计数目锐减。

以上仅以杭州关煤油进口情况为例，说明税率调整和运输方式变化对海关统计准确性的影响。基于相同因素的考虑，对近代以来尤其是 20 世纪之后

① 《民国十五年（1926 年）、民国十六年（1927 年）杭州口华洋贸易情形论略》《民国二十五年（1936 年）海关中外贸易统计年刊（杭州口）》，载中华人民共和国杭州海关译编《近代浙江通商口岸经济社会概况——浙海关、瓯海关、杭州关贸易报告集成》，第 816、818、829 页。
② 《民国元年（1912 年）、民国四年（1915 年）杭州口华洋贸易情形论略》，载中华人民共和国杭州海关译编《近代浙江通商口岸经济社会概况——浙海关、瓯海关、杭州关贸易报告集成》，第 774 页。
③ 《民国七年（1918 年）杭州口华洋贸易情形论略》，载中华人民共和国杭州海关译编《近代浙江通商口岸经济社会概况——浙海关、瓯海关、杭州关贸易报告集成》，第 792 页。
④ 《民国二年（1913 年）、民国十二年（1923 年）杭州口华洋贸易情形论略》，载中华人民共和国杭州海关译编《近代浙江通商口岸经济社会概况——浙海关、瓯海关、杭州关贸易报告集成》，第 807 页。

江南各口其他类能源净输入量的分析，也应当作如是观。由此可见，《中国旧海关史料》中所载近代江南能源净输入量并不能代表其真实数量，甚至在某些年份尚不及真实数量的一半。不过，海关史料是迄今所见唯一一份能够提供近代江南长时段能源净输入序列数据的珍贵资料，在有关该领域内纷繁、零散的史料堆中，其重要性自不待言。而且，就近代江南能源净输入的整体性变动趋势来看，在厘金取消之前海关年度报告中所反映的情况是值得充分重视的。因此，将1864—1931年间海关史料中所载江南能源净输入数量作为实际净输入量的最低估值，应该问题不大。只是由于缺少连续性和系统性的民船、铁路、公路以及传统陆路运销数量的相关资料，目前对于通过以上各种途径输入江南的能源数量还很难进一步估测和量化。

第三节　能源销售方式

大量能源输入江南之后，最先存储于沿海或沿江的煤场和油池（罐）之中。然后，由销售方招来顾客前来提运。煤炭的销售主要是通过划定营业区域—开设分销机构（或者寻找经销商）—建立零售商网络这一方式实现的。所谓划定营业区域，是指煤商只能在既定的销售范围内从事推销活动，不得逾越界限。以刘鸿生为例，其前期所销售的煤炭主要是开滦煤。他与上海开滦矿务局联合组成开滦售品处，规定销售范围以上海、宁波以及长江下游流域至九江为止的中国籍用户为限。在此区域范围之内，刘鸿生借开滦煤矿之名义，在苏州、无锡、常州等地遍设开滦分销机构，在南京、江阴、南通等地与当地煤商合资，伙设生泰恒煤号，通过这种"多点开花"式的销售网络，将开滦煤的销售范围覆盖到江南主要城市。[①] 这些煤号再以批发或者零售的形式，售与散落各处的杂货店铺、煤炭店、熟水店或者柴炭店等。

近代江南主要城市里都存在着众多的煤炭店、煤球店、柴炭店和杂货店，

---

① 曹雨塘口述（1963年7月），陈孚卿口述（1959年6月），载上海社会科学院经济研究所编《刘鸿生企业史料》（上），第19—20、22页。

它们构成了煤炭销售末端的主要部分。关于这些门店的数量，迄无准确统计，但在战前呈快速增长趋势。1857 年，煤商郁富在上海煤炭弄口开设敦大成煤号，可能是沪上第一家煤号。[①] 1880 年，上海已有敦大、甬记、福昌、义成、同昌泰等煤炭店 70 多家。19 世纪末 20 世纪初，上海煤炭行业形成了南市福佑路煤炭公所内的南市场和英租界九江路浙绍公所内的北市场。30 年代后，上海各地煤炭店数量呈井喷之势，遍布全市。到 1940 年初，"小型煤炭柴号，通衢遍设，全市有二三千家之多，专营门市零斤角数之零卖交易，以供给附近贫民住户之燃料"[②]。需要注意的是，当时各燃料业普遍兼营不同种类的燃料。煤炭店和煤球店既销售煤炭和煤球，又兼营木炭、柴爿、煤油等业务，而柴炭店在主营柴炭业务的同时，也将煤炭、煤球、煤油作为重要货物。就煤炭的种类而言，大体上可分为白煤（无烟煤）和烟煤，两者又可按照产地和大小细分为若干种类型。

图 2-9 美孚石油公司广告

图片来源：《申报》，1929 年 12 月 15 日。

[①] 郑享林主编：《上海燃料流通志》，上海市燃料总公司印行，1998，第 64 页。

[②] 《举办煤球平卖》，《申报》1940 年 2 月 28 日，第 9 版。

　　就石油类能源的销售而言，各大石油公司首先也需要划定营业范围。以美孚石油公司为例，其将全中国划分为六大营业区域，江南地区由南京区分公司和上海区分公司合力经销。其中，上海区分公司下设苏州、杭州、宁波、海门、温州；南京区分公司下设镇江、芜湖。不过，与煤炭的销售方式不同的是，美孚公司在江南营销初期，并没有采用直接设立分销机构的方法，而是委托外国洋行转售华商进行间接销售。1910 年前，逐渐改由中国商店代销。因而，可以看出早期美孚石油公司基本是通过划定营业区域—开设支公司—寻找经销商（或代销商）—建设零售商网络的途径进行销售的。民国初年，美孚石油公司开始在一定程度上改变销售方式，尝试直接设立经销处和办事处，以节省中间环节，谋求更大利润。通过此种方式，在 1914—1920 年间，美孚煤油侵入了江南广大各中小市镇。具体的销售环节也就演变为划定营业区域—开设支公司—设立经销处（或者寻找代销商）—建设零售商网络。[①] 1918 年之后，亚细亚和德士古石油公司也分别在南京建立了分支销售机构，组建买办经理商号（即代销商）。经理商号主要从事石油产品的批发和永利钾厂、江南汽运公司等用油大户的直供业务，为各大石油公司控制近代南京石油市场的支柱；较小的石油专业行号（即零售商）负责各类油品的二道批发及零售；五金店号（亦为零售商）如五洋店号、酱园、京广杂货店铺及副食品商店则零售汽油、柴油、煤油、润滑油等。[②] 此外，按照相同或相似的销售模式，美孚、亚细亚、德士古和光华四大石油公司在江南其他城市也建立起了完整的销售网络。据 1932 年调查，杭州市有煤油栈计 15 家，主要经营汽油和煤油贸易，其中汽油以汽车行销量最大，赊欠买卖较多；火油则完全批发给杂货商店，纯属现款交易。[③] 民国时期有学者还将美孚石油公司和经销处在江南的销售网络形容为"蜘蛛网"，"无论何时何地，皆无缺货之虑"[④]。

　　有时，一些煤商和油商也通过多种优惠或促销活动，努力扩大销售市场。

---

① 《美孚石油公司调查材料》，载陈真等编《中国近代工业史资料》第二辑，第 324–327 页。
② 南京市地方志编纂委员会、《南京物资志》编纂委员会编：《南京物资志》，第 60 页。
③ 建设委员会调查浙江经济所编印：《杭州市经济调查》（下编），1932，第 366 页。
④ 祝仰辰：《中国石油之供求状况》，《中行月刊》1931 年第 8 期。

就煤商而言，除了送货上门，规定如购买煤炭或煤球达到一定数量，即赠送煤炉、航空券、炭结、毛巾，还有赠送哔叽裤料者。[①] 清末之时，嘉兴县煤炭业每至年终，还聘请戏班演戏，并且于各行号店铺以及居家往来交易者相送大炭团，"年年相送，若为成例"[②]。开平矿务局在长江一带积极兜售、推广省煤炉灶，而且不断通过广告攻势，说明烧煤具有的好处。[③] 在煤油的销售过程中，同样如此。仅《申报》上推销煤油的广告就不胜枚举。美孚石油公司还采用了一种巧妙的推销办法，在 1917 年和 1922 年先后在上海设立了制造煤油灯和玻璃灯罩的工厂，将生产的煤油灯随推销的煤油赠送，加之实行廉价倾销，于是销路日增。[④] 该公司除了向一般商民和工厂企业推销石油产品，还通过打折酬宾的方式积极向政府机构推销。1928 年，美孚与上海市公用局签订供销合同，分别以市场价的八五折和八折优惠提供上海市政府及其附属各机关所用的汽油和机油，这较之未签合同之前的最大优惠价格要低 10%~12%。[⑤] 与此同时，美孚还以更优惠的价格提供市属职工汽车用油，头号汽油每加仑在八五折基础上再打八五折，机油及油膏照市价打七折后再打九折。市属职工将姓名和名下车辆车牌提供给公用局核示、备案，便可享受如此优惠价。[⑥] 通过这种方式，美孚不但进一步提高了产品市场占有率，而且还有助于营造与政府之间的良好关系，可谓一举两得。

相比住户和一些小型的工厂、商铺、作坊、老虎灶或浴池，大工厂和电厂一般倾向于通过招标获得所需的煤炭或石油产品。此举可以让煤炭或石油商在同一约束条件之下进行公开透明的竞争，最终产生符合需求方要求的供应商。比如，上海公共租界工部局电气处至迟到 19 世纪末便已采用招标方式

---

① 《市声》，《申报》1933 年 11 月 24 日，第 11 版；《合作煤部分销处开幕大赠品》，《申报·本埠增刊》1928 年 12 月 13 日，第 2 版。

② 《禾中琐记》，《申报》1896 年 1 月 12 日，第 2 版。

③ 《改用煤灶之利便》，《申报》1909 年 5 月 14 日，第 3 张第 3 版；《请看减省日费之新发明煤灶》，《申报》1909 年 7 月 4 日，第 2 张第 6 版。

④ 《美孚石油公司调查材料》，载陈真等编《中国近代工业史资料》第二辑，第 325-326 页。

⑤ 《上海市公用局与美孚及亚细亚订立市政府汽车油合同案》，上海市档案馆藏，档案号：Q5-3-3227。

⑥ 《上海市公用局关于美孚行优待市属职员私人汽车使用汽油拆价案》，上海市档案馆藏，档案号：Q5-3-3300。

购买煤炭，一般在《公共租界工部局公报》和《申报》等主要报刊上公开招标信息。收到煤炭商的投标书之后，工部局电气处与电力技术人员一起在电气委员会上审议投标书。与此同时，电气处会对参与投标的煤炭商提供的煤炭样本进行实验，测定各种煤炭的燃烧值、烟灰量、能量密度等各项主要指标。最后，在综合煤炭质量、价格和合法竞争等各项条件后，决定并公布中标者。一般而言，招标活动每年举行一次，每次选择一个中标者。[①] 通过历年来的反复招标和筛选，一些供应能力低、煤炭质量差、煤价高昂和供货能力差的煤炭商被剔除掉，使得电厂尽可能稳定持续地生产廉价的电力。

在江南各地煤炭和石油销售过程中，零售商之间存在着激烈的市场竞争。为了协调内部矛盾，规齐市价，弱化竞争，各地销售商之间逐渐形成了一定程度的联合经营甚或市场垄断，建立了数量繁多的同业类组织。太平天国运动之后，上海市场上"湖广、淡水、泰西、日本各路来煤并行不悖"[②]。煤炭同业为整顿市场，于1882年在福佑路建立上海煤炭公所，并取名"韫山堂"。[③] 1930年9月，上海中华煤球公司与中国、大中国、大中华、远东四煤球厂签订煤球联营合同，"订定售价，涨则同涨，落则同落"。1934年1月，进一步成立上海市煤球联合营业所。[④] 1936年10月，机制煤球业同业公会正式成立。[⑤] 抗战之前，各煤矿运至南京的煤炭主要通过批发商经销。当时有声望的大煤号有同盛源、生泰恒、华兴等8家，通称"八大家"，联合垄断了南京煤炭的销售。[⑥] 20世纪30年代左右，镇江也出现了经营国产煤的元兴、马步记、和兴、安丰、华丰五大煤号，由其组织的"五号煤联"共同把持煤炭市场。[⑦] 此外，1926年10月底，松江、浦东煤油商人成立松浦火油同业公会。[⑧]

---

① 《上海公共租界工部局电气处长与总办处关于杨树浦电厂扩建、设备安装、供煤和所属人员回国参战事的文函》，上海市档案馆藏，档案号：U1-2-965。
② 《古今煤炭考》，上海市档案馆藏，档案号：S304-1-1-1。
③ 郑享林主编：《上海燃料流通志》，第64页。
④ 《刘鸿记账房存卷》，载上海社会科学院经济研究所编《刘鸿生企业史料》（上），第243页；《刘鸿记账房存卷》，载上海社会科学院经济研究所编《刘鸿生企业史料》（中），第127页。
⑤ 《机制煤球业公会前日开成立会》，《申报》1936年10月17日，第13版。
⑥ 南京市地方志编纂委员会、《南京物资志》编纂委员会编：《南京物资志》，第47-48页。
⑦ 许洪声：《镇江市场大观》，中国展望出版社，1988，第61页。
⑧ 《松浦火油同业公会成立》，《申报》1926年10月29日，第15版。

1931 年 7 月，江浙在沪煤油业同人"为联合对付洋商压迫及联络感情起见"，筹组江浙煤油业同业公会。① 相比上海，南京石油行会的成立时间则较晚，石油行商业理事会直到 1947 年方才成立。②

不过，这些同业组织或者联合经营并没有从根本上消除竞争。上海市煤球联合营业所成立后，多数煤球厂家"舍本求末，互相猜忌"，对于议决案件和规定售价"不但不能遵守，反谋破坏之策"。③ 如前文所述，美孚、亚细亚、德士古三大石油公司垄断了近代中国石油类能源的供给和销售。国人组织的煤油业同业组织完全无法左右市场行情，只能沦为外国石油公司对华经济掠夺的工具。为了便于销售，维护共同利益，三大石油公司彼此之间已经形成默契，可谓既有垄断之形，又有垄断之实。最明显的例子，当数三大石油公司组织联合阵线，以低价竞销的方式，迫使贩卖俄油的光华火油公司破产的事例。④

需要注意的是，即便在三大石油公司之间也存在着竞争，既有公开投标上的"明争"，也有私下活动中的"暗夺"。比如 1929 年，上海市公用局就下辖轮渡总管理处购买柴油并在东沟码头建筑柴油池储存柴油一事，对外发布招标公告。美孚石油公司与亚细亚石油公司参与竞标，两公司在每吨柴油价格和柴油运费、柴油池工料费、油池租费等方面均无差别，但是美孚所提供的柴油发热量要比亚细亚油品高，且计划修建的柴油池容量比亚细亚要多 20 吨。最终，美孚击败亚细亚，获得了这一大额订单业务。⑤ 又如，1928 年美孚取得上海市政府及其附属各机关的汽车用油供给权之后，亚细亚石油公司也蠢蠢欲动，不久便设法取代了原先美孚负责的载人汽车用油业务。⑥ 不过，

① 《江浙煤油同业反对洋商苛刻待遇风潮解决》，《申报》1931 年 7 月 29 日，第 16 版。
② 南京市地方志编纂委员会、《南京物资志》编纂委员会编《南京物资志》，第 229 页。
③ 《刘鸿记账房存卷》，载上海社会科学院经济研究所编《刘鸿生企业史料》（中），第 127 页。
④ 上海社会科学院经济研究所、上海市国际贸易学会学术委员会编：《上海对外贸易》（上册），第 364 页。吴翎君亦曾对这一问题进行过详细研究，参见吴翎：《美孚石油公司在中国（1870—1933）》，上海人民出版社，2017，第 156–186 页。
⑤ 《上海市公用局与美孚行订立承包市轮渡柴油及承造油池合同》，上海市档案馆藏，档案号：Q5-2-1994。
⑥ 《上海市公用局与美孚及亚细亚订立市政府汽车油合同案》，上海市档案馆藏，档案号：Q5-3-3227。

到 1930 年，在美孚的多方活动之下，上海市政府在没有与亚细亚协商的情况下，单方面中止了与后者的供销合同，并与美孚签订了 6 万加仑的汽油供给合同。① 此举曾一度引起亚细亚方面的不满，认为"友商"所给条件，亚细亚原本同样可以提供。② 同年 7 月，美孚为进一步巩固与上海市公用局"友谊素睦"的关系，选择再次降价，最终以市场价的六折优惠条件与上海市政府签订了统一订购机油及汽油的新合同，彻底将亚细亚石油公司排除在政府用油业务之外。③

小　结

江南本地的能源生产能力相当有限，少量的煤炭出产无法满足自身发展所需，因而也就决定了只有依靠外来输入一途方能解决燃眉之急。近代以来，江南内地所利用的能源来源相当广泛，大体借由国际能源通道和国内能源通道输入。国际能源方面，主要是日本本土煤炭、英商生产的开滦煤炭和日本生产的抚顺煤炭；就油类能源来说，主要是美国、苏门答腊、婆罗岛以及苏俄所产的煤油和英美荷等国加工提炼的汽油和柴油。国内能源方面，主要是中兴煤、贾汪煤、华东煤、柳江煤等各种国产煤。总体来看，江南能源市场上国际型能源占据绝对主导地位，其风吹草动对于能源市场的影响至深且大。相较而言，国产煤炭虽亦为江南所需的重要能源来源之一，但其重要性尚无法与国际型能源相提并论。

由于《中国旧海关史料》本身所存在的不足以及其他相关资料的限制，目前尚难以对江南输入各类能源的实际数量做全面研究。但通过对《中国旧海关史料》关于近代江南净输入煤炭、煤油、柴油和汽油数据的整理和分析，

---

① 《上海市公用局与美孚订购汽车油六万加仑合同案》，上海市档案馆藏，档案号：Q5-3-3229。

② 《上海市公用局取消与美孚、亚细亚两行订立汽车用油合同案》，上海市档案馆藏，档案号：Q5-3-3230。

③ 《上海市公用局与美孚行订立买卖机油、汽缸油等合同》，上海市档案馆藏，档案号：Q5-2-1536。

已经可以确定上海、镇江、苏州、杭州和南京各口在近代以来通过海关进口的每种能源的年度净输入量及其长时段变动趋势。从中可以看到，江南各口的能源输入量除了最高输入量与最低输入量之间落差极大，一般年份之间小范围的波动亦很频繁。如上海1894—1926年间的煤油净输入量虽绝对增长不多，波动幅度不大，但是波动频率却相当频繁。内地四口亦是如此，大体从1896年开始，煤油净输入量即处于反复波动之中。此种现象可以反映出一个基本问题，即近代江南的能源市场缺乏稳定性，能源安全存在隐患。

不论是煤炭商人还是石油类商人，在抗战之前都已依靠划定营业区域—开设分销机构（或者寻找经销商）—建立零售商网络的基本方式，在江南地区建立起了庞大的销售网络，反映出近代的江南能源市场已经达至成熟的地步。与此同时，经销商与零售商之间的竞争形式多样，异常激烈。虽然成立过一些同业行会或者联销组织，但是并没有消除彼此之间的竞争。

第三章　热能转型与近代江南社会经济变迁

就能源的三大功用（热能、光能、动力能）来说，热能是基础。燃料的第一转化体便是热能，一部分被直接利用，一部分亦可再由热能转变为光能和动力能后使用。因此，能源转型是建立在热能转型基础之上的。通过前一章的分析，已经了解江南本地煤炭生产和外来石油、煤炭等能源输入的大体情况，那么在输入之后，这些能源主要应用在哪些行业？具体利用形式有哪些？此前江南以有机植物型为主的能源结构是否因此产生了根本性变化？

为便于集中论述这几个问题，本章特从生产、交通、生活三大领域就近代江南煤炭和石油的应用情况进行宏观性考察。需要说明的是，虽然煤气、石油、电力等也能产生热能，但是直接被利用的部分并不大，大部分最终利用形式还是由热能转化成的光能和动力能。因此，本章仅围绕这三大领域内热能转化为光能和动力能之前燃料的分配和利用问题，也即主要对燃料所能提供并可直接加以利用的热能问题做相关探讨。

第一节　生产、交通领域内的热能转型

近代江南矿物能源的应用从交通领域开始，之后逐渐扩展到生产领域，压缩原先有机植物型燃料的应用范围。晚清之际，输入上海的煤炭大部分是供应行驶于通商口岸之间的轮船所需。当时，上海当地每月所消耗的煤炭数量很少，只有 1.2~1.3 万吨。① 开平所产五槽煤（烟煤的一种），即适用于行

---

① 《煤矿宜开》，《申报》1874 年 7 月 14 日，第 1 版。

船之用。① 在上海，添加煤的轮船除了行驶于长江及沿海者，还有就是以上海为航线终点者。之后，随着各种蒸汽机和内燃机的推广使用，煤和石油的应用扩大到磨面、纺纱、缫丝、织布、制纸、制革、电力、冶炼等多种近代化企业之中，构成热能利用规模和利用结构上一次大的革命。近代以来江南在生产和交通领域所发生的这场热能转型，至少具有以下三个值得充分重视的特征。

一、矿物能源应用的普遍化和差异化

所谓矿物能源应用的普遍化，是指近代以来煤炭、煤油、柴油和汽油等能源在大量输入江南之后，逐渐渗透进工业各分支领域和交通领域之中，进而使得江南近代工业的建立和交通运输业的发展成为可能。

近代江南工业生产中使用的煤炭，主要产自河北、山东、东北等地以及日本。从具体的利用方式来说，有直接燃烧煤炭提供热能者，大部分还是借助蒸汽机，将煤炭的热能转化为动力能后加以利用。如清末之时，上海所使用的煤主要以各轮船公司及"缫丝、纺纱、制造各厂为最"②。当然也有将煤炭加工为煤球、焦煤、煤气后燃烧利用者，如在铸钢厂、机器厂以及一些冶金工业方面，有时就将烟煤制成无烟的焦炭，方为合用。③ 上海的丝厂、茧行、冶坊、油坊、糟坊、染坊、酱园、面饭、酒馆、茶肆、烟间、饼炉、粥店等，以及家常茶炉、火炉、煮粥和烧菜等方面，都有使用上海自来火行所出焦煤者。④ 此外，刘鸿生创办的中华煤球二厂还曾制造过柏油煤球，其中的一种蒸汽煤球由烟煤屑和柏油膏加工制成，火力旺盛，可替代烟煤做工厂燃料。但是因成本高，售价贵，销路不畅，不适于居民用户，终以失败而告终。⑤ 总体来看，煤球、煤气主要应用于生活领域。

---

① 《煤价翔贵》，《申报》1897 年 12 月 21 日，第 2 版。
② 《上海煤市商形》，《湖北商务报》1900 年第 59 期。
③ 黄绍鸣：《我国之动力工业》，《东方杂志》1947 年第 7 期。
④ 《无烟焦煤大跌价》，《申报》1904 年 4 月 25 日，第 11 版；《联义公司熟煤之优点》，《申报》1922 年 2 月 12 日，第 5 版。
⑤ 黄锡恩口述（1962 年 4 月），上海社会科学院经济研究所编：《刘鸿生企业史料》（上），第241 页。

　　煤炭在各类行业中的分配比例具体怎样？1925 年，谢家荣曾对中国煤炭的行业消费情况做过估测，认为家用煤炭占总消费的 43.3%，工厂用煤占 32.6%，交通事业用煤占 8.4%。[①] 20 世纪 90 年代编写的《南京物资志》曾对 1934—1935 年间南京各行业的煤炭消费情况进行过统计。其中，交通业所耗煤炭在总耗量中占三分之一，份额最大；其次为家用部分，占 30%；再次为公共处所耗煤，占 17%。此外，供电业和制造业合计不足 20%。[②] 1937 年，柯登亦曾对中国煤炭的用途进行过研究，他认为用于铁路的煤炭消耗占总消耗的 10%，矿冶、大制造厂、动力厂用煤占 31.9%，家用及小型工业用煤占 34.6%。[③] 三者比较，《南京物资志》的统计当更全面、准确一些。就上海的情况来看，由于工业发达之故，制造业所占的份额要高一些。20 世纪 20 年代时，上海煤炭业销量的 90% 是供给航业、工厂之用，住户和铺家日用只占 10%。[④]

　　石油经加工提炼后，可以得到汽油、煤油、燃料油（以柴油为主）和机器油四种油，前三者可用于燃烧提供热能。以汽油为例，其需要量主要随城市中汽车数量的增加而上升。汽油的出现，使近世交通事业获得新的活力，航空和汽车行业进入新的发展阶段。之前的交通事业如果说是以黑的煤块为生命，之后的交通事业应该说是以流动的石油为灵魂。近代以来，输入江南的汽车数量不断增加，汽油的消耗量也因而飞涨。20 世纪 20 年代，浙江省政府出资推进公路建设，刺激了浙江省对汽车及交通工具的需求，结果汽油、挥发油、润滑油等的进口数量从 1928 年开始持续增加。[⑤] 1936 年，京沪苏商办长途汽车的行驶里程数全年在 1400 万里以上，每年所费汽油在 120 万加仑以上。[⑥] 但大体来看，正如民国有学者认为的那样，汽油消耗量的增加"不过是指示"中国的武人已知空军的重要，官僚资本家有乘坐汽车的风尚而已，

① 谢家荣：《中国矿业纪要（第二次）》，农商地质调查所印行，1926，第 99–100 页。
② 南京市地方志编纂委员会、《南京物资志》编纂委员会编：《南京物资志》，第 49 页。
③ 柯登（John S. Cotton）：《中国火力发电事业》，许莘群译，《电世界》1938 年第 3 期。
④ 《煤业公会电请援例减税》，《申报》1927 年 9 月 23 日，第 9 版。
⑤ 《海关十年报告·杭州（1922—1931 年）》，载陈梅龙、景消波译编《近代浙江对外贸易及社会变迁：宁波、温州、杭州海关贸易报告译编》，第 286 页。
⑥ 《京沪苏汽车公司联益会呈请退还汽油税》，《长途》1937 年第 4 期。

"其与国内交通事业底（的）发展毕竟关系还少"。[①]

煤油的最大用途是燃烧以提供光能，主要为平民日常所用。在电灯发明之前，这可说是煤油唯一的用途。20 世纪 30 年代初，中国每年进口的石油中有 70% 以上属于煤油。[②] 柴油为发电厂及其他小工业和航运企业等必需品，尤其是一些较小规模的发电厂，除少数用蒸汽机外，大都以薄质柴油为燃料。如 1934 年浙江省电灯公司用柴油机发电者占 89%，每年所需柴油 6000 余吨，所以当听闻柴油税上涨时，各电厂"莫不大起恐慌"[③]。各工厂企业的消费量则相对较少，少有像法租界电车电灯自来水公司一样使用量能够达到 10000 吨者，多数企业估计还达不到上海自来水公司每年约 1000 吨的消耗量。[④] 江南各地轮船业及京沪路各县的机器戽水业，普遍以柴油为燃料。[⑤] 无锡内河轮船，也主要以薄质柴油为燃料。[⑥] 为了保障供给，1932 年上海市公用局曾建设市轮渡 550 吨容量柴油池。此前，该局与美孚石油公司订立的购货合同，贸易总量达 1200 吨之巨。

一般来说，能源的使用数量与其价格水平呈反相关，即价格越高，使用数量就越多；价格越低，使用数量就越少。可以说，价格在很大程度上能够影响应用范围。不过，在分析矿物能源运用普遍化的同时，我们却常常忽略一个基本常识，即这一过程中也包含着内部差异化的特点。所谓能源应用的差异化，指的是各类能源具体应用于哪一领域、行业或者分支工序，并不绝对由其价格高低决定，实际上必须考虑到各类能源的自身属性和工作的具体种类后，方可加以适当的分配和运用。如煤炭的热力大，非柴薪可比，6 吨煤炭所产生的热值相当于 20 吨左右的柴薪。而且，煤炭能够持续性燃烧，柴薪容易熄灭。两者相较，使用煤炭自然方便得多。[⑦] 依照含炭质、挥发物、灰质和水气比例的不同，煤炭又可分为无烟煤和烟煤（包括沥青煤、烛黑煤、

---

① 吴半农：《铁煤及石油》，第 68 页。
② 吴半农：《铁煤及石油》，第 44 页。
③ 《柴油加税后之影响内地油机电厂将陷绝境》，《申报》1934 年 2 月 9 日，第 12 版。
④ 《上海之煤油输入额》，《国际贸易导报》1930 年第 6 期。
⑤ 《薄质柴油请免加税》，《申报》1934 年 3 月 2 日，第 13 版。
⑥ 《增加煤油关税》，《申报》1934 年 2 月 8 日，第 12 版。
⑦ 朱公振编著：《家用物供给法》，第 69 页。

褐煤、泥煤等）。无烟煤含炭质最高，一般在 86% 左右，价格昂贵，火焰甚短，并不适用于近代大工业锅炉，主要用于日常生活。烟煤所含炭质均在 80% 以下，火焰较长，发火迅速，价格亦廉，故一般工厂、电厂、火车、轮船即概用烟煤。[①] 在钢铁及其他冶金工业方面，有时还需将烟煤制成无烟的焦炭使用。[②] 基于同样道理，石油之所以能被用于支撑内燃机的运转，亦与其较之煤炭来说更为优良的物质属性有关。与煤炭相比，同等重量下石油所占体积更小，而在产生相等热值的情况下，石油的重量却较煤炭更轻。此外，石油还是沸点很低的液体，"发力固极迅速，转运亦极便利"[③]，故通常为汽车、飞机等必需。[④]

　　另外，不同种类的能源在利用过程中，还要在兼顾其不同优缺点的前提之下，加以综合的调适和使用。这在煤炭的利用过程中表现得最为明显。生产领域所用的煤，在很多情况下并非专用某一种，而是将各种煤混合在一起使用。如 1930 年杭州电厂每日需用煤炭一千五六百吨，种类有抚顺煤、长兴煤、红煤屑、崎户煤、悦升煤、北票二号煤、大谷煤、新华煤等多种，过磅之后，打成大小相同的碎块，相互掺用。考其原因，是因为长兴屑灰分过多，质量最次，而崎户质量最佳。故发电负荷重时，崎户煤的使用较多，取其热量较大也；反之，掺用长兴屑较多。可见，配合使用的原则要视负荷情形而定，以提高煤炭的燃烧效率与经济效果。[⑤] 出于相似的原因，上海电力公司除与各大煤矿订约购买统煤和块煤外，也掺用各种下等煤屑。如 1932 年下半年购煤 27 万吨，其中抚顺煤 14 万吨，开滦煤 11 万吨，其他日本本土煤及山东煤占 2 万吨。[⑥] 武进的振生电灯公司所烧之煤，亦有廉价的开平果子煤和昂贵的福中煤之分。[⑦] 当然，如果专用一种煤炭，还可能会在购买环节产生

　　① 陈荣庆：《动力厂之煤与水》，《南方年刊》1939 年第 2 期；顾康乐译：《说煤》，《申报》1921 年 3 月 9 日，第 16 版；黄绍鸣：《我国之动力工业》，《东方杂志》1947 年第 7 期。

　　② 黄绍鸣：《我国之动力工业》，《东方杂志》1947 年第 7 期。

　　③ 吴半农：《铁煤及石油》，第 48 页。如同等重量之下，汽油所占的体积较之煤炭少 50%，而提供相同的热值，所需要的汽油量较之煤炭低 35%（郑廷硺：《汽力厂》，第 26 页）。

　　④ 杨大金：《现代中国实业志》（下），第 744-745 页。

　　⑤ 陈家宝、褚应璜：《杭州电厂参观记》，《交大月刊》1930 年第 3 期。

　　⑥ 《上海电厂本年下半年需要煤额》，《矿业周报》1932 年第 205 期。

　　⑦ 《调查振生电灯公司详情》，《武进月报》1919 年第 10 期。

舞弊行为，故南京电灯厂规定所烧煤炭实行轮包制度，同时并用多种煤炭，"以免为一家把持，致多弊窦"[1]。再者，锅炉的种类多种多样，煤炭"适于此者或不适于彼，理论上优良者事实上或较劣"，也是掺用煤炭的一大原因。[2]

二、生产部门燃料危机缓解明显

矿物能源在近代江南生产领域内应用的最大意义，应在于缓解了之前长期困扰传统行业及近代工业发展的燃料危机，使得一些受限于燃料不足而发展困难的高耗能行业摆脱了束缚，提高了生产力。在这方面，尤其以近代江南窑业的发展最为典型。考其原因，除了价廉质优的泥料或石料、手艺高超的窑业工人和江南内部便利的交通运输条件，主要便是获得了较为充足的燃料保证。

石灰、砖瓦的用途至广，均为建筑业不可缺少的原料，而陶器则为平民必备的日常生活用具之一。由于长时期的大量砍伐，至民国初年，江南窑业中心附近已多成濯濯童山。柴价上涨，无形中增加了生产成本。有时柴源断绝，柴价暴涨，更是给当地窑户增加了意外经营风险。基于此种原因，煤炭开始被应用于传统的窑业烧制。

1909 年，刘鸿生进入开平矿务局后，推销煤炭的最初对象之一便是上海邻近各县烧制石灰、陶器和砖瓦的窑户。[3] 通过试烧开平煤，窑主发现烧煤成本比烧柴草还低，于是纷纷自动改烧开平煤。其他一些煤矿也将江南的窑业视作重要的推销对象，如 20 世纪 20 年代初，中兴煤矿曾全力向上海、常州、无锡及杭州各厂家与石灰窑、砖窑兜售煤炭。当时，贾汪煤在龙潭石灰窑业中已占据优势地位，该地窑业年用煤量为 1.5 万 ~2 万吨。刘鸿生为抢夺这一市场，曾在铁路沿线建设煤栈，积极与贾汪煤展开竞争。[4] 清末，长兴

① 《令南京电灯厂呈报订用中兴煤斤及规定试烧次第并附陈取销九五回扣暨酌定公费情形由》，《江苏实业月志》1920 年第 12 期。
② 何扬烈：《整理招商局刍议》，《申报·招商局半月刊》1928 年 6 月 15 日，第 1 版。
③ 刘念智：《实业家刘鸿生传略》，第 9—10 页。
④ 王敦夫：《实业家刘鸿生氏谈话记》，《兴业邮乘》1933 年第 15 号；原刘鸿记账房秘书曹雨塘口述（1963 年 7 月）、原刘宅老佣工张云卿口述（1960 年 2 月）及《刘鸿记账房存卷》（原件英文），载上海市社会科学院经济研究所编《刘鸿生企业史料》（上），第 14—15 页。

的石灰业异常发达，共有 30 余窑，每年产量可达 200 万担，销路远及江南内外。长兴一地靠此生活者，"几及五千余人"[1]。其所以如此兴盛，与长兴一地出产煤炭有关。杭州石灰需用量颇大，1922—1929 年间，分别于拱宸桥旁和湖墅徐宫巷建立钱大兴第二、第三炼灰厂和捷成炼灰厂。三厂各有石窑 2 座，年需石料约 1 万吨，煤炭 3620 吨。[2]

江南其他地方的窑业由于使用煤炭，发展亦称兴旺。苏州的木渎与宜兴、张渚二镇出产石灰亦颇盛，如张渚在抗战之前年产石灰在 70 万元左右，素有"金张渚"之称。[3] 青浦县及周边地区的烧窑技术自嘉道年间由嘉兴传来，到民国初年进一步推广，窑数增至 30 余座。[4] 陶器为宜兴名产，1924 年业陶者约占居民的 60% 以上。[5] 抗战前嘉兴的瓦坯业盛极一时，每年出产瓦坯有 4 亿块之多。[6] 浦东南汇县大中砖瓦窑，窑址绵延里许，工人 2000 余人，每月出产也很旺盛。[7] 吴江、句容俱产窑货，如吴江的芦墟镇有窑户二三百家，烟囱林立，每年所产器皿为数颇多，亦为当地重要工业。[8]

如果说江南内地主要还是以传统的窑业制品为建筑材料的话，那么在上海、杭州、南京、苏州、无锡等地则于抗战之前初步建立起了近代水泥及新式砖瓦生产的基础。开埠以来，受西方建筑式样的影响和江南自身商业发展的需要，上述城市建筑逐渐得到改良，"除偏僻之乡镇仍沿古风外，其通都大邑之建筑物均有日新月异之势"[9]。同砖瓦一样，水泥于近代建筑工业上是不可缺少的原料。有学者认为要观察一国物质文明的进展程度怎样，"看他每年消费的水门汀（即水泥）量就得了"[10]。中国水泥事业发轫于 19 世纪末，一战之

① 实业部国际贸易局编印：《中国实业志·浙江省》，庚，第 488–490 页。

② 建设委员会调查浙江经济所编印：《杭州市经济调查》（下编），第 118 页。

③ 王培棠编著：《江苏省乡土志》，商务印书馆，1938，第 103 页。

④ 张仁静修，钱崇威撰，金詠榴续纂：《青浦县续志》卷二，疆域下，上海书店出版社，2010，第 643 页。

⑤ 《江苏省之陶业概览》，《中外经济周刊》1924 年第 72 期。

⑥ 冯紫岗：《嘉兴县农村调查》，第 142 页。

⑦ 奉贤县文献委员会编：《民国奉贤县志稿》卷十，工业史料，转引自黄苇、夏林根编《近代上海地区方志经济史料选辑（1840—1949）》，上海人民出版社，1984，第 87 页。

⑧ 王培棠编著：《江苏省乡土志》，第 100 页。

⑨ 浩泉：《砖瓦之沿革与其制造》，《申报·本埠增刊》1925 年 12 月 28 日，第 1 版。

⑩ 何行：《上海之小工业》，上海生活书店，1932，第 106 页。

前国内所需多由外国输入。一战发生后，外来输入减少，加之国内建设繁兴，新兴工厂及桥梁、道路营造渐多，水泥的需要日增，市场紧俏，于是一些实业家相继设立水泥公司。江南建立的水泥厂主要有上海水泥公司（1920）、中国水泥公司（1921）、无锡太湖水泥公司（1926），产品主要供给上海、苏州、杭州、南京及其邻近各城市。[①]

自法国红平连环式瓦输入后，新式砖瓦以其图样新奇、外形美观的特点，竞相被江南各建筑商采用，因而刺激商人设厂仿制。仿制之风最初始自上海的瑞和砖瓦公司，相继兴起者有永兴路之光华花砖厂、北泾新华大砖瓦厂、福记制磁公司、新龙华之泰山厂、塘湾之信大窑厂、浦东之益中瓷砖厂、浦东之大中砖瓦厂以及发康、中和、兴业、协昌等厂。外人在上海开设砖瓦厂者，有比商开设的义品厂和英商开设的中国汽泥砖瓦公司。苏州、无锡、昆山等处也陆续创设新式砖瓦厂。此种新式窑厂大抵均用机械与轮窑进行生产，亦有人工或美式圆窑、英式方窑及德国哈夫门圆窑，出品有青瓦、红瓦、红砖、花砖、路砖、火砖、瓷砖、面砖、缸砖、空心砖、煤屑砖、马赛克砖等多种式样。[②]

从使用燃料的种类上来看，如果说传统窑业生产以柴薪和煤炭兼用，那么近代建筑材料的生产则主要依靠矿物燃料作为基础。水泥及新式砖瓦生产过程中使用的燃料，多以煤屑为主。"煤之消耗，略与水泥产额为 10 与 3 之比。"[③]如刘鸿生等初办上海华商水泥公司之时，每月生产 3 万余桶水泥需要 2000 余吨煤屑，每年就需要 2 万多吨。[④]收买无锡太湖水泥公司后，到 1928 年每日可产水泥 2500 桶，1931 年共产水泥 64 万桶，1936 年产量也近 60 万桶。[⑤] 20 世纪 30 年代中期，上海及中国水泥二厂每年需煤炭八九万吨。[⑥]此外，杭州市所用玻璃向赖进口，20 世纪 20 年代之后始有仁和、民生两家设厂制造，所用煤炭由上海及本地采办。其制造过程全用人力，需将原料放入坩

① 王澕如：《中国之水泥事业》，《钱业月报》1927 年第 12 期。
② 《战后上海之工商各业·砖瓦业》，《经济研究》1940 年第 4 期；何行：《上海之小工业》，第 145-146 页；浩泉：《砖瓦之沿革与其制造》，《申报·本埠增刊》1925 年 12 月 28 日，第 1 版。
③ 刘大钧：《中国工业调查报告》（上册）第二编，经济统计研究所，1937，第 28 页。
④ 原华商上海水泥公司襄理奚安斋口述（1963 年 9 月），上海市社会科学院经济研究所编：《刘鸿生企业史料（上）》，第 158 页。
⑤ 王培棠编著：《江苏省乡土志》，第 102 页；中国征信所编印：《华股手册》，1947，第 155 页。
⑥ 《上海之水泥业》，《申报》1935 年 12 月 18 日，第 14 版。

埚，用煤烧一昼夜。[①] 可见，与传统窑业在能源转型的引领下实现行业自身变革的发展趋势相类似，近代建筑材料业也因能源转型获得了从无到有的成长机遇。

三、企业能源成本负担加重

煤炭和煤油、柴油、汽油一道，同为工厂企业利用的主要原动力。蒸汽机的推动，蒸汽涡轮机的旋转和内燃机的运转，都依赖上述各类能源的使用。近代早期蒸汽机和内燃机的能源转换效率较低，能源的有效利用率不高，导致对能源的需求量较大，加之煤炭的实际价格居高不下，因而使得能源支出在企业总的生产成本中占据较大比例。比如，在一些电厂中，燃煤消耗常常超过工人的薪资支出，常年占据总生产成本的第一位。

通过对近代江南最大的电厂——上海电力公司及其前身工部局电气处——自 1893 年至 1936 年账目的分析，也可以发现煤炭支出在其总的支出中已占据相当比重。据图 3-1，40 余年内，煤炭支出在上海电力公司总支出中的比重没有一年低于 20%，在 1904—1906 年间和 1916—1931 年间更是超过 50%。相比而言，据图 3-2，1921—1934 年间苏州电气厂的燃料支出在总支出中的比重稍低一些，最高时占 45%，最低时占 25%，一般年份在 30% 左右。这可能和苏州电气厂的非生产性支出（如管理费用、销售费用、营业外支出等）较高有关。由于煤炭在电厂总成本中占相当比例，也就决定了市场上煤价的波动会对电价产生直接影响。比如 1917 年，工部局电气处的照明和取暖费率自原先的每度 10 分银和 2 分银分别提高到每度 14 分银和 4 分银，主要原因便在于燃料成本的大幅增加。[②] 1931 年 10 月，上海电力公司计划将来年照明费率由之前的每度 11 分银提高到 12 分银，电炉取暖费率由每度 3 分银提高到 4 分银。其原因在于预算中的燃料成本比 1928 年高了许多，仅 1932 年初至当年 9 月底就上涨了 13.6%，而当年燃料费用将近年度总费用的 80% 之多。[③]

---

① 建设委员会调查浙江经济所编印：《杭州市经济调查（下编）》，第 130–131 页。
② 《电气委员会备忘录》，1918 年 11 月 1 日，上海市档案馆藏，档案号：U1–1–96。
③ 《财务处长致代理总办函》，1931 年 11 月 11 日，上海市档案馆藏，档案号：U1–3–2082。

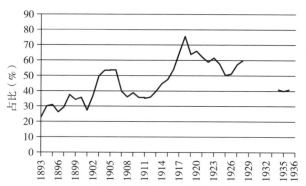

图 3-1　1893—1936 年上海电力公司煤炭支出占总支出比重图

资料来源：（1）《上海公共租界工部局年报（1893—1928）》，上海市档案馆藏，档案号：U1-1-906—U1-1-941；（2）陈宝云：《中国早期电力工业发展研究——以上海电力公司为基点的考察（1879—1950）》，合肥工业大学出版社，2014，第 93-94 页。

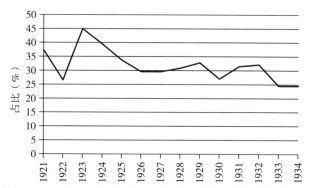

图 3-2　1921—1934 年苏州电气厂油煤支出占总支出比重图

资料来源：《苏州电气厂股份有限公司年度报告》（1921—1934 年），苏州市档案馆藏，档案号：I34-001-0011-087（159、163、167、173、192、197、202、211、216、229）。

　　另据有关学者的研究，1940 年 3 月后，由于进口煤炭的需求增加和煤炭价格上涨，上海电力公司在制定电价时开始征收燃料附加费，使得此后煤炭价格的变动能够及时反映到电价之中。[①] 江南内地为数众多的中小规模电厂由于燃料利用效率相对较低，可能承受着更大的燃料支出。除了电气厂，燃料支出同样是一些普通企业生产支出中的一项重要耗费。煤炭支出在总生产

──────────

　　① 樊果：《近代上海公共租界中的电费调整及监管分析：1930—1942》，《中国经济史研究》2011 年第 4 期。

支出中的比重如此大，使得一些企业背负了沉重的能源成本负担，一定程度上不利于生产的发展。此外，也使得煤耗一项成为各企业贪污纳贿之人获取利益的主要来源，容易形成垄断买卖或者中饱的情况，无形中增加企业的运行成本。轮船招商局的煤费为"数十年来漏卮之所在"，仅1898年一年，各船用煤价值计64.6万余两。据1928年该局营业科报告，载重量2000吨以上的轮船每日需煤均在30吨左右，"糜费之巨，实所罕闻"。相比而言，其他轮船公司载重量在3000吨左右的船只，每日用煤仅十四五吨，即便是载重量2000吨的旧式轮机，每日最多也仅二十四五吨。假设每日每轮多用煤4吨，该局29轮每日共多用煤116吨，每吨价9两，每日即多费银1044两。每年以航行300日计，即多费银30余万两。招商局历年亏累之深，其原因固不止一端，"然此实一症结所在"。①

抛开对企业自身能源支出成本的微观分析后，亦可发现能源成本在近代江南尚存在地域之间的差别，兹以江南五口的煤炭价格为例进行说明。据图3-3，自1864—1931年的近70年时间里，除了在个别口岸的个别年份（镇江1865—1866年、1872年、1875—1884年；杭州1902年、1904年），上海净输入煤炭的年平均价格在五口当中最低，其他各口基本均超过上海。上海为近代江南进口能源的最大口岸，江南其他地区所需煤炭和石油的一部分甚至全部由上海转口

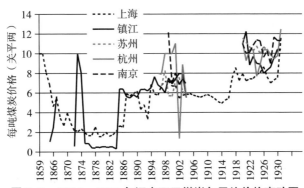

图3-3 1864—1931年江南五口煤炭年平均价格变动图
资料来源：附表3。

---

① 《中国轮船招商局第二十五届节略》，《申报》1899年4月14日，第3版；《煤斤改良之激进》，《申报·招商局半月刊》1928年8月1日，第2版。

而来。如果加上运输成本的话，内地各城市的燃料售价较之上海自有过之。

这种能源成本上的差别，还可以通过某一城市某一时段内燃料指数和总物价指数的变动趋势反映出来。在此，以上海和南京为例进行说明。据图3-4，1921—1937年间，上海的燃料趸售物价指数自最初的109.7降至1925年的99.5，此后快速增至1937年的158.8。对比粮食、纺织品、金属以及建筑材料等1926—1937年间的趸售物价指数增长趋势，可知燃料的增长幅度仅次于金属，远高于总指数的上涨幅度。实际上，金属在1936年之前的增长幅度尚不及燃料，只是在1937年一年内增速超过燃料。相比而言，南京燃料的零售物价指数和总物价指数由1924年的77.4和78.3增长至1931年的184.1和137.4，分别增长了106.7和59.1，其增长幅度要远大于同时期上海燃料趸售物价指数的增长幅度（19.2）和总物价指数的增长幅度（16.9）。由于燃料，尤其是矿物燃料已经广泛应用于近代江南的工业生产及交通运输业之中，故其价格的持续性上涨必然会增加相关行业的生产成本，使得能源支出在总支出中的比例上升。由此可见，在上海开办工厂较之江南内地其他城市的燃料负担为轻，这也是近代以来上海之所以能够成为江南首要工业中心的重要原因之一。

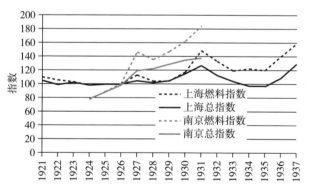

图3-4 1921—1937年间上海和南京燃料及物价总指数趋势图
资料来源：附表6~7。

以上从三个方面考察了近代江南的热能转型之于生产和交通领域的深刻影响，尤其是可以看到煤炭和石油的输入对江南某些传统行业缓解燃料危机起到了相当大的作用。那么，如何正确评价这一热能转型所具有的意义？是否热能转型只有借助于各种原动机产生的动力能转型方才具有意义？彭慕兰在对中西 1800 年之后"分流"的原因进行解释时，突出强调了蒸汽机的作用。他认为蒸汽机以及各种机械工具所具有的动力能转型意义，是使得英国逐渐超越江南以及世界其他地区的奥秘所在。与此相对应的是，他对工业生产中燃烧煤炭的过程并不感兴趣，因为他认为在 1800 年之前欧洲在能源产生和利用方面中的优势地位"相当不清楚"。[①]

然而，一些国外学者的相关研究却与彭慕兰的观点形成了鲜明对比。如保罗·沃德认为，早在 1650 年左右，英格兰便已经形成了以煤炭占主要优势的能源结构。得益于廉价煤炭的供应，工业革命发生之前英格兰已在染布、冶炼、锻造、制陶、煮盐、酿造等生产行业中普遍以煤炭作为主要燃料。[②] 罗伯特·艾伦因而认为 18 世纪的"英格兰是当时全世界最典型的一个以煤炭作为主要燃料的地区"，同时期世界其他国家都尚未出现此种能源供求形势。[③] 保罗·马拉尼马选取了英国和意大利为分析对象，通过对两个国家能源利用状况的比较后发现，与英国在工业革命之前主要以煤炭作为热能来源的能源结构不同的是，意大利一直到 1900 年左右仍以木炭和柴薪等有机植物作为主要燃料。他认为两种不同能源结构的形成间接导致两国的经济结构产生了差异，进而引起了在中西"大分流"之前欧洲内部南北地域间的"小分流"。[④] 总体来看，这些学者都重视单纯的热能转型在促进工业革命之前英格兰经济发展中的作用。

江南的情况与英国和意大利均有不同，其在近代以后方才获得大量输入矿物能源的机会，而且煤炭、石油和各种原动机的输入同步进行。这在分析理路上很容易产生误导，即易将煤炭的功用直接与蒸汽机的功用相等同，将能源所含有的热能与动力能混为一谈。实际上，两者之间虽然存在密切联系，但又相互区别，单独一方面的发展，并不必然引致另一方同时发生联动式效应。比如上文所分析的江南窑业，其在近代以来的发展主要归功于热能转型的发生，动力在其中所起到的作用很小。由此可见，热能转型本身具有的社

---

① ［美］彭慕兰：《大分流：欧洲、中国及现代世界经济的发展》，第 42、267–268 页。

② Paul Warde, *Energy Consumption England and Wales 1560-2000*（Napoli：ISSM–CNR），2007.

③ ［英］罗伯特·艾伦：《近代英国工业革命揭秘：放眼全球的深度透视》，毛立坤译，浙江大学出版社，2012，第 147、149 页。

④ Malanima, P., "Energy Consumption in England and Italy, 1560–1913. Two Pathways Toward Energy Transition", *Economic History Review*, No.1（2015），pp.78–103.

会经济意义应当引起足够的重视，彭慕兰关于中西"大分流"的观点需要从能源转型的角度进一步深入反思。

第二节　生活领域内的热能利用

与工业和交通领域内燃料使用状况不同，近代江南生活领域内的燃料主要是柴薪等植物型燃料。同时，不同阶层和不同收入水平群体所利用的燃料种类存在明显差别。为了便于讨论，特对城市和乡村生活热能分别进行分析。

一、城市热能利用

近代江南城市生活领域所用的热能主要是柴薪、煤炭、煤气和煤油，此外还有少许的电热。就其用途而言，主要为炊爨和取暖之用。

植物型燃料并没有随着大量矿物燃料的输入而丧失市场，其仍在城市生活燃料供给中占据相当比重。20世纪30年代初，杭州市燃料类行业可细分为柴炭、煤及煤油三业，其中"柴炭业之家数与资本则超煤及煤油两业之上"[①]。由此可见杭州柴炭业之盛。据实业部1933年对无锡工人的调查，发现工人日常生活所用燃料"几完全取给于各种柴薪"，通常取用者包括木柴、树叶、毛柴、稻柴、麦柴等数种。在其总的燃料消费中（包括电费、火油、火柴、柴薪、其他项），占最大比例者即为柴薪，达总消耗值的62.6%。[②]苏州城一向依靠柴船运输燃料，当交通受阻时，只好"毁拆器具为燃料"[③]。20世纪30年代初，木炭、柴草（主要为芦柴和木柴）亦为南京市民取暖及炊爨的必需燃料，其中木炭每天销量在2500担左右，柴草每年销量在30万担左右。[④]1933年冬，中央大学社会学系还曾对南京棚户进行过调查，发现棚户所烧的燃料

---

① 实业部国际贸易局编印：《中国实业志·浙江省》，丙，第22页。
② 实业部统计长办公处编：《无锡工人生活费及其指数》，华东印务局，1935，第31页。
③ 《苏州快信》，《申报》1924年9月7日，第6版。
④ 实业部中央农业试验所、南京技术合作委员会给养组编印：《南京市之食粮与燃料》，第63、85页。

多为芦苇。①

即便以输入煤炭和油类燃料最多的上海来说，植物型燃料的重要性也不可低估。在煤球普及之前，上海民众长期将柴炭、树柴、草柴等柴类燃料作为主要生活燃料。② 供给上海的柴炭，主要来自浙东地区。上海也由台湾、东北等地以及日本进口柴炭，但为数很少。③ 树柴和草柴的来源地非常广泛。表 3-1 对上海树柴的采购地点进行了统计，可见几乎遍及浙省全境。除此之外，江苏、江西、安徽、湖南、湖北等地也向上海供给树柴。

表 3-1 上海树柴采购地点统计表

	杭州地区	杭州	建德	瓶窑	新登	桐庐	萧山	临浦	淳安	余杭
	嘉兴地区	嘉兴	硖石	嘉善	海宁	长安	海盐			
	绍兴地区	绍兴	上虞	富盛	古城	嵊县				
	衢州地区	衢州	常山	辉埠	华埠	江山				
浙江省	湖州地区	武康	上柏	新市	吴兴					
	诸暨地区	诸暨	崇柱							
	金华地区	金华	梅溪							
	宁波地区	宁波	奉化							
	台州地区	三门								
江苏省	苏州地区	玉山								
其他省份	江西、安徽、湖南、湖北									

资料来源：《上海市树柴商业同业公会会员采购柴片情况》，上海市档案馆藏，档案号：S309-4-2-40。

表 3-2 对上海草柴的采购地点进行了统计，可见松、什、栗柴的采购地除了安徽蚌埠，皆为浙江地区；稻草、花萁采购地皆为上海地区；花麸采购地为上海和江苏个别地区；芦苇采购地为江苏靠近上海的长江出海口地区；毛竹采购地为浙江；一直到 20 世纪 30 年代前，上海居民中只以柴薪为煮食燃料者

---

① 吴文晖：《南京棚户家庭调查》，载李文海主编《民国时期社会调查丛编（底边社会卷·下）》，福建教育出版社，2005，第 775 页。

② 《上海市柴炭商业同业公会关于柴炭业务情况》，上海市档案馆藏，档案号：S311-4-10-24。

③ 上海关税务司署统计科编印：《上海对外贸易统计年刊·1939 年》，第 257、269、413、415 页。

仍不在少数。受此影响，运输柴薪的码头运营之正常与否，对于民生的影响很大。因此，1928年陆家浜柴业码头被填平后，柴船无停泊之所，引起民众的群体激愤。[①]

表 3-2　上海草柴采购地点统计表

松、什、栗柴采购地（土货）	杭县、瓶窑、硖石、斜桥、横店、洗塘桥、袁花、梅溪、河溪、蚌埠、四安、武康、上柏、下柏、四渡、二渡、九渡
松、什、栗柴采购地（山货）	龙游、绍兴、衢州
稻草、花萁采购地	青浦、松江、南汇、奉贤
花麸采购地	扬州、镇江、南通、青浦
芦苇采购地	宝应、阜宁、盐城、兴化、崇明、江都、赛桥、和桥、斜塘、镇江、扬中
毛竹（南山货）采购地	瓶窑、上柏等地
毛竹（北山货）采购地	孝丰、安吉等地

资料来源：《上海市草柴商业同业公会会务情况及行业历史》，上海市档案馆藏，档案号：S310-4-29-67。

就近代江南城市生活中煤炭的使用情况而言，应该不算普遍。煤炭的利用形式有直接烧块煤者，也有购买煤球、焦煤、煤气来烧者。直接烧块煤者不多，因非嫌价格过高，即嫌不易燃烧，相当一部分用户还是选择价格较为低廉的煤球为燃料。煤球系一种利用无烟煤屑替代筛块及柴炭的燃料，为近代上海、杭州、南京等地城市居民重要的日常燃料用品之一。1926年之前，上海制造煤球全用手工，以煤屑和黄泥混合，型成球形，然后利用阳光晒干。[②]刘鸿生有鉴于块煤销售后遗留的煤屑在市场上销路甚为平淡，乃利用机器，于1926年在上海浦东董家渡创办中华煤球公司。机制煤球上市之后，

① 《建筑业码头之核议》，《申报》1928年2月23日，第15版。

② 实业部国际贸易局编印：《中国实业志·江苏省》，第8编，第969—970页。

上海居民感到用其煮饭烧菜比用柴薪方便，于是煤球的销路渐好，^①相继成立者亦有若干厂。据实业部国际贸易局20世纪30年代初的调查，江苏制造煤球厂家约为15家，13家集中在上海一地，另外苏州和南京各有一家。业中人士估测江苏全省每年煤球总产量在20万吨以上。内中以上海一埠的产量最大，各厂家每年总产额在11.7万吨左右，其中有10万吨于上海本地销售，只有少数销往杭州、嘉兴、松江、吴淞、苏州、昆山等地。^②杭州的煤球业发展情况次于上海。据1932年时的调查，有中央、新薪、复兴等6厂，年产量8.7万余担，主要销于本地，少量销于海宁、萧山等县。^③抗战之前，南京有煤球厂5家，产量仅为1万吨左右。^④除以上几地外，江南其他城市很少有煤球厂建立，即使存在，规模亦不大。如据1931年的调查，吴兴全县有柴炭煤店35家，煤球厂只有1家，资本额仅为400元，^⑤想必产量亦是极少。

就煤炭和煤球应用季节来说，主要限定在冬季，因将届年底之时，煮炊家用食物甚忙，需用燃料亦较多之故。如杭州煤业以严寒之冬日行销最大，故有"三春靠一冬"的俗语。在春、夏、秋三季中营业数仅占全年的40%。^⑥总体来看，由于价格较高，煤炭和煤球在生活用燃料市场方面始终没有取得与柴薪同等的地位。刘鸿生创办的中华煤球公司的销售量自1926至1936年的11年里累计才达30万吨左右，而就财政经营状况来看，不但没有盈余，反而累计亏损6万余元。^⑦

煤气是煤炭的一种转化形式，作为一种气体燃料，它便于使用，可随时调节供气数量、空气配合比例、空气中的氧化或还原程度以及发生火焰的长度。而且输送异常方便，可节省大量人力，更不必清理火炉的残余煤灰。虽然

---

①　上海社会科学院经济研究所收藏资料，上海市社会科学院经济研究所编：《刘鸿生企业史料》（上），第234页。

②　实业部国际贸易局编印：《中国实业志·江苏省》，第8编，第970–972、974–975、977–978页。

③　建设委员会调查浙江经济所编印：《杭州市经济调查》（下编），第184页。

④　刘大钧：《中国工业调查报告》（下册），第1、3页。

⑤　《吴兴全县工商业统计》，《湖州月刊》1932年第6期。

⑥　建设委员会调查浙江经济所编印：《杭州市经济调查》（下编），第369页。

⑦　上海社会科学院经济研究所编：《刘鸿生企业史料》（上），第245页；《刘鸿生企业史料》（中），第145页。

具有种种优点，但是煤气在近代江南的使用地域甚窄，仅限于上海一地。1864年，大英自来火公司正式建立，在最初相当长的一段时间内主要供作灯用燃料，私人用之取暖或烹饪者很少。自英租界电灯房设立和业务扩张后，上海自来火公司将煤气用途逐渐从点灯转向供应住户烹饪。到1935年，该公司完全垄断了上海的煤气供应，营业范围遍及英、法租界和华界的工厂、商店、旅馆及住户。[①] 为了促进居民使用新式煤气做燃料，自来火公司不惜在《申报》上长时间做广告，每隔一段时间，内容即求新一变，努力宣扬使用煤气的益处。然而，由于煤气本身的售价较高，且需要一系列的配套设施，综合利用成本高昂，故使用煤气者仍属城市中上层阶级，一般平民绝少有利用者。[②]

近代江南城市居民中还有用煤油炉者，因烧油较柴经济和方便之故。[③]普通用以煮物，寒天时亦可置于室中作取暖之用。一些饭店还采用柴油作为烹饪燃料。[④] 但根据1930年前后上海市社会局对305个工人家庭生活程度的调查，发现火油炉购买家数仅9家，平均消费数量为1只；汽油炉购买家数仅3家，平均消费数量也为1只。[⑤] 可见，两者应用并不普遍。而就煤油的消耗量而言，每家平均为7.17元，仅占燃料总消耗值的12%左右。此外，亦有用电灶、电熨斗和电暖的，但是因为所费仍然较昂，故虽便利异常，颇合卫生，也只能为电气通行之地的少部分人使用。比如1919年12月，工部局电气处工程师称电暖在公共租界的普及率非常有限，其价格比煤气取暖要昂贵得多，建议再行降低电暖费用，以达到扩大市场占有率之目的。[⑥]

二、乡村热能利用

相比城市居民而言，农村地区居民日常生活中所能够利用的燃料种类则单调得多，基本上全为植物型燃料。江南乡间主要是以农家秸秆及柴薪之属

---

① 上海煤气股份有限公司调查材料，陈真等编：《中国近代工业史资料》第二辑，第152–153页。

② 云：《灶下杂谈》，《申报》1933年5月8日，第12版。

③ 《点煤油炉之常识》，《玲珑》1933年第29期。

④ 《水上饭店之优点》，《申报》1935年3月16日，第4版。

⑤ 上海市政府社会局：《上海市工人生活程度》，第176页。

⑥ 《电气委员会备忘录》，1912年12月6日，上海市档案馆藏，档案号：U1–1–94。

为炊爨、取暖之料，具体包括草柴（稻秆、麦秆、棉梗）、柴（芋艿柴、麻秸柴、豆萁柴、菜梗柴、荷梗柴）、桑柴（又有"用树本曰硬柴，树枝曰枪柴"之分）、砻糠以及芦苇、野草、树叶等。就获取方式而言，主要为自给，即使有输入，亦以植物型燃料为主。1923年秋，沪江大学社会调查班的学生对杨浦沈家行的社会状况进行了调查，发现当地共有商店47家，其中仅1家柴店；燃料则赖稻草及棉梗之供给，大半取自田间，无须购买。[①] 又如，德清洛社各乡年产稻草5.5万余担，木柴0.5万余担，茅柴0.1万余担，皆为就地销售。[②] 1934年5月，言心哲曾就江宁县土山镇农村家庭状况展开调查，发现286户农家中，以拾柴作为专项事业者7人，作为副业者29人。农家烹爨

图3-5　杭州郊野背柴禾的小孩（1917—1919）

图片来源：杜克大学所藏中国历史老照片，http://library.duke.edu/digitalcollections/gamble_140-788/。

---

① 张镜予:《社会调查——沈家行实况》，载李文海主编《民国时期社会调查丛编（乡村社会卷）》，福建教育出版社，2005，第33、42页。

② 《德清县的物产调查》，《湖州月刊》1931年第2期。

所用的燃料主要为木柴，多系自山间采取。[①] 宜兴县农民日常所需生活费甚少，"盖农民之燃料及食粮可得于田中也"[②]。1935 年，蒋杰等曾就江宁一镇四乡（即秣陵镇、孝陵乡、仁陵乡、信陵乡、爱陵乡）的全部农村进行过相关调查，统计 103 个村庄中，由市镇购买柴草的仅有 10 村。[③]

1920 年，卜凯曾对江宁淳化镇、太平门以及武进等地的农家生活做过抽样调查。据表 3–3，在将所有利用的燃料以市价换算后，发现江宁淳化镇农户燃料自给率为 100%，太平门为 92.7%，武进也在 90% 以上。如果进一步去除掉购买的灯油燃料部分，上述三地基本上不再购买用于炊爨和取暖的燃料。可见近代江南一带以"刈田野杂草为薪以炊饭，终年未尝购燃料"者，[④] 仍属不少。而就煤炭、煤屑、煤球一类燃料而言，在近代江南农村地区更是少有利用。19 世纪末，即便是在靠近杭州城的褚家桥一带，也不用煤炭。[⑤] 究其原因，应该与煤炭的价格较高有直接关系。20 世纪 20 年代，常州金坛县王母观村由外地运来的煤屑的价格（每百斤 1400 文）较高，为山柴、滩柴和稻麦草价格（每百斤 700 文）的 2 倍。这直接决定了当地所用的燃料仍以山柴和滩柴等为主。[⑥] 此外，20 世纪 30 年代初建设委员会对富阳县的经济调查发现，全县有柴炭、煤炭类商店 2 家，资本总额为 540 元。而就整个富阳县而言，有商店总数 478 家，资本总额 811242 元。[⑦] 两相比较，可见煤炭行业在总的行业中处于末流，这也直观地反映出煤炭在近代江南内地使用范围上的局限性。

---

① 言心哲：《农村家庭调查》，载李文海主编《民国时期社会调查丛编（乡村社会卷）》，第 557–559 页。

② 王清彬等编：《第一次中国劳动年鉴》，陶孟和校订，北平社会调查部，1928，第 492 页。

③ 蒋杰编著：《京郊农村社会调查》，乔启明校订，载李文海主编《民国时期社会调查丛编（乡村社会卷）》，第 335、340–341 页。

④ 絮庐：《悭人梦》，《申报》1929 年 10 月 6 日，第 21 版。

⑤ 《法租界公堂琐案》，《申报》1889 年 12 月 8 日，第 3 版。

⑥ 冯锐：《江苏金坛县王母观村乡村调查报告》，国立东南大学教育科乡村教育及生活研究所，油印稿，年份不详。

⑦ 建设委员会调查浙江经济所统计科：《浙江富阳县经济调查》，建设委员会调查浙江经济所印行，1931，商业统计，第 2 页。

表 3-3　卜凯调查江南局部地区农户燃料供给情况表

地区	调查时间	灯油、燃料消费总值	田场供给	所占比例（%）	购买	所占比例（%）	总消费（元）	灯油燃料所占比例（%）
江宁淳化镇	1923.01—1923.12	26.81	26.81	100	—	—	338.80	7.9
江宁太平门	1923.10—1924.09	37.34	34.63	92.7	2.71	7.3	251.33	14.8
武进	1924.01—1924.12 1923.08—1924.07	25.43	23.01	90.5	2.42	9.5	293.26	8.7

资料来源：［美］卜凯：《中国农家经济》，第 5、512-513、522 页。

由于农民的主要燃料多靠乡间自给，也就导致其燃料购买力相当低。据金陵大学蓝姆森（H.D.Lamson）教授 1934 年对上海杨树浦附近农户的调查，平均每户燃料消耗为总消费值的 6.51%。[1]无独有偶，冯紫岗于 20 世纪 30 年代对嘉兴县农村的调查也得出类似的结果。据其观察，如按照收入分组，地主、自耕农、半自耕农、佃农以及雇农等的燃料消费数值随收入上升而增加，不过在生活费总支出中的百分比并没有多大变动，这可反映出每种燃料消费值在燃料总支出中的百分数大多不以收入的增减而呈显著的变化。平均来看，各类村户燃料的消费值占其总消费值的 6.09%。[2]以上两项调查中的燃料统计值中尚包括购买用于照明的煤油及其他燃料花费，倘将这一部分排除，则用于生活炊爨或取暖的燃料在总消费中的比值可能低于 5%。

三、生活热能改善

近代以来，由于矿物燃料的大量输入，江南城乡生活热能的利用状况是否普遍有所改善？恐怕未必尽然。在回答这一问题之前，还须就城市与乡村

---

① ［美］蓝姆森（H.D.Lamson）：《工业化对于农村生活之影响——上海杨树浦附近四村五十农家之调查》，载李文海主编《民国时期社会调查丛编（乡村社会卷）》，第 248 页。
② 冯紫岗：《嘉兴县农村调查》，第 207-208 页。

燃料的获取及利用状况做进一步的联合考察。

1. 城市

对近代江南普通市民生活燃料供给状况的评价，不应抱持过于乐观的态度。由于燃料的缺乏，上海居民曾将江南制造局于马路两旁所种的柳树折断，"以供燃料"[1]。扬镇公路两旁所植的柳秧也曾因无人看守，被人折断，"携回以充燃料"[2]。1930 年 3 月，上海特别市政府教育局曾举办过通俗演讲，鼓励人们植树，以图挽救燃料不足，[3]但此种方法绝非短期间内所能奏效。

一般城市平民限于燃料供给不足，不能常燃炉灶，甚至连日常必需的热水都无法通过自烧得到。燃料价格的上涨，直接导致近代江南"老虎灶"的出现。借助"老虎灶"，一只火炉可同时上坐七八只甚至十余只水壶，大大提高了热能的利用效率。又因"老虎灶"所售热水取价既廉，故城市中小人家，烧饭、泡茶的熟水每天都向老虎灶购买。据 20 世纪 30 年代初上海市社会局的调查，工人家庭所用热水都购自熟水店（即"老虎灶"），平均每家全年购开水 4436.5 勺，或平均每月购 370 勺。[4]杨西孟在对上海纺织工人生活程度开展调查之时，发现平均每家全年向"老虎灶"购买的热水费为 5.94 元，占支出总额的 1.5%。[5]"老虎灶"可谓遍布近代江南城市之中，20 世纪 30 年代初无锡的城市工人也自"老虎灶"购买沸水，每 10 勺才 0.017 元。[6]1936 年，上海市公安局第二科统计上海市区内熟水店数量，发现竟有 1386 家之多。[7]

影响城市平民生活燃料供给的因素很多，首先是生活类燃料价格的持续上涨。近代以来，江南各地柴薪价格不断上涨。光绪三十年（1904）前后，嘉定平时"柴一担不逾百文，数文之柴可作三餐之燃料"，后"渐增至十文"，方满足一日之需。然而以 1930 年价格为基准来看，此"犹不得谓为昂也"。[8]

---

① 《制造局禁伐树木》，《申报》1911 年 11 月 28 日，第 2 张第 3 版。

② 饶舌：《扬镇马路宜速组织路警》，《申报·汽车增刊》1923 年 3 月 31 日，第 2 版。

③ 《上海市教局发表植树式演讲大纲》，《申报》1930 年 3 月 12 日，第 11 版。

④ 上海市政府社会局：《上海市工人生活程度》，第 60、76 页。

⑤ 杨西孟：《上海工人生活程度的一个研究》，载李文海主编《民国时期社会调查丛编（城市劳工生活卷·上）》，福建教育出版社，2014，第 294 页。

⑥ 实业部统计长办公处编印：《无锡工人生活费及其指数》，第 51 页。

⑦ 《本市商业渐见起色 市区商铺增加》，《申报》1936 年 8 月 28 日，第 12 版。

⑧ 陈传德修，黄世祚纂：《嘉定县续志》卷五，风土志·风俗，第 303 页。

民国以来，南汇县柴价飞涨，每斤已达一二十文。[①] 上海在 19 世纪最后 10 年之际，木柴从每担 300 文上涨到 450 文，[②] 稻草每担在 200 文左右。[③] 据表 3-4，1914—1933 年间，上海生活类燃料的价格普遍呈上涨趋势。其中，小子煤（家用煤）的价格涨幅最大，达 114%。就其他各项生活燃料的价格而言，尽管缺少 1926 年前的数字，但就 1926—1933 年 8 年间的涨幅来看，最低的也有 5%。

表 3-4　1914—1933 年上海各类生活燃料零售物价表

单位：元

年份	小子煤（斤）	煤油（斤）	劈柴（捆）	废木柴（斤）	花萁柴（斤）	稻柴（斤）	温州炭（篓）
1914	0.007	—	—	—	—	—	—
1915	0.007	—	—	—	—	—	—
1916	0.007	—	—	—	—	—	—
1917	0.010	—	—	—	—	—	—
1918	0.013	—	—	—	—	—	—
1919	0.013	—	—	—	—	—	—
1920	0.015	—	—	—	—	—	—
1921	0.013	—	—	—	—	—	—
1926	0.014	0.061	0.046	0.009	0.0076	0.0039	0.880
1927	0.014	0.068	0.056	0.009	0.0081	0.0040	0.944
1928	0.013	0.068	0.055	0.010	0.0081	0.0044	0.894
1929	0.013	0.073	0.054	0.012	0.0084	0.0050	0.958
1930	0.015	0.111	0.053	0.013	0.0089	0.0068	0.981
1931	0.017	0.154	0.057	0.013	0.0094	0.0063	0.990

① 储学洙等纂：《南汇县二区旧五团乡志》卷十三，风俗，转引自黄苇、夏林根编《近代上海地区方志经济史料选辑（1840—1949）》，第 53-54 页。

② 《海关十年报告之二（1892—1901）》，载徐雪筠等译编《上海近代社会经济发展概况（1882—1931）——〈海关十年报告〉译编》，第 71 页。

③ 海上漱石生：《沪壖话旧录》，载熊月之主编《稀见上海史志资料丛书》，第 2 册，第 168 页。

（续表）

年份	小子煤（斤）	煤油（斤）	劈柴（捆）	废木柴（斤）	花萁柴（斤）	稻柴（斤）	温州炭（篓）
1932	0.017	0.143	0.053	0.014	0.0108	0.0073	0.966
1933	0.015	0.113	0.050	0.015	0.0088	0.0049	0.920
涨幅	114%	85%	9%	67%	16%	26%	5%

资料来源：1914—1921年间小子煤（即家用煤）价格，参见《海关十年报告之四（1912—1921）》，载徐雪筠等译编《上海近代社会经济发展概况（1882—1931）——〈海关十年报告〉译编》，第229页。其余参见上海市政府社会局：《上海市工人生活费指数（1926—1931）》，中华书局，1932，第42-44页；上海市政府社会局：《上海市工人生活程度》，第184、186页。

另一个影响城市生活燃料供给的因素，还要从燃料生产地的柴薪存量及供给中寻找。南京市民日常所用芦柴主要产自江苏六合、龙潭、八卦洲、永定洲、大黄洲、小黄洲、九袱洲、救济洲、旗杆洲以及安徽的和州、太平府等地。随着大、小黄洲以及八卦洲的芦田逐渐开垦，芦柴产量呈减少趋势。[①]上海、杭州、嘉兴、无锡、苏州等地自产燃料不敷所需，所输入的柴薪，严重依赖金华、衢州、诸暨、宁波、绍兴、严州、温州、海门、黄岩、仙居等浙江中、南部一带。[②]然而在20世纪初，浙江西北及西部的山区已是森林稀少，如于潜全县有山5万余亩，而有森林者"不及十分之一"，"牛山濯濯，所在皆是"。[③]钱塘江流域所栽树木也已很少，"甚至在寺院及墓地周围的树木也长得很小"[④]。整个浙江省由于户口日增，采樵日众，1909年时已处于"不

① 实业部中央农业试验所、南京技术合作委员会给养组编印：《南京市之食粮与燃料》，第70页。
② 《上海商业会计调查·柴炭业》，《社会月刊》1929年第7期；《柴市消息》，《申报》1920年9月13日，第11版；建设委员会调查浙江经济所编印：《杭州市经济调查》（上编），第150、155页；建设委员会调查浙江经济所编印：《杭州市经济调查》（下编），第371页；R.M.Martin, *China: Political, Commercial, and Social*, Vol.2（London: James Maddes and Leadenhall Street, 1847），pp.307-310；《海关十年报告·杭州（1896—1901年）》，载陈梅龙、景消波译编《近代浙江对外贸易及社会变迁：宁波、温州、杭州海关贸易报告译编》，第233页。
③ 魏颂唐编：《浙江经济纪略》第六篇，第4页。
④ 《海关十年报告·杭州（1912—1921年）》，载陈梅龙、景消波译编《近代浙江对外贸易及社会变迁：宁波、温州、杭州海关贸易报告译编》，第274页。

早设法补救，山林必有告竭之时"的局面。^① 柴薪存量的减少，使得近代江南城市生活燃料的供给存在很大的隐患。在如此紧张的情况下，浙江所产柴炭尚存在大量外运的情况。如20世纪20年代初，温州和台州一带所产柴炭大量输往日本，仅温州刚炭就有五千数百担之多。^② 这无疑进一步减少了供给城市的植物型能源的数量。

2. 乡村

近代江南乡村地区的生活燃料以柴薪占据绝对比重，虽然其基本依靠自给，但是由于城市"能源吸纳"能力的存在和强化，城乡工业发展对植物原料的需求以及煤炭价高等原因，乡村地区生活燃料的实际利用状况并没有想象中的优裕。鉴于煤炭在江南农村的应用情况上文已经概述，故该处只对前两个原因进行讨论。

图 3-6　杭州运河上装载木炭和木材的船只（1917—1919）

图片来源：杜克大学所藏中国历史老照片，http://library.duke.edu/digitalcollections/gamble_167-938/。

---

① 《详复开浚利源之政见》，《申报》1909年2月8日，第2张第4版。
② 《航业要讯》，《申报》1922年7月25日，第15版。

随着江南城市化的发展，尤其是上海、南京、杭州以及苏州、无锡等地近代工业的崛起，城市人口增多，对燃料的需求不断变大。由于这些地区本身燃料出产很少，大部分依靠外来补充，因而形成了点状的"能源漏斗"。大量植物型燃料除由江南以外的浙江中南部输入外，来自江南内地农村的柴薪亦源源不断地输往各中心城市。加之商品经济的扩展和交通运输状况的改善，一般乡农都乐于将柴薪等燃料作为商品出售，出现了商品化的燃料生产活动。如 1913 年时南京观音门草鞋峡对面的八卦洲面积近 6 万亩。每亩年产芦以 15 担计算，总计年可出芦柴 80 万担以上。① 昌化县多山少田，粮食不敷所需，于是当地农民多向山岭发展，"均以在山岭上樵采种植为唯一出路"。其出产的木炭分为乌岗炭、平篓杂炭、高帽青标炭、元底杂炭、小篓杂炭、大篓松炭、小篓松炭 7 种。1931 年，炭窑有 340 余座，1932 年尚有 160 余座，迨至 1934 年减少至百十余座。该处窑工多来自严州、处州、台州等地，盛时工人数多至 1900 人。② 临安县 20 世纪 30 年代初有人口 20243 户，43107 人。其中兼营采薪业者，有 5091 户，7946 人，③ 几占全县人口的五分之一。柴行派人主动赴乡村收集柴薪，如抗战之前有人赴常熟乡间收买稻柴、豆萁、棉花萁等柴薪，转贩于海门、崇明、南通等地，每日出境至少在 1000 担。④ 窑主或乡农也自运柴薪等赴市镇售卖，如松江、浙西一带农民常利用民船装运稻草、柴薪、谷糠等至上海等地兜售。⑤

就柴薪等的用途来说，除了用作燃料，还被很多行业用作生产原料。其中，最主要的为造纸业、建筑业、火柴盒业以及手工编织业等。造纸业是消耗柴薪很大的一类行业，在江南多地都有分布。早在 1918 年，日本人就计划在无锡一带收买稻柴，每月计划包办稻柴 4 万担，运至上海供造纸之用。⑥ 嘉兴桑株遍境，桑梗原先仅作燃料之用。20 世纪 20 年代初，当地商民发起桑

---

① 《江苏省行政公署招认八卦洲柴租布告》，《江苏省公报》1913 年第 172 期。

② 《木炭窑》，《申报·本埠增刊》1936 年 6 月 7 日，第 3 版。

③ 浙江建设委员会：《浙江临安农村调查》，1931 年 7 月，第 64—65 页。

④ 《常熟·大批燃料出境》，《申报》1937 年 3 月 16 日，第 9 版。

⑤ 实业部国际贸易局编印：《中国实业志·江苏省》第 8 编，第 1018 页；《松江·柴行牙户索佣之反响》，《申报》1935 年 8 月 16 日，第 10 版；劳小平：《船捐封锁下的浙西农船》，《东方杂志》1935 年第 24 期。

⑥ 《无锡·又多一原料输出》，《申报》1918 年 11 月 26 日，第 7 版。

皮纸厂，收买桑皮，开厂造纸。[①] 1926 年成立的上海江南制纸公司以芦柴为造纸原料，厂内芦柴"堆积如山"。在镇江高资投资的分厂建立之后，每日用芦柴量最少在十三四吨。[②] 崇明及镇江两地种植的高粱秆除了用作燃料，还要当作建筑材料、饲料、玩具等的原材料。[③] 江南贫苦人家的住宅，也须上铺柴草为顶，[④] 由于涉及人口众多，合计柴草的消耗量当不是一个小数目。火柴盒片的制作，需要大量松柴。如富阳协隆火柴盒片厂有工人 440 名，每小时需用金、衢、严、杭、绍等处所产松柴 1000 斤，全年需要 9 万余担。[⑤]

尤其值得注意的是，近代江南城乡间普遍存在大量的编制类行业，对于柴草一类的需求相当巨大。据 20 世纪 30 年代初实业部国际贸易局的调查，常州金坛、上海金山、镇江句容、无锡宜兴等地均用稻草制作草鞋。武进葫芦滩，宜兴滆湖，吴县东、西洞庭山，镇江顺江洲及御隆乡皆产芦草，当地农民以编制芦品为其副业，产品包括芦席、芦折、芦扉、芦帽、芦鞋、芦帘等。此外，松江、南汇等各县低洼之地皆出产蒲草，农民用其编制蒲包、蒲合、蒲扇、蒲鞋等等。上海造绳工厂有 30 余家，多位于浦东及高昌庙、斜徐路、石晖港一带。造绳原料，大多为松江所产的稻草。每年除畅销上海外，年销日本可达一千万斤。[⑥] 余贤镇还用灯草外壳编造蓑衣，每年输出有十余万件。[⑦] 此外，嘉定县新泾、徐家行等镇，所制草鞋、拖鞋及密面提包等黄草织物，向为著称。[⑧] 20 世纪 20 年代，统计从事此项工艺者有 3000 余人。销售地区遍及上海、宁波等沿海城市和福建、广东、南洋等地，每年销数甚巨。[⑨]

大量柴薪、稻草等的外输以及用作别种行业原料，使得江南一些地方，尤其是城市邻近地区和交通便利之地农民的燃料供给状况并不理想，局部地

---

① 《嘉兴·筹设桑皮纸厂》，《申报》1922 年 5 月 4 日，第 11 版。

② 参章：《芦柴制纸之价值与江南制纸公司之新计划》，《申报·本埠增刊》1928 年 6 月 12 日，第 5—6 版。

③ 实业部国际贸易局编印：《中国实业志·江苏省》第 5 编，第 111—112 页。

④ 王清彬等编：《第一次中国劳动年鉴》，第 533 页。

⑤ 建设委员会调查浙江经济所统计科：《浙江富阳县经济调查》，第 2 页。

⑥ 何行：《上海之小工业》，第 51 页。

⑦ 冯紫岗：《嘉兴县农村调查》，第 143 页。

⑧ 吕舜祥、吴甿纯编：《嘉定疁东志》，郭子建标点，卷一，区域·市集，上海社会科学院出版社，2004，第 14、16—17 页。

⑨ 陈传德修，黄世祚纂：《嘉定县续志》卷五，风土志·物产，成文出版社，1975，第 377 页。

区甚至有逐渐恶化的倾向，这在一些事例中可以得到反映。由于松江枫泾开设粗纸作兴起，所需稻柴较多，致使柴价较以往上升一倍多，居民时感燃料断绝之虞。[①] 浦东塘桥镇一带乡民原以荣昌火柴公司所遗木屑为燃料，当此木屑被柴商包揽，增价出售后，乡民无处购买便宜燃料，"生计垂绝"[②]。燃料不足，影响乡民日常生活颇大。许多农民为节省燃料，生活诸多不便。据卜凯的观察，为节省燃料，江宁一带农民"每天只煮饭一次"，而煮饭之后，还常将残余的木炭取出，浸在水中，以便下次还能再用。当地流行的一句谚语很好地解释了此种现象产生的原因："锅外比锅里贵。"[③] 大概由于同样的原因，松江一带农妇只在早晨煮饭烧茶，"午餐即以早上所余冷菜冷饭充饥"[④]。由此可见，商品化对农村而言并非全为好事。在这种情况之下，一些农民实行了"以细换粗"的方式，即将自产的柴炭或稻柴贩卖，而自己消费质量更次一级的燃料。如上海周边地区的农民用小船将稻柴运到城里去卖，"博一点薄利"，自家反倒去找树枝落叶煮饭。[⑤]

小　结

迨至近代，随着矿物类能源的大量输入，江南建立起了近代化的工业企业和交通运输业。在这些行业中，由于蒸汽机和内燃机的推广使用，煤炭和石油在热能供给中取得重要性地位，并且对一些行业内的燃料不足现象产生了缓解作用。相较而言，城市和传统乡村地区的燃料利用情况则复杂得多。柴薪仍然在城市平民的生活类燃料结构中占有重要地位。煤球、煤气、电热、油类（汽油、柴油、煤油）等限于使用成本的高昂和城市基础设施建设的不完善，仅能在上海、杭州、南京、苏州、无锡等中心城市使用，尚不能够被

---

① 《松江·限制粗纸办法》，《申报》1929 年 9 月 16 日，第 10 版。
② 《乡民不得购买贱价木屑之怨愤》，《申报》1918 年 4 月 22 日，第 11 版。
③ ［美］卜凯：《中国农家经济》，第 536 页。
④ 王清彬等编：《第一次中国劳动年鉴》，第 532 页。
⑤ 苹：《农场小景》，《申报·本埠增刊》1935 年 1 月 9 日，第 2 版。

江南多数普通百姓作为热能来源。而在江南广大的乡村地区，由于城市"能源吸纳"能力的存在和强化，城乡工业发展对植物原料的需求以及煤炭价高等因素，燃料危机不但没有解决，反而在特定时空下呈现恶化的态势。

近代以来，植物型燃料在江南生产和生活领域中的利用，是否和前近代社会中植物型燃料的利用具有同样的性质？实际上，作为动态的市场参与者，矿物能源的大规模输入已经使得植物型能源的供需运行模式和价格调节机制受到影响。即便是前近代与近代社会在生产和生活领域燃料利用方面具有若干相似的现象，但是导致这些现象产生和变动的机制也具有了本质的不同。近代城市和乡村地区生活类燃料危机的再现主要与生产部门的扩大和生产力的提高有关，也即以工业、手工业和交通运输业的普遍性发展为前提，其本质是一种生产扩大下的能源不足。而前近代燃料危机的出现主要是由于自身能源生产能力的不足所致，其本质上是一种能源不足下的生产。当然，考虑到各种能源功能之间紧密的关联和相互之间的转化关系，对这一问题的理解，不应该仅仅限定在热能领域，还必须进一步深入光能和动力能领域内寻找答案。

第四章　光能转型与近代江南社会经济变迁

　　与热能和动力能一样，光能亦为能源所能提供的一种重要功能。回顾人类历史，光能演变和文明进步密切联系在一起。19 世纪末 20 世纪初，随着第二次工业革命的开展和普及，西方主要国家"关于发光科学之进步，实非前二千年所可比拟"[①]。近代江南同样如此，在抗战之前发生了一场光能转型，照明灯具由传统的植物油灯、土烛转变为洋烛、煤油灯和煤气灯，再到 19 世纪末的电气灯。照明能源种类之多，转型速度之快，可谓前所未有。本章尝试全面梳理近代江南道路照明和室内照明领域的光能转型过程，并跳出产业史或企业史的窠臼，以警务部门的路灯建设和生产部门的光能应用为例，剖析光能转型所蕴含的社会与经济意义。

第一节　道路照明领域内的光能转型

　　近代江南的光能转型首先发轫于道路照明领域，之后向室内照明领域扩展。上海租界完整经历了从植物油路灯向煤油路灯、煤气路灯以及电气路灯的过渡，江南其他城市和地区主要是由煤油路灯向电气路灯转变的，或是在零基础上直接建设电气路灯，具有跨越式发展的特点。

一、上海租界内道路照明的发展

　　像中国其他区域一样，江南在近代之前并不存在道路照明系统。上海公共租界成立后，方开始在个别马路安装路灯。1845 年 12 月签订的《上海租地

[①]　W.B.Munro:《路灯》，胡桂孙译，《杭州市政季刊》1933 年第 3 期。

章程》中，特别规定洋泾浜北首界址内租地及租房的洋商须安装路灯。[①] 其时路灯是以植物油为燃料的油盏灯，亮度及稳定性不够理想，无法适应室外照明之用。19 世纪 60 年代，随着煤油的输入，煤油路灯被引入租界。1865 年 9 月的一次工部局董事会会议上，工务委员会便计划用煤油路灯取代植物油路灯。[②] 不过，煤油路灯尽管相比植物油灯具有亮度优势，但仍需要专人看管，定期添加燃油，以防油尽或被偷。比如 1883 年，上海城内就曾失窃煤油路灯 100 余盏。[③] 另外，煤油极易燃烧，倘没有安全牢靠的灯具配套使用，可能成为安全隐患。这些决定了煤油路灯的推广存在重重困难，较少用于道路照明。

真正在上海租界得到体系化建立的公共照明方式，当属煤气路灯系统。1861 年初，外商史密斯致信工部局，首次提出于租界内推广使用煤气路灯的计划，得到工部局的支持和侨民的响应。到 1865 年 9 月，大英自来火房建设工程全部完成。[④] 同年 12 月 18 日，自来火房计划在南京路免费试点 10 盏煤气路灯，[⑤] 由此正式拉开了中国使用煤气路灯的帷幕。同年，法租界公董局亦在洋泾浜南岸成立法商自来火行，[⑥] 开始燃点煤气路灯。较之煤油路灯，煤气路灯除了光度亮，利用与管理亦异常便利。"如设灯，则以小管通之"，"其气得火，昼夜不息"。[⑦] 而且安全性高，"不若火油灯之随时随地可以肇祸"[⑧]。因此，其很快在租界内主要道路上得到使用。1866 年底，外滩、南京路、江西路、山东路、广东路、福建路、福州路、四川路、汉口路、河南路、九江路及北京路等主要道路上都已安装煤气路灯。次年，煤气管道延伸到美租界，形成东至霍山路，西到卡德路，南达广东路，北到四川路和吴淞路的煤气供

---

① 王铁崖编：《中外旧约章汇编》第 1 册，生活·读书·新知三联书店，1982，第 68 页。
② 上海市档案馆编：《工部局董事会会议录》第 2 册，上海古籍出版社，2001，第 515 页。
③ 《路灯被窃》，《万国公报》1883 年第 740 期。
④ 上海公用事业管理局编：《上海公用事业（1840—1986）》，上海人民出版社，1991，第 21～24 页。
⑤ 上海市档案馆编：《工部局董事会会议录》第 2 册，第 518 页。
⑥ 上海公用事业管理局编：《上海公用事业（1840—1986）》，第 29 页。
⑦ 〔清〕葛元煦：《沪游杂记》卷二，郑祖安标点，上海书店出版社，2006，第 148 页。
⑧ 《物有损益说》，《申报》1891 年 10 月 14 日，第 1 版。

给网。^①法商自来火行由于规模较小，技术与管理水平较落后，常年入不敷出，到 1891 年 4 月 1 日被大英自来火房收购。此后，上海租界内由大英自来火房统一供气的煤气路灯照明系统正式形成。

然而，煤气路灯建立起照明系统不久，即遭到了新兴的电气路灯的挑战。1882 年 4 月，公共租界引进布拉什弧光灯照明系统，创办了近代中国第一家电厂——上海电光公司。^②同年 7 月 26 日，工部局试用弧光灯照明，"白光四射，宛如满月"，赢得"赛月亮"的美誉。^③与煤油及煤气路灯相比，电气路灯亮度更高，灯光稳定性更强，且非明火来源，安全系数更大。

图 4-1　1887 年上海外白渡桥上的电弧路灯

图片来源：陈富强编著：《中国电力工业简史（1882—2021）》，中国电力出版社，2022，第 3 页。

尽管具有这些优点，但在 1893 年工部局电气处成立之前，电气路灯只在租界内的个别干道及特定区域内使用，并非有学者认为的"到 1884 年，上海大多数街道都亮起了电灯"^④。考其原因，虽有煤气公司的竞争和压力，但主

---

① 《上海租界志》编纂委员会编：《上海租界志》，上海社会科学院出版社，2001，第 374 页。

② 上海市电力工业局史志编纂委员会编：《上海电力工业志》，上海社会科学院出版社，1994，第 10 页。

③ 胡祥翰：《上海小志》，吴健熙标点，上海古籍出版社，1989，第 9 页。

④ 熊月之：《照明与文化：从油灯、蜡烛到电灯》，《社会科学》2003 年第 3 期。

要还在于电气路灯自身的不足所致。首先，上海电光公司系初创，发电容量有限，且无力扩充发电设备。在此情况下，增加弧光灯数量势必需要发电机超负荷运转，灯光也就难免暗淡甚至出现断电现象。正是因此，1885 年上海电光公司的"灯光已坏到几乎完全无用了"，除非彻底改组，否则很难继续运营。[①] 其次，早期弧光灯具有明显技术缺陷，寿命较短，而且费用高昂。例如 1883 年，上海电光公司和自来火房竞标公共租界南京路、外滩以及百老汇路地段路灯业务。电光公司提出安装 35 盏电气灯，每年花费 9000 两的方案；自来火房则提出安装 97 盏煤气灯，每年花费 2842 两的方案。两相比较，电气路灯的花费是煤气路灯的 3 倍多。[②] 最后，弧光灯因亮度高，适用于主干道或开阔之地，但是在众多狭窄巷道或小路拐角，则因角度的关系而导致光线"或有不及"[③]。很明显，它尚不能够满足所有民众的道路照明需求。

在新兴技术应用之初，当局的态度和技术自身的完善往往起到决定性作用。1893 年工部局成立电气处后，积极开拓电气照明市场，宣称同等支出水平下优先使用电气灯。[④] 受此影响，1893—1899 年间若干盏煤气路灯被电气路灯取代。进入 20 世纪之后，电力系统与电气照明技术飞速发展，发电机组愈趋稳定，各式金属丝灯泡相继出现，电灯使用寿命延长，照明成本不断下降。1915 年，法租界已积极采用电气路灯照明。工部局电气处也顺应时势，积极引入不同瓦数的金属丝灯泡，全面替代之前的弧光灯照明系统。20 世纪 20 年代后，道路照明领域已基本停止安装煤气路灯，已有的也不断被电气路灯替代。1929 年工部局电气处出售之前，公共租界大街小巷内已遍布各种型号的金属丝电气灯。根据杨琰的统计，电气路灯总数从 1883 年的 30 余盏增至近 4300 盏，[⑤] 形成了以金属丝电气路灯为主的照明格局。1935 年之后，煤气路灯被全部拆除，[⑥] 彻底实现了区域内电气路灯照明的一统局面。

---

① "Shanghai Electric Co", *North China Herald*, August 7, 1885.
② 上海市档案馆编：《工部局董事会会议录》第 8 册，第 489 页。
③ 《电灯述闻》，《申报》1883 年 7 月 26 日，第 3 版。
④ 上海市档案馆编：《工部局董事会会议录》第 17 册，第 573 页。
⑤ 杨琰：《政企之间：工部局与近代上海电力照明产业研究（1880—1929）》，第 44、115 页。
⑥ 上海公用事业管理局编：《上海公用事业（1840—1986）》，第 38 页。

二、江南（租界以外）道路照明的扩展

近代江南的光能转型首先从上海租界开始，后由点及面，扩展至上海华界及江南其他地区。在这一过程中，存在着上海华界对租界的"模仿"以及江南其他城市和地区对上海的"模仿"现象。19世纪70年代初，由于煤油和煤气路灯的使用，租界已成为令人羡慕的"不夜之城"，而华界很多地方一到傍晚却依旧是"黑暗世界"。华界内一些有识之士因而希望如租界之法以治之，以求"勿贻西人之笑"①。1873年8月，华界南市第一次燃点煤气路灯。当租界内开始使用弧光灯照明后，上海老城厢内的煤气灯便显得"明晦悬殊，未免相形见绌"②。在同样的刺激下，1897年上海道蔡和甫与县令黄爱棠参照租界办法，创建南市电灯厂。③ 1905年，上海城厢内外总工程局计划用电灯取代煤油灯，④ 正式开始了华界电气路灯近代化的过程。此后，江南内地其他城市紧跟而上，纷纷仿效上海。如镇江士绅在观察到电气灯简便灵捷，保无火险，且在上海等处行之已久后，积极筹建了江苏省第一家公用电厂——大照电灯公司。苏州自开埠以后，市面日兴，"一切均仿沪上式样"，在1898年亦筹划利用电气路灯照明。⑤

就近代江南道路照明演进的内容而言，除了华界紧随租界而起，一度经历了煤气照明阶段，江南其余城市和地区的公共照明建设均起步较晚，基本上都是由煤油路灯转换为电气路灯，或是在零基础上直接建设电气路灯。煤油路灯使用较为简单，只需要灯盏、灯罩和维护人员即可。因而，江南内地很多城市在安设电气路灯之前主要使用煤油路灯。比如1905年，常州开始安装煤油路灯，到1913年6月计有110盏。1912年前，杭州街坊仍利用140盏燃油的"风灯"进行照明。苏州1909年建立市民公社后，开始在观前等大街

---

① 《论修治街道》，《申报》1883年3月10日，第1版。
② 〔清〕李维清编：《上海乡土志》，吴健熙标点，上海古籍出版社，1989，第106页。
③ 袁阿泉：《南市电业侧记》，载上海市政协文史资料委员会编《上海文史资料存稿汇编（市政交通）》，上海古籍出版社，2001，第112—113页。
④ 《续上海县城厢内外总工程局简明章程》，《申报》1905年10月28日，第4版。
⑤ 《电灯将兴》，《工商学报》1898年第5期。

的主要巷口燃点煤油灯，用于道路照明。① 再如嘉兴 ②、武进 ③ 等，亦是如此。之后，江南各地陆续采用电气路灯替代煤油路灯。这一过程的长短，因地区间经济发展水平的不同而差异较大。1911 年，苏州在辛亥革命苏州光复次日夜间开燃全城电气路灯，到 1913 年煤油路灯全部被替换为电气路灯。④ 1912 年，杭州市区开始用电气路灯替换燃油路灯。杭州大有利电灯公司板儿巷发电厂扩充发电设备后，在全城主要街道陆续添设电气路灯。⑤ 1914 年 5 月起，常州将煤油路灯改为电气路灯。⑥ 南浔在 20 世纪 20 年代后半段才使用电气路灯照明，使人们"不致再感受夜行困难"⑦。而吴县前湾镇在 20 世纪 30 年代初，晚间街上还只能以煤油路灯照明。⑧ 当然，也有像南京江浦县一样，在民国年间完全没有路灯者，但究属少数。⑨

由于电气路灯的设置必须以电厂的成立为前提，再考虑到近代电能的最初功能是照明，因此可以准确得知江南各地电气路灯安设的时间上限。江南各地（上海租界除外）电厂自 20 世纪初始陆续建立，其中上海（华界）、南京、无锡、苏州以及杭州等城市在 1910 年之前均已建立电厂。1912—1920 年间，江南掀起了电厂建设的高潮，嘉兴、吴兴、常州、松江、青浦、海宁、武进、溧阳、常熟、六合、如皋、嘉定、南汇、宜兴、江阴、德清、吴江、金山、昆山、余杭、安吉、长兴、丹阳、江浦、海盐、平湖、太仓等多达 27 地建立电厂，1920 年后又有金坛、桐乡、宝山、川沙、崇明、嘉善、崇德、

---

① 姜晋、林锡旦编著：《百年观前》，苏州大学出版社，1999，第 43 页。

② 《海关十年报告：杭州（1902—1911 年）》，载陈梅龙、景消波译编《近代浙江对外贸易及社会变迁：宁波、温州、杭州海关贸易报告译编》，宁波出版社，2003，第 255 页。

③ 《修改路用电灯合同》，《武进月报》1918 年第 11 期。

④ 《报告至振兴公司电灯厂参观所见》（1918 年 3 月 30 日），苏州市档案馆藏，档案号：I14-002-0184-012；姜晋、林锡旦编著《百年观前》，第 43 页。

⑤ 《杭州市电力工业志》编纂委员会：《杭州市电力工业志（1896—1990）》，水利水电出版社，1994，第 177 页。

⑥ 常州供电局编志办公室：《简述常州路灯的起源和发展》，载常州地方志编纂委员会办公室、常州市档案局编印《常州地方史料选编》第 8 辑，1983，第 116、118 页。

⑦ 沈青来：《近十余年来南浔的进步》，《湖州月刊》1928 年第 5 期。

⑧ 吴县地方志编纂委员会编：《吴县志》，上海古籍出版社，1994，第 145 页。

⑨ 江浦县地方志编纂委员会编：《江浦县志》，河海大学出版社，1995，第 289 页。

孝丰、新登、富阳、武康等 11 地建立电厂。[①] 总体来看，1928 年之前江南大多数县级政区均已设有电厂，采用电气路灯照明。

三、江南各地路灯建设的总体特征

为按时征收路灯费用，江南各地电气公司（电厂）或者路灯管理机构通常会定期统计路灯情况。下表即参考这些资料，初步统计了江南各地的路灯数量及光度（见表 4-1）。通过观察这些数字并结合相关资料，可以得出以下三点基本认识。

表 4-1　1911—1933 年江南主要城市路灯数量及光度表

城市	时间	数量（盏）	光度（瓦）	城市	时间	数量（盏）	光度（瓦）
上海（租界除外）	1911	2800	—	苏州	1911	1994	96 瓦 49 盏，32 瓦 1945 盏
	1919	2300	—		1913	2024	32
	1926	4392	—		1920.06	2145	—
	1928	4243	平均 50				
	1929.10	6160	—		1936.07	3569	40 瓦 2630 盏，25 瓦 719 盏，50 瓦 220 盏
	1933	8134	—		1937.01	3622	内中 25 瓦 1282 盏
南京	1926	1445（包括下关）	25	常州	1912	72	
	1932	1350	—		1914	200 余	16
	1935	约 6000	—		1918	300	—
					1929	800 余	—

① 实业部国际贸易局编印：《中国实业志·江苏省》第 8 编，1933，第 1126-1136、1138 页；实业部国际贸易局编印：《中国实业志·浙江省》，庚，1933，第 467-470 页；建设委员会编印：《全国发电厂调查表》，1929，第 15-19、26-30、49、57 页；杨大金：《现代中国实业志》（上），商务印书馆，1938，第 917-930 页；金丸裕一：《中国「民族工业の黄金时期」と电力产业——1879-1924 年の上海市·江苏省を中心に》，『アジア研究』，39（4），1993。

（续表）

城市	时间	数量（盏）	光度（瓦）	城市	时间	数量（盏）	光度（瓦）
杭州	1922	2067	—	镇江	1930	1005	—
	1927	2500 左右	32		1931	1019	—
	1928.04	自费 145 公费 2328	—		1932	1026	—
	1928.09	3127	—		1933	1041	—
	1930.06	4089	—		1934	1413	—
	1931	6000 余	—		1935	1625	—
	1936 年底	4862	—		1936	1955	—
无锡	1922	1700	—				
	1929.08	1327	16~200				

资料来源：（1）上海：《为呈送四月份添装路灯清册由》，《市政月刊》1928 年第 5-6 合期；《公用局之希望》，《申报·上海特别市市政府周年纪年特刊》1928 年 7 月 7 日，第 4 版；《路灯》，《各省市各项革新与建设》1930 年第 1 期；《上海市区路灯调查（特别区不在内）》，《申报年鉴》，1933 年，第 U，33 页。

（2）南京：潘铭新、鲍国宝：《改良首都路灯计划》，《建设公报》1928 年第 1 期；崔华东：《本京路灯装置》，《首都电厂月刊》1932 年第 20 期；《关于路灯建设》，《首都电厂月刊》1935 年第 56 期。

（3）杭州：《杭州市逐月添装路灯表》，《市政月刊》1928 年第 12 期；《工务局改进市区路灯 已装六千盏》，《市政月刊》1931 年第 8 期；《杭州市十年来路灯数量统计图》，《杭州市政季刊》1937 年特刊，无页码；《杭州市电力工业志》编纂委员会：《杭州市电力工业志（1896—1990）》，第 177-178 页。

（4）苏州：吴县地方志编纂委员会编：《吴县志》，第 541 页；《关于苏州城内外路灯燃费的呈文》（1911），苏州市档案馆藏，档案号：I14-001-0233-015；《订立燃点路灯合同》（1920），苏州市档案馆藏，档案号：I14-002-0191-035；《吴县城区路灯草约》（1931），苏州市档案馆藏，档案号：I34-001-0016-001；《吴县城区路灯用电调查表留底》（1936），苏州市档案馆藏，档案号：I34-001-0016-012。

（5）无锡：无锡市政筹备处工务科：《无锡路灯调查表》，《无锡市政》1929 年第 3 期；程屏：《三十年代初期无锡筹备设市之始末》，载中国人民政治协商会议江苏省无锡市委员会文史资料研究委员会编印《无锡文史资料》第 9 辑，1984，第 89 页。

（6）常州：常州供电局编：《常州电力工业志》，上海人民出版社，1989，第 204 页；常州供电局编志办公室：《振生电灯公司始末》以及《简述常州路灯的起源和发展》，载常州地方志编纂委员会办公室、常州市档案局编印《常州地方史料选编》第 8 辑，第 95-96、118-119 页。

（7）镇江：王树槐：《江苏省第一家民营电气事业——镇江大照电气公司（1904—1937）》，"中研院"《近代史研究所集刊》第 24 期下册，1995 年 6 月。

一是纵向来看，单个城市路灯数量总体呈历时性上升趋势。如上海（租界除外）路灯数由 1911 年的 2800 盏上涨到 1933 年的 8134 盏，22 年间增加近 2 倍。杭州自 1922 年的 2000 盏左右涨至 1936 年的 4900 盏左右，14 年间增加近 1.5 倍。南京从 1926 年的 1445 盏（包括下关）涨至 1935 年的约 6000 盏（不包括下关一带），9 年间上涨 3 倍多。苏州自 1911 年的 1994 盏涨至 1937 年初的 3622 盏，26 年间涨幅 80% 多。常州自 1912 年 4 月的 72 盏涨至 1929 年的 800 余盏，17 年间增长了 10 倍多。镇江由 1930 年的 1000 盏左右涨至 1936 年的接近 2000 盏，增长幅度亦很明显。尤其是上海公共租界的路灯数量及增长速度，给人以更为深刻的印象。其煤气灯数量由 1865 年的 10盏涨至 1929 年的 485 盏，64 年间增长了 47 倍多；电气路灯数量从 1883 年的30 余盏增至 1929 年的近 4300 盏，46 年间增长了 140 多倍。[①] 江南各主要城市中，只有无锡路灯数量呈减少趋势，由 1922 年的 1700 盏降至 1929 年 8 月的 1300 余盏。此种趋势并不能代表江南的总体特征，很可能与路灯种类的更新换代有关。

二是横向来看，同一时段不同城市间的路灯数量相差较大。1926 年，上海华界和公共租界路灯数量总计达 7700 余盏。[②] 相较而言，1927 年杭州有2500 盏左右，1929 年无锡有 1300 余盏，常州有 800 盏，镇江至多 1000 盏，均远远落后于上海。1931 年的杭州和 1935 年的南京路灯数虽都增加到 6000盏左右，但 1933 年上海仅华界路灯数量就已达到 8134 盏，若再加上租界，更是远超杭州和南京。江南一般市镇的路灯数量可谓少得可怜，如 1918 年武进有电气路灯 300 盏，[③] 1934 年临安县临安镇有白炽路灯 15 盏，[④] 1931 年苏州同安镇有路灯 12 盏、金墅镇有 16 盏、金山镇有 5 盏、东桥镇有 18 盏、黄埭镇有 64 盏、浒墅关镇有 75 盏。[⑤] 此外，同一城市内部路灯的区域分布密

① 《上海公共事业志》编纂委员会编：《上海公共事业志》，上海社会科学院出版社，2000，第63 页；杨湜：《政企之间：工部局与近代上海电力照明产业研究（1880—1929）》，第 44、115、204 页。
② 当年公共租界电气路灯数量为 3385 盏。参见杨湜：《政企之间：工部局与近代上海电力照明产业研究（1880—1929）》，第 202 页。
③ 《修改路用电灯合同》，《武进月报》1918 年第 11 期。
④ 杭州市地方志编纂委员会编：《杭州市志（第四卷）》，中华书局，1997，第 394 页。
⑤ 《各镇面积记录》（1931 年），苏州市档案馆藏，档案号：I34-001-0018-009。

度也有不同。南京路灯自 1927 年以后报废率不断增高，一度致使除中山路
"无论商贾云集或车马辐辏地方，几于一盏皆无"[1]。无锡市在 1929 年虽有路灯
1300 余盏，但因"听用户自由报装"之故，"以致密者望衡对宇，疏者全街数
里之长，竟无一灯"。[2] 1937 年 1 月底，据苏州电气厂对城乡路灯数量的统计，
该城东北区有 1414 盏，西南区有 1243 盏，而阊胥盘区只有 965 盏，[3] 分布相
当不均。

　　三是不同城市间以及城市内不同地点间路灯的亮度也存在较大差别。
1926 年，南京及下关一带的电气路灯亮度大抵在 25 瓦左右。[4] 1927 年，苏
州和杭州的路灯大多为 32 瓦。1928 年，上海华界的路灯亮度平均为 50 瓦。
相比而言，1926 年公共租界电气路灯亮度平均为 152 瓦，[5] 分别为华界路灯亮
度的 3 倍有余，苏州和杭州的 5 倍左右，南京及下关一带的 6 倍有余。一般
中小城市内路灯的亮度更低，如常州和武进 [6] 在 1914 年和 1916 年的路灯亮
度都为 16 瓦。就城市安设路灯的一般原则而言，其亮度大多根据街道的宽度
和市面的繁荣程度而多有不同。一般来说，同一城市内路灯光度依道路宽度、
地理位置和功能分区的不同而存在区别。如上海外滩一带用 300 瓦灯泡，南
京路用 200 瓦，跑马厅用 500 瓦，较小的里弄用 25 瓦。[7] 1932 年，南京在中
山路、中正路、汉中路及兴中广场等重要路段安设 200 瓦灯泡，在次要街道
及普通街弄则均安设 100 瓦或 60 瓦灯泡。[8] 1911 年，苏州路灯最亮者为 96
瓦，普通为 32 瓦。[9] 到 1931 年，路灯最亮者降为 50 瓦，普通者降为 25

---

[1]　《首都警察厅公函（1930 年 7 月 21 日）》，《首都警察厅月刊》1930 年第 3 期。
[2]　无锡市政筹备处工务科：《无锡路灯调查表》，《无锡市政》1929 年第 3 期。
[3]　《吴县城区路灯草约》（1931 年），苏州市档案馆藏，档案号：I34-001-0016-001。
[4]　潘铭新、鲍国宝：《改良首都路灯计划》，《建设公报》1928 年第 1 期。
[5]　根据 1926 年公共租界电器路灯数量及瓦数综合计算所得。参见杨湛：《政企之间：工部局与
近代上海电力照明产业研究（1880—1929）》，第 202 页。
[6]　《修改路用电灯合同》，《武进月报》1918 年第 11 期。
[7]　孙廷琮：《上海的路灯》，载上海市政协文史资料委员会编《上海文史资料存稿汇编（市政交
通）》，第 166 页。
[8]　崔华东：《本京路灯装置》，《首都电厂月刊》1932 年第 20 期。
[9]　《关于苏州城内外路灯燃费的呈文》（1911 年），苏州市档案馆藏，档案号：I14-001-0233-
015。

瓦。[①] 1929 年，无锡路灯存在每盏 16 瓦至 200 瓦的差别，而近代常州的路灯也有 16 瓦、25 瓦、32 瓦和 50 瓦的区别。[②]

第二节　室内照明领域内的光能转型

相比道路照明领域，近代江南室内领域内的照明方式更加多样化，既有植物油灯、土烛等传统照明方式的延续和革新，又有新式煤油灯、煤气灯和电气灯的不断引进。民众选择何种照明方式，不仅受到个人经济能力的影响，很大程度上还受到能源基础设施建设情况的制约。

一、传统照明方式的延续和革新

近代以前，江南民众普遍使用植物油灯室内照明。开埠之后，一些地区仍然在很长时间内沿用此种照明方式。如光绪年间嘉定一带"夜间取光，农家用篁（俗称油盏），城镇用陶制灯檠"，均以植物油为燃料。[③] 据海关外籍工作人员的观察，20 世纪 20 年代杭嘉地区仍有利用菜籽油照明者。[④] 另据 1935 年冯紫岗的调查，嘉兴余贤镇所产灯草数量庞大，销路除了本县及邻县，以杭州和徽州为大宗。运往杭州者，大多供寺庙燃点香灯之用。[⑤] 此外，江南传统上还利用本地所产和外地输入的蓬梗、白蜡（虫蜡）等原料自制蜡烛。旧法制烛设备简单，资本有限，产量不大。20 世纪 30 年代初，江南各地有 183 家从事传统制烛的工厂或作坊，平均每家有工人 5 人左右，每年总产量 8.6 吨左右（崇明、江宁、杭县 32 家不明）。销售区域绝大多数限定在当地，

---

①　《苏州电气厂请增路灯费案》，《江苏省政府公报》1931 年第 886 期。

②　常州供电局编志办公室：《简述常州路灯的起源和发展》，载常州地方志编纂委员会办公室、常州市档案局编印《常州地方史料选编》第 8 辑，第 119 页。

③　陈传德修，黄世祚纂：《嘉定县续志》卷五，风土志·风俗，第 295 页。

④　《海关十年报告：杭州（1912—1921 年）》，载陈梅龙、景消波译编《近代浙江对外贸易及社会变迁：宁波、温州、杭州海关贸易报告译编》，第 268 页。

⑤　冯紫岗：《嘉兴县农村调查》，第 143 页。

极少运至邻县销售。[①] 当然，江南也从海外输入洋烛。但从规模上来看，数量颇为有限。比如上海 1932 年进口洋烛尚有 404 吨，但到 1937 年锐减至 424 公斤。[②]

像纺织业等其他产业一样，传统照明事业也在逐渐向近代化过渡，并在这一过程中获得了发展空间。江南多地在建立电厂的同时，也设立了一些新型油灯公司或制烛厂。1936 年，陈祖贻等在上海成立中国油灯公司，专门制造供植物油燃烧利用的壁灯、台灯和桅灯，希冀抵制舶来煤油，确保燃料安全。[③] 而且，随着近代石油提炼技术的发展和白蜡的大量进口，江南多地出现了新式制烛厂。与传统制烛业地域上较为分散的特点相比，新式制烛厂集中在上海、南京、杭州、苏州、镇江等通商口岸。光绪末年，南京便成立了博氏洋烛公司。[④] 1908 年，上海青浦人叶其松等创立实业研究社，仿造洋烛，行销苏、沪等处。[⑤] 抗战之前，江南较为重要的洋烛厂首推英商经营的中国肥皂洋烛公司及白礼氏洋烛厂。[⑥] 国人所创新式制烛厂比较出名的有上海的永利、永记、乐安、同顺、华利、同福、华昌、振兴、和兴、长源，杭州的胜月等多家。[⑦]

不过，这些油灯公司和新式制烛厂的产量与效益并不理想。中国油灯公司销路未及打开，战争即已爆发。制烛厂虽然数量较多，但产量有限。1933 年，上海、镇江、南京分别有洋烛厂 10、5、1 家，产量分别为 4 万、0.8 万、0.16 万箱。[⑧] 杭州的产量与镇江相差不多，1929 年为 0.7 万箱。[⑨] 造成这种现象的原因一是蜡烛相比植物油灯价格较高，限制了市场需求力，仅是"富人

① 实业部《中国经济年鉴》编纂委员会编：《中国经济年鉴续编》，第 L，商务印书馆，1935，第 90 页。

② 按照 1 担 =120 斤的标准折算。参见实业部中国经济年鉴编纂委员会编：《中国经济年鉴续编》，第 L，94 页；上海总税务司署统计科编印：《上海对外贸易统计年刊（1939）》，第 227 页。

③ 《中国油灯公司之现状》，《青岛工商季刊》1936 年第 4 期。

④ 杨大金：《现代中国实业志》（上），第 1141 页。

⑤ 张仁静修，钱崇威纂，金詠榴续纂：《青浦县续志》卷二，疆域下·土产，第 643 页。

⑥ 杨大金：《现代中国实业志》（上），第 1143 页。

⑦ 吴承洛：《三十年来中国之化学工业》，载中国工程师学会《三十年来之中国工程》，第 16 页。

⑧ 实业部国际贸易局编印：《中国实业志·江苏省》第 8 编，第 687 页。

⑨ 铁道部财务司调查科编印：《杭州市县经济调查报告书》，1931，第 33 页。

们（的）奢侈品之一"①。二是油灯和蜡烛火焰较小，光度较低，无法满足民众对于更高光度的需求。正所谓以"菜油为膏，灯草为芯，荧荧如豆之火，令人对之恹恹欲睡"②。而且，蜡烛燃烧时容易出现堆灰、滞油的现象，"常有光晦之嫌"③，不符卫生要求。当然，更重要的还在于煤油、煤气及电气照明事业的发展所带来的冲击。因此之故，20世纪30年代初江南大部分地区已极少利用传统灯具进行照明。

二、煤油灯和煤气灯的引入

近代以来，在室内传统照明方式不断式微的同时，新型照明燃料和灯具在江南逐渐得到利用与普及。就燃料而言，主要分为液体燃料和气体燃料，前者包括酒精、汽油和煤油，后者包括沼气和煤气。汽油灯使用手续烦琐，酒精灯利用成本较高，故两者实际应用面很窄，偶在乡间举办喜庆之事时临时使用。④ 相比来看，煤油灯的应用面最广。较之旧式植物油灯，煤油灯明亮得多，一盏可相当于四五盏豆油灯。⑤ 不过，需要注意的是，煤油自1864年开始输入江南后，并没有因其光度优势而迅速获得普及应用。据中国海关税务司统计科的估计，1881年上海每6户居民中只有1户喜用煤油。⑥ 究其原因，主要与煤油灯具质量不佳有关。煤油起初像植物油一样，被直接倒入敞口灯盏中使用。但这极易肇祸，危险性甚大，且气味难闻，因而难以打开销路。如光绪年间，南汇县初用火油，灯光明亮虽远胜植物油灯，"然煤灰飞扬，用者厌之"⑦。再者，煤油灯具起初多为进口，价格高昂，而且调适麻烦，某些附件常因使用者"缺乏经验和不够小心"，极易损坏或失灵。⑧ 此后，江

① 《Commercial Reports·1882—1883年（镇江）》，第2页，转引自姚贤镐《中国近代对外贸易史资料（1840—1895）》第3册，中华书局，1982，第1388页。

② 《煤油灯用法》，《万国商业月报》1908年第3期。

③ 《中国烛光晦之原因》，《家庭常识》1918年第2期。

④ 徽如：《谈谈夜间生活所用的灯光》，《妇女杂志》（上海）1928年第2期；荫棠：《电灯与洋灯势力之比较》，《新电界》1932年第7期。

⑤ 熊月之：《照明与文化：从油灯、蜡烛到电灯》，《社会科学》2003年第3期。

⑥ 中国海关税务司统计科编印：《中国海关贸易报告》，1881，第13页。

⑦ 严伟修，秦锡田等纂：《南汇县续志》卷十八，风俗志一，成文出版社，1983，第867页。

⑧ 《Trade Reports（1885年）·烟台》，第40页，转引自姚贤镐《中国近代对外贸易史资料（1840—1895）》第3册，第1394页。

南开始设厂仿造西式煤油灯。煤油灯具也不断改善，尤其是玻璃罩的加设，使得其在降低危险性的同时提高了燃烧效率和亮度，并减少了煤烟和浪费现象。[①] 与这一过程相伴随的，是煤油价格的持续走低，总的结果是煤油灯的利用性价比愈加提高。

关于煤油的价格，现存有各种统计口径的数据，但少有将煤油价格与其他灯用燃料价格相比较的完整数据。1926 年，经济学家张履鸾曾对江苏武进 4 个普通乡镇的物价进行过调查，共计借到 1894—1926 年间的旧账簿522 本，内中实际可用者 194 本。1927 年后，顾恒曾又赴原地搜集过相关资料。根据这些账簿中的连续性记载，可以梳理出 1910—1932 年间当地灯用燃料完整的零售价格序列。观察图 4-2，可以发现这些灯用燃料的价格存在一些明显特征。从特定任一年份的价格来看，市烛价格最高，菜籽油和豆油次之，两者相差很小，再次为棉油，最廉者为煤油。从整体价格变化趋势来看，市烛、菜籽油、豆油和棉油均具有较大的波动性，同时总体趋于上升。尤其是市烛每斤价格从 1910 年的 0.2 元左右增长至 1932 年的 0.48 元左右，翻了一倍多。煤油价格一直稳定维持在最低位，且不存在明显的价格波动。正如图 4-2 所示，煤油既异常便宜，又几乎不受周期性价格波动的影响，成为普通民众理想化的照明能源。因此，随着煤油灯具的不断优化，它就由最初的口岸城市深入江南广大乡镇和农村，成为江南百姓最普遍的室内照明能源。实际上，仅就近代江南光能转型的范围和程度而言，煤油在所有能源种类中都是较突出的。

几乎在煤油灯于江南广大乡镇和农村地区开拓市场的同时，煤气灯也由最初的道路照明领域进入了上海租界地区一部分城市人的室内空间。相比传统室内照明光源，一盏煤气灯的亮度是动物油烛的 3 倍，是蜡烛的 6~10 倍。[②]煤气公司为了扩大销售，通过广告极力宣传使用煤气灯照明的好处，如强调煤气灯光亮清晰，可使人眼目适意，加配纱罩后不但可节省费用，又可经久

---

① 盛宗钰：《石油灯之研究》，《江苏省立第三中学杂志》1917 年第 2 期；杨士彬：《石油灯的研究》，《励志》1926 年第 2 期；甲寅：《洋油灯加罩可以不冒烟》，《广智馆星期报》1933 年第 253 期。

② Wolfgang Schivelbusch, *Disenchanted Night: The Industrialization of Light In the Nineteenth Century* (Oakland: University of California Press, 1988), p.40.

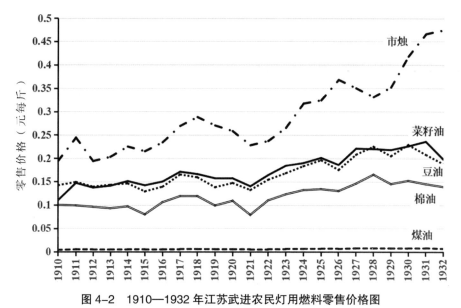

图4-2　1910—1932年江苏武进农民灯用燃料零售价格图

注：（1）煤油重量按照1听=15公斤标准换算；（2）市烛1927年的价格为前后两年平均值。

资料来源：张履鸾：《江苏武进物价之研究》，金陵大学农学院印行，1933，第63页。

耐用，等等。[1] 然而，煤气灯使用成本较高，一般家庭难以负担。即便是在租界，私人煤气用户数量也很少。如1865年公共租界仅有58家用户，[2] 次年底增至185户。[3] 只有一些较为富裕的小康之家，以及行栈、铺面、茶酒戏馆等才较多使用煤气灯。[4] 而且，如果煤气中混入了空气，"燃烧时候就要爆裂"，很是危险。[5] 所以，当更为明亮、安全系数更高的电气灯兴起之后，此前用煤气照明的极小数量住户就改用电气灯了。可以说，与煤油灯恰恰相反，煤气灯是近代江南室内照明领域内应用数量最少、适用范围最窄、转型程度最低的照明方式。

---

①　《摩素洋行新到赛电光自来火纱罩灯头》，《申报》1902年3月29日，第6版；《上海自来火行广告》，《申报》1911年9月26日，第3张第4版；《煤汽家用灯火》，《申报》1912年9月25日，第5版。

②　徐润：《上海杂记》，载熊月之主编《稀见上海史志资料丛书》第3册，第211页。

③　《上海租界志》编纂委员会编：《上海租界志》，第374页。

④　卧读生：《上海杂志》卷三，载熊月之主编《稀见上海史志资料丛书》第1册，第88页。

⑤　朱公振编著：《家用物供给法》，第46页。

三、电气灯的应用

在室内照明领域，电灯较之油灯和蜡烛的优点，首先为光照清晰。20世纪30年代，英国科学家曾经测试过室内各种灯具的不同光度，发现在同等价格的情况下，电灯的亮度是蜡烛的45倍，油灯的30倍。[①] 此外，电灯在室内还具有无热、无恶气、无明火、安全系数高等优点，[②] 这一点又比煤油灯和煤气灯占优势。所以，在电力照明应用之初，上海的一品香华总会及租界内各烟馆、西式饭店即皆"次第试点"[③]。为了扩大电力市场，工部局电气处及上海电力公司积极地在商铺、洋行、公司、会所、领事馆、办公场所及私人住处推广使用电灯。比如1912年3月，工部局电气委员会将家庭照明用电价格从每度13分银降至10分银，以此刺激更多家庭使用电灯。[④] 租界地区大量住户装置电灯，以匹配"摩登"的生活方式。随着江南各地电厂的建立，电灯也逐渐在区域内主要城市和地区的室内照明中得到应用。

不过，尽管近代江南电灯的使用范围不断扩张，但总体来说直到抗战之前仍有相当一部分民众无法享受到电气照明带来的好处。其原因，主要有以下三点。

首先，电厂的设立地点很大程度上限定了电灯的使用范围。如前所述，近代江南建立的电厂数量较多，涉及地点很广。但这些电厂多建立在各级行政区的中心或者商业发达、交通便利之处，多数江南内地乡镇及农村没有电厂。原则上，可以通过电力网络的建设将各电厂整合到一起，实现电流的余缺调剂。但实际上，战前江南绝大多数电厂的高压输电线路都较短，仅能在个别城市和地点间进行电力调度，无法覆盖整个江南地区。金丸裕一即认为20世纪30年代中叶后江南电网整合的中心只限于南京的首都电厂、常州的戚墅堰电厂、苏州电厂，以及上海的上海电力公司、华商电气公司、闸北水电

---

① 《使用电灯的经济观：电灯与烛之比较》，《电气月刊》1934年第42期。
② 《述电火灯之妙》，《申报》1879年1月20日，第2版。
③ 《广置电灯》，《申报》1882年10月7日，第2版。
④ 《电气委员会备忘录》（1912年3月8日），上海市档案馆藏，档案号：U1-1-94。

公司、浦东电厂等。[①] 电厂地域分布上的"点状特征"以及电力网络建设的不完善，导致江南内地众多的乡镇及农村缺乏利用电力进行照明的基本条件。

图 4-3 1930 年代初的上海江边电站（杨树浦发电厂）

图片来源：上海市杨浦区人民政府官网，https://www.shyp.gov.cn/shypq/bngy-yspfdc/20171117/50416.html。

其次，电厂因设备不良，常常出现电压不足、光线暗淡、停电频繁等问题，使得住户不乐使用。江南一些乡镇建有电厂，也经营电灯放电业务。但是，这些电厂常因资金短缺，发电能力不足，致使灯光暗淡，"不能异光焕发"[②]。比如苏州阊门外振兴电灯公司 20 世纪初开办之时灯光尚称合意，但此后"灯光渐暗"，用户被迫自购灯罩装换燃点，以期明亮。[③] 又如 1932 年昆山真义镇唯创电气厂由于经营不力，出现电力不足、接线紊乱等问题，"灯光发红，用户颇不满意，无不怨声载道"[④]。有些电厂为节省经费，没有设置备用发电机，故而一旦机器突发故障，即不能保证连续稳定的电力供应，影响用户正常使用。比如 1923 年同里福泰电灯厂就因"引擎不灵，营业上颇感

① 金丸裕一：《中国「民族工业の黄金时期」と電力産業——1879—1924 年の上海市·江蘇省を中心に》，『アジア研究』，48（5），1999 年 12 月。

② 老彭：《汽油灯打倒电灯》，《华语月刊》1930 年第 11 期。

③ 《苏州电灯公司之腐败》，《华商联合报》1909 年第 20 期。

④ 《关于真义电厂大概情况的报告》（时间不详），苏州市档案馆藏，档案号：I34-001-0021-001。

不便"，自当年阴历九月初一日起停电半月有余。[①] 再如盛泽复新电灯公司自
20 世纪 20 年代初整改后，光线暗淡，不时熄灭，装户不能满意，引起 300 余
用户公函责问，要求该公司电灯倘一夜熄灭 10 分钟以上须作半价收费，15 分
钟以上即免灯费。[②] 这些不愉快的使用体验，削减了住户安装和续用电灯的
热情。

　　最后，电灯费用定价较昂，中等以下居户无力承担，是导致电力照明在
电网覆盖范围内得不到广泛应用的重要原因。1913 年，南京电灯以每盏 16 瓦
计算，包月每盏平均 0.73 元，25 瓦合 1.14 元。[③] 1924 年，川沙川北电灯公
司的月包灯价格为 15 瓦 1.2 元，25 瓦 1.5 元，40 瓦 2.8 元，75 瓦 4.2 元。[④]
1931 年，新市月包灯价格为 25 瓦 1.45 元。[⑤] 照明全房间的烛光因房屋的大
小而异，亭子间用 20 瓦，厢房或者前、后楼用 40 瓦，客堂用 60 瓦，统厢房
可用 100 瓦。[⑥] 以居家需要的灯光而言，最少需用 25 瓦的灯泡。以包月 2 盏
计，按照上述南京最低的每盏每月 1.14 元为准，则年需 27.36 元。此种负担，
对于一般居民而言颇重。如使用煤油灯，则可节省许多。据 1930 年对上海附
近 140 户农家的调查，自耕农年均煤油费为 7.5 元，半自耕农为 7.2 元，佃农
为 3.2 元，平均接近 6 元。[⑦] 相较之下，电灯所费高出 4 倍以上。

　　改用表灯，是否花费稍少一些？1936 年，建设委员会曾对江南各大电厂
的电费价格进行过调查，发现电费最低的为上海电力公司，电灯每度 0.17 元，
其次为戚墅堰电厂、上海华商电气公司和闸北水电公司，每度 0.18 元。首都
电厂、杭州电气公司、镇江大照电气公司以及苏州电气公司（城市售价）均
为 0.2 元。最高的为苏州电气公司在乡村的电灯费用，高达每度 0.25 元。[⑧]
同样以 2 盏 25 瓦的电灯计算，如每日自晚 6 时起燃至 10 时熄灭，计 4 小时。
按照 50（瓦）×4（小时）×30（天）计算，每月需消耗电力 6 千瓦。取各大

---

① 《电灯暂停》，《吴江》1923 年第 63 期。
② 《电灯风潮》，《吴江》1924 年第 77 期。
③ 童世亨：《企业回忆录》上册，上海书店出版社，1991，第 71 页。
④ 方鸿铠修，黄炎培纂：《川沙县志》卷五，实业志，国光书局，1937，第 32 页。
⑤ 《新市电灯厂状况》，《新电界》1931 年第 12 期。
⑥ 吉云：《谈电灯》，《自修》1938 年第 33 期。
⑦ 冯和法：《中国农村经济资料》第 1 册，上海黎明书局，1935，第 313 页。
⑧ 建设委员会编：《全国电气事业电价汇编》，南京国光印务局，1937，第 3-7、12 页。

电厂的中等电价每度 0.18 元计算，则每月消费 1.08 元，每年 12.96 元。这较之煤油灯的消费，仍然高出一倍有余。以上计算仅仅是就用户电灯的直接消费而言，实际上如装用电灯，还须额外支付装灯费、电表费、维护费乃至各种电灯捐费等别项费用，[①] 全部花销不在少数。因故，电灯用户一般以商户所占比重最大，其次为中产以上居民。一般平民鉴于"灯费昂贵"，多"无力装设"。[②] 比如 1929 年，戚墅堰电厂曾就电灯用户种类进行过统计，发现在总计 7630 户中商户占 54.88%，住宅占 39.27%，公共机构、学校、工厂、旅馆、戏园等合计占 5% 左右。[③] 一些诗人在夸赞电灯明亮之余，也不由得感叹电灯"雅知世俗炎凉态，奔走权门却厌贫"[④]。

基于上述多种因素的制约，电气照明在上海租界以外地区的室内照明领域中所占比重较小。如 1930 年无锡城内居民有 3 万余户，已装电灯者"尚不及半数"[⑤]。一般普通乡镇的电灯普及率更低。比如 1924 年，吴江协泰电灯厂每月收费灯头仅 70 盏左右。[⑥] 另如嘉善，1923 年全城电灯装户尚不满百家，到 1936 年才增加到 600 余户。[⑦] 再据 1930 年春的调查，湖州市新市全镇电灯只有 800 余盏。该镇户数 4000 左右，若以每户平均用灯两盏，理应有 8000 余盏，可见当时电灯供给仅及潜在需求的 10%。[⑧] 倘若包括公共机构、商户、学校等在内，这一比例当更低。上海工人以纺纱工人占大多数，其生活状况"最足以代表一般劳动阶级"[⑨]。而据相关调查，1928 年华界内华商纺织工人居住的工房内多数也没有电灯。[⑩] 种种证据显示，近代江南室内电灯的普及率不应被高估。

---

① 《江苏全省民营电业联合会为撤销电灯附捐第一次呈江苏建设厅文》，《电业季刊》1930 年第 3 期；《呈报电灯附捐开始征收祈鉴核备案由》，《杭州市政季刊》1933 年第 1 期。

② 无锡市政筹备处工务科：《整理本市公用事业计划·电灯》，《无锡市政》1930 年第 6 期。

③ 《戚墅堰电厂电灯用户统计表（十八年六月底）》，《建设》1929 年第 5 期。

④ 邓薪：《新诗·电灯》，《会报》1925 年第 12 期。

⑤ 无锡市政筹备处工务科：《整理本市公用事业计划·电灯》，《无锡市政》1930 年第 6 期。

⑥ 《电灯厂为小失大》，《吴江》1924 年第 87 期。

⑦ 汪然平、范巧年整理：《昌耀电灯公司概况》，载政协嘉善县委员会文史资料研究委员会编印《嘉善文史资料（第 4 辑）》，1990，第 32—33 页。

⑧ 《新市电灯厂状况》，《新电界》1931 年第 12 期。

⑨ 王清彬等编：《第一次中国劳动年鉴》，第 389 页。

⑩ 《上海华商纱厂最近状况》，《经济半月刊》1928 年第 6 期。

第三节　光能转型的社会与经济影响

近代江南新式光能的引入与嬗变，不啻一种光能利用技术的连续转型，并在民众日常生活、生产与工作方式、交通管制、社会治理、商业营销和医学治疗等方方面面产生广泛影响。本节特以照明与社会治安、工农业生产之间的关系为例，初步揭示近代江南光能转型具有的社会与经济影响。

一、路灯与社会治安

良好的社会治安是维护社会秩序正常运转的基本前提，亦是一切社会经济活动顺利开展的重要保障。路灯是市政建设的基础性领域之一，侧重公益性是其主要特征。近代初期，江南各城中基本没有公共照明，故一到晚上，全城漆黑。另外，由于近代江南城市化水平的提高和城市人口的增多，社会问题较之以往更加复杂，而灯光的不足，为夜间治安带来很大隐患。正所谓黑暗之区，易藏奸盗。19 世纪 80 年代初，上海公共租界就曾因灯光不足，导致黑暗之中"受侮"等事件屡屡发生。[1] 比如 1911 年沪南十六铺里外的路灯时常熄灭，以致抢劫法租界土膏店的盗党窜至该处后乘黑逃逸。[2] 当时，人们已经认识到"电光极明之下，并无作奸犯科者，稍暗之处，即在所不免"，故"电光与警察，有反比例，与其增多警察，不如加明电光"[3]，以及"增加道路之光明，实足以辅助警卫，有补治安"[4] 的道理。民国时期有学者在阐述路灯的好处之时，认为首先是其有益于市民夜间行路安全，"防止不良份（分）子之活动"[5]。

鉴于路灯关系到社会治安，江南各地警务部门基本将路灯事宜作为主管业务之一，极为重视路灯的建设和管理，希望借此强化对社会的管控。比如民国初年，浙江省政府特令杭州电灯公司将路灯管理权移交给警察厅，1927

---

① 《夜行遇侮》，《申报》1878 年 9 月 20 日，第 2 版。
② 《南市竟成黑暗世界》，《申报》1911 年 7 月 9 日，第 2 张第 4 版。
③ 《路灯之益》，《万国公报》1904 年第 191 期。
④ 潘铭新、鲍国宝：《改良首都路灯计划》，《建设公报》1928 年第 1 期。
⑤ 杨哲明：《都市路灯的研究》，《道路月刊》1930 年第 2 期。

年后再由杭州市公安局接管。① 又如 1906—1912 年间，常州路灯管理权也曾由巡警局掌管。② 综合来看，警务部门通过以下三种途径将路灯完整纳入地区防务之中，构成社会治安环节中的重要一环。

首先，筹集路灯建设经费。一般而言，江南各地路灯建设初期，所需经费主要由商会及用户捐纳承担。直到 1929 年，无锡路灯建设经费仍需由用户缴至市政局，再由局拨付电厂使用。③ 具体征收过程中，警务部门负有催缴之责。如清末地方自治运动时期，镇江警察局每月向商民征收路灯捐。④ 由于路灯捐税烦琐，一般民众啧有烦言，不太配合主动缴纳，常常产生积欠问题。对于解决此类问题，警务部门的作用尤著。比如苏州城内路灯捐原由各图图董照数征收，由县汇解警务公所。但图董征收不力，导致该款积欠日多。当局遂决定自 1910 年 10 月起改由各路巡警分局自行收取，不再依赖图董。⑤ 民国时期杭州的路灯建设因限于财政不足，进展缓慢。相较而言，警察厅则在市内一些地区陆续装灯放光，令地方自治会自叹不如。⑥ 再如 1922 年之前，太仓路灯建设归市公所管理，后因经费困难停止，不得不改由警察所负责向市区商铺居户捐认。⑦ 由此可以看出，警务部门在筹集路灯经费方面，确实颇有成效。而在地方当局征收路灯费用不顺之时，警务部门更以垫付的方式协助其暂解燃眉之急。如 1911 年苏州振兴电灯公司推广使用电灯，因为"需款浩繁，呈由警务公所筹拨库平银二万两"做装灯费用，此后由当局以年息一分偿还。⑧

其次，推动路灯的安设和日常维护。警务部门积极推动路灯的安设，尤

---

① 《杭州市电力工业志》编纂委员会编：《杭州市电力工业志（1896—1990）》，第 176 页。

② 常州供电局编志办公室：《简述常州路灯的起源和发展》，载常州地方志编纂委员会办公室、常州市档案局编印《常州地方史料选编》第 8 辑，第 116 页。

③ 《无锡路灯调查表》，《无锡市政》1929 年第 3 期。

④ 杨正光：《历经坎坷的大照电灯公司》，载中国人民政治协商会议、镇江市委员会文史资料研究委员会编印《镇江文史资料》第 15 辑，1989，第 36—37 页。

⑤ 《苏省巡警局改收路灯捐之新章》，《江南警务杂志》1910 年第 10 期。

⑥ 《海关十年报告·杭州（1902—1911 年）》，载陈梅龙、景消波译编《近代浙江对外贸易及社会变迁：宁波、温州、杭州海关贸易报告译编》，第 255 页。

⑦ 《路灯黑暗（太仓）》，《思益附刊》1922 年第 17 期。

⑧ 《关于呈将路灯存款移拨公司存放》（1920 年），苏州市档案馆藏，档案号：I34-001-0002-022。

其是城市中小巷、巷道、里弄等路灯建设死角，成为历次警务清查后安设路灯的重要地区。比如辛亥鼎革之际，苏州警察厅严防匪患，强化治安，"彻夜梭巡"，特在通衢狭巷黑暗处"从速开点"路灯，确保全城"宵小敛踪，镇静如常"。^① 1914 年，上海市警察厅发布告示，命令厅辖里巷、街巷"凡电灯装设未遍之处，按段装设路灯"^②。而对于一些本来安设煤油灯但灯光昏暗的地区，则积极进行路灯式样的更新换代。比如 1914 年，杭州城旧有的煤油路灯稀少且阴晦，非但不便行人，"偏僻小巷尤宜为宵小潜踪"。杭城警察厅筹措经费，与大有利电厂订立合同，将全城街路上的煤油灯一律改装电灯。^③

警务部门还切实参与路灯的日常维护，保证路灯的正常使用。清末，上海公共租界巡捕的职责不但包括管理晚间点燃路灯事项，还包括认真查看沿途灯火。"倘某处某号自来火灯、煤气电灯、茄式电灯如在应燃时刻并不燃点，或有损坏不明之处"，详予记录，嗣后核办。^④ 1927 年 2 月，苏州警察厅长曾致函市公所并转函苏州电气厂，令其派员查明损坏路灯，"迅予饬匠修复"，同时令"各署长转令各巡官，传谕值班长警，见有路灯断电，随时报告本管巡官通知电厂修理，以利巡防"。^⑤ 1928 年，杭州市政府也规定无论何处路灯遇有损坏，"一概责成岗警随时电知工务局饬匠修整"。^⑥ 针对不法之徒损坏路灯或者盗取燃料及灯具的行为，各地警务部门均施以惩罚。常州警察局曾贴出告示，警告民众切勿"毁坏电料"，一经查获，定当严惩不贷。^⑦ 吴江一带也规定如果发现盗窃油灯及燃油等现象，即"援引妨碍治安的罚则去惩戒他"^⑧。上海华界警察厅规定毁坏电杆路灯情节较轻者，处以 15 日以下 10 日以上拘留，或者 15 元以下 10 元以上罚金；若情节重大者，即送检察厅审

---

① 《为请领路灯燃费事的禀文》（1911 年），苏州市档案馆藏，档案号：I14-001-0233-030。

② 《通饬一、二区警察署暨分署整顿路灯文》，《警务丛报》1914 年第 37 期。

③ 《公文·浙江省城警察厅长训令》，《浙江警察杂志》1914 年第 5 期。

④ 《英租界·稽查路灯》，《申报》1909 年 7 月 18 日，第 3 张第 4 版。

⑤ 《警厅长注意街巷路灯》，《苏州明报》1927 年 2 月 26 日，第 2 版。

⑥ 《杭州市政府训令第九一号》，《市政月刊》1928 年第 9 期。

⑦ 常州供电局编志办公室：《简述常州路灯的起源和发展》，载常州地方志编纂委员会办公室、常州市档案局编印《常州地方史料选编》第 8 辑，第 121-122 页。

⑧ 烟桥：《市政借箸（六）·路灯》，《吴江》1922 年第 9 期。

核处理。①

　　最后，"冬防"时期加快路灯建设，延长路灯使用时间。晚清以降，每年入冬之后，江南各地一般自当年底至次年初实行以"防火、防盗、防特"为主要任务的"冬防"。相比平时，"冬防"集中体现出警务部门借助路灯建设与维护加强社会管控的目的。这在国民政府首都——南京一地表现得尤为明显。1927年后，每届"冬防"之际，南京市当局都要调查城内路灯建设情况，补其不足，完善路灯网络。1928年底，南京路灯不足，市面黑暗，"最易藏匿宵小"。当局鉴于"冬防之际，夜间尤宜严防"，遂下令工务局于各区电灯不明或未设电灯之处一律先添设煤油路灯加以弥补。后据各区署先后呈报，计划添设电灯计1035盏，洋油灯计172盏。② 1929年"冬防"期间，南京路灯建设仍存在多处问题。当局催促建设委员会命戚墅堰电厂将全市路灯尽快设法整理，以改变不良状况。③ 1930年，南京警察厅进一步制订"冬防"计划13条，内中第10条规定"僻静街巷如有未装电灯者，由各局查报，转函首都电厂择要装置，俾利查察"④。就路灯燃点时长而言，平日上海、南京、苏州、杭州等地路灯已有通夜燃点者，但是江南其他地区多燃至凌晨为止。如20世纪初，嘉兴路灯从下午6时燃点到深夜。⑤ 1918年，武进路灯燃点时间自傍晚至凌晨2时为止。⑥ "冬防"期间，这些地区亦一改常态，实行通宵燃点。如1924年底，武进县政府令所有城区路灯一律通宵燃点。常州也照此成例，改为每年底至次年初通夜燃点路灯。⑦

　　① 《江苏淞沪警察厅违警章程》，载商务印书馆编译所编《上海指南》卷二，商务印书馆，1922，第20页。
　　② 《添设路灯案：令工务局令仰遵照前案迅予添设路灯案由》，《首都市政公报》1928年第24期。
　　③ 《函请整理市有路灯案》，《首都市政公报》1929年第50期。
　　④ 《添设路灯案》，《首都市政公报》1931年第76期。
　　⑤ 《海关十年报告·杭州（1902—1911年）》，载陈梅龙、景消波译编《近代浙江对外贸易及社会变迁：宁波、温州、杭州海关贸易报告译编》，第255页。
　　⑥ 《修改路用电灯合同》，《武进月报》1918年第11期。
　　⑦ 常州供电局编志办公室：《简述常州路灯的起源和发展》，载常州地方志编纂委员会办公室、常州市档案局编印《常州地方史料选编》第8辑，第118–119、120页。

二、照明与生产

近代以来，农业生产的科学化倾向日显，对灯光提出了更高的要求。而灯光的革新，反过来对农业产生了积极的影响。民国时期的农业科技人员已较为充分地探讨了灯光之于农业生产的作用，发现电灯光不但可以促进植物的生长，使种子早日发芽，还有助于消灭田间害虫；煤油灯（汽油灯）在上和水盆在下的搭配，或者电灯在上和煤油在下的组合，亦有助于灭虫。以燃烧煤油的诱蛾灯为例，其高度以距离地面约 8 尺为准，诱蛾灯的纱罩与水盆之间的距离以 1 尺为度，能够有效灭虫。蛾类、卷叶虫、螟虫、菜虫等害虫能被灯光吸引，成群飞赴光源，尽落于煤油盘中。① 20 世纪二三十年代，江南有些地区已经运用此种方法灭虫。比如吴兴建设局鉴于虫灾导致农田荒歉，引起米价高涨，故在稻秧苗长成之后，特命人将油蛾灯分发至各区稻田，至入晚燃点，使螟虫自投油中，效力甚大。杭州市下属各县曾成立稻虫防治区，规定"须购汽油灯以资诱蛾"②。除了灭虫，灯光还可以协助农夫开展养蜂、养蚕、养鸡、捕蟹、捕鱼、验蛋等农业生产活动。③

各种新式灯光的使用，延长了人们的工作时间，改变了延续几千年"日出而作，日落而息"的生产周期，给手工业和工业的发展创造了前所未有的机遇。受限于旧式灯具亮度的不足，传统手工工场的工作时间"有限，基本以自然光为唯一工作光源"④。新式灯光较之传统照明方式稳定性、持续性更强，其普及使用，使得各行业得以延长夜晚工作时间。得益于此，许多在以往天黑即须停工的行业，变为夜间也可开工生产。如 19 世纪 80 年代，镇江的鞋匠、磨工、裁缝和木匠在夜间已全都使用煤油灯进行生产。⑤ 新式工厂建立之后，管理者们更加意识到延长劳动时间的重要性。19 世纪末 20 世纪初，

---

① 哲：《电灯光与农业》，《东方杂志》1930 年第 18 期；《民国二十一年浙江省五县稻虫防治实施区汽油灯诱蛾须知》，《新农村》1933 年第 3 期。

② 朱介山：《杭州市汽油灯及纱罩售价调查》，《昆虫与植病》1934 年第 6—7 期合刊。

③ 《电灯对于农场上的利益》，《农声》1932 年第 153 期；《蛋之灯光检验法》，《农声》1933 年第 170 期；无尘：《最近产业界及医疗上应用电灯的功效》，《新中华》1934 年第 20 期。

④ 经济学会编译：《中国经济全书》，商务印书馆，1910，第 134 页。

⑤ 《Commercial Reports·1886 年（镇江）》，第 5 页，转引自姚贤镐《中国近代对外贸易史资料（1840—1895）》第 3 册，第 1389 页。

上海绝大部分工厂每日上工时间维持在 12~14 小时，而且有些已实行通宵工作制。以纺织厂为例，1890 年上海机器织布局颁布的《招商集股章程》规定工人工作时间自早 7 时至晚 6 时止，每日以 10 小时为一班，夜班亦然。[①] 另据 20 世纪 60 年代的采访调查，至晚到 1902 年，上海民族机器厂即已经采用两班制，待日班结束后，一般又自傍晚 6 时左右工作至晚 9 时半左右。[②] 此后，通宵工作制在江南各大纱厂得到普及推行。至 20 世纪 30 年代，据王子建等人的调查，七省华商纱厂中除一家省办纱厂实行国民政府《工厂法》规定的 10 小时工作制，其余都已实行通宵工作制，工人分两班轮流工作。[③]

在工厂延长劳动时间的同时，一些工程技术人员还开始研究车间内部照明设施的更新和灯光的亮度问题。在这一方面，大部分工厂此前只是"抄袭成法，毫不加以计算"，至于车间内"所用灯光是否充足，是否合于卫生、科学、效率等，不加研究"。[④] 不独上海，江南各地纺织厂中普遍存在着灯光安置不合理的现象。如有的车间内灯光不足，电灯照明位置安排不当，工作机前后灯光亮度相差过大；有的小功率电灯安设太多，损耗及日常维持费较大，灯光反而不亮；有的对灯光的控制不合理，一开俱开，一关俱关，徒耗电流。这些缺陷不但使工人工作时易受损伤，在厂内通道里因光线不足而导致视力受损、跌倒于地的情况也较为普遍。比如 20 世纪 30 年代初，上海各厂工人因厂内灯光不足，罹患眼疾者甚众。[⑤] 如何使灯光照明达于合理状态，逐渐引起了一部分志在革新的工厂管理者和工程技术人员的注意。他们逐渐认识到工厂灯光照明是一门深奥的学问，与工厂生产效率之间存在极为密切的关系。"工厂中除机器本身原动力及其他要件，与工作有直接关系者，莫如电灯。"[⑥] 工厂"灯光美满者，工人之精神亦为之一振，出品亦增；反之，灯光

① 《上海机器织布局招商集股章程》，转引自孙毓棠编《中国近代工业史资料（1840—1895）》第一辑下册，中华书局，1962，第 1220 页。

② 上海市工商行政管理局、上海市第一机电工业局机器工业史料组编：《上海民族机器工业》（下），中华书局，1966，第 796-797 页。

③ 王子建、王镇中：《七省华商纱厂调查报告》，商务印书馆，1936，第 25 页。

④ 沈嗣芳：《工厂与灯光》，《同济杂志》1923 年第 23 期；大雄：《染织厂之灯光问题》，《染织纺周刊》1936 年第 22 期。

⑤ 《布厂电灯照明问题》，《华商纱厂联合会季刊》1929 年第 4 期。

⑥ 沈嗣芳：《工厂与灯光》，《同济杂志》1923 年第 23 期。

不明，或有耀光、黑影，则可减少工作效率"[1]。再者，经过详细的收支计算，他们发现照明费用在工厂支出中占比很小，改造的成本不大。以 1922 年大中华纱厂为例，全厂纱锭 4.5 万，车间内用 25 瓦电灯 1014 盏，电灯费仅占工人工资的 2.6%。[2] 但是，改造后的成效却很大，不但可以使得产品出品精良，生产效率提高，而且"能防止危险"[3]。

　　基于以上认识，那些富有创新精神的改革者们着手探求照明合理化的途径。他们认为工厂的种类、大小以及内部构造不同，装置电灯的方法和所需亮度也不同。就一般工厂来说，安置灯盏时要注意装灯高度和工作机械的距离，厂房的整体格局，机械运转对灯光的需求强度以及光线的均匀性，等等。[4] 依照各部门工作机械情形而定，工作细者用较强的灯光，工作粗者次之。不过，无论采用何种灯光，必须都要饱满光亮，减少影子，并要避免耀光。为了保证灯光的稳定，灯泡与附件均须购买上品，且须时常清除灯罩上的灰尘。[5] 就亮度而言，他们已经注意到不同行业有着不同的适用尺烛数范围，并进行了较为精确的测定。绝大部分行业所需要的灯光亮度都在 2~6 尺烛范围内，典型的如毛织厂、纱厂、丝织厂、木工厂、铁工厂、印书店、发电厂等多数生产环节均如此。罐头厂的装罐、打包、榨压，以及炼钢厂的鼓风、炼钢、卷床、绞管子、起矿场、栈房等工序或部门对灯光的需求不大，大多低于 2 尺烛。而钳床的细工、印书的排版、首饰店、制革的定级以及铁工厂的细作等生产环节或者部门对灯光的需求则较高，多在 6 尺烛以上。此外，如果是为保持工厂的清洁、安全，并便于搬运材料，则需要充分的光照。如果是为了便于具体工作，则只需要重视局部的光照。[6] 总之，要能够达到减少伤害、增进生产与效率、辅助管理的效果。而就灯光革新的实际效果来看，是十分显著的。有人曾做过实验，证实麻织厂旧式光照平均为 9.8 瓦，革新后上升至 21.4 瓦，生产量可增加 13.2%；丝织厂旧式光照平均为 50 瓦，革

---

① 大雄：《染织厂之灯光问题》，《染织纺周刊》1936 年第 22 期。
② 沈嗣芳：《工厂与灯光》，《同济杂志》1923 年第 23 期。
③ 《厂内灯光问题》，《华商纱厂联合会季刊》1930 年第 4 期。
④ 木易刀：《纺织厂中灯光之研究》，《纺织年刊》1931 年第 5 期。
⑤ 大雄：《染织厂之灯光问题》，《染织纺周刊》1936 年第 22 期。
⑥ 沈嗣芳：《工厂与灯光》，《同济杂志》1923 年第 23 期。

新后上升至 100 瓦，生产量可增加 21%；毛织厂旧式光照平均为 5 瓦，革新后上升为 50 瓦，生产量可增加 20%；织带厂旧式光照平均为 6.5 瓦，革新后上升为 12 瓦，生产量可增加 11%。[①] 这些技术探索和实证检验，有助于江南各地工厂提高生产和管理的精细化水平，最终实现更大的经济效益。

小　结

近代江南在道路和室内照明领域发生了一场以煤油灯、煤气灯和电气灯为主体的光能转型，主要表现在道路照明领域中从以往没有路灯，发展到植物油煤油路灯，继而煤气路灯和电气路灯；室内照明领域中传统的植物油灯、土烛等逐渐衰落，洋烛、煤油灯、煤气灯以及电气灯相继而起。从光能技术演化的方向来看，每一次转型都趋于向亮度更高、稳定性更强、耗费更低、安全性更大的方向倾斜。江南各地道路和室内照明领域内不同照明方式的选择受到市政当局规划、各地经济发展水平、个体收入水平以及电厂、煤气厂等能源基础设施情况的综合制约。上海的光能转型发生最早，江南其他城市在很大程度上是由模仿租界和上海而起。总体来看，江南城乡之间、各城市之间以及城市内部不同地段、不同收入阶层之间，不同光能的普及程度及亮度都存在着较大的差异。

不同照明方式的利用对近代江南产生了广泛影响，引发生产力和生产关系层面的相关变革。通过对近代江南光能转型与社会治安、工农业生产之间关系的分析，可知借助警务部门的制度安排和路灯建设活动，光能开始以网络性的形式参与到社会治安的过程中，便于当局加强对基层社会的管控，维护社会治安的稳定。而且，煤油灯和电灯也逐渐渗透进工农业生产领域，为农民和工人延长劳动时间、调整生产方式、提高生产力和生产效率创造了基本前提。

此外，在探求各种照明方式在近代江南得以推广使用的原因之时，决不

[①]　大雄：《染织厂之灯光问题》，《染织纺周刊》1936 年第 22 期。

能只将研究对象锁定在照明领域。由于光能与热能、动力能之间存在着相互转化的关系，因而一种能源利用方式的扩展或衰退，必然会对另外两种能源利用方式产生影响。比如照明用电使用量的增长，很大程度上是由于工业动力用电的增长所致。就像工部局电气工程师、英国人托马斯·H.U.阿尔德里奇（Thomas Henry Unite Aldridge）在报告中批驳"电气事业主要是为了满足照明需求，不需要巨大资金投入"的观点时所指出的一样，"如果没有动力发展，电力专门供应给照明的价格（将）会比现在昂贵得多"[1]。故考察动力能的利用情况，也是十分必要的。

---

[1] 《上海公共租界工部局关于市政电气的材料》，上海市档案馆藏，档案号：U1-1-1063。

第五章 动力能转型与近代江南社会经济变迁

动力能在能源三种基本功能中的地位是特殊的，对近代经济的发展而言，可以说是最为重要的能源功能。究其原因，从根本上来说是由于近代工业的生产是以大规模的机器生产为基础，"一切机器之得以发动而从事工作均非热或电不为功"[1]。抗战前，中国工业界和科学界对动力能及其之于经济发展的重要性已经有了总体性的认识。一些学者从工业的角度立论，认为"动力工程为各种工业之先导，有动力才有工业，无动力即无工业"[2]，进而呼吁拯救我国工业之策"莫不以促用原动力为第一要义"[3]。有些学者认为可以直接从动力消耗数量来考察"国家的文明程度如何？人民的生活状况如何？在地球上的生存竞争如何？"三大宏观问题和"工厂之是否合理化或机械化"等微观问题。[4]

就近代江南的情况而言，动力能转型的影响和意义同样是广泛和深远的。总体来看，全球两次工业革命背景下江南工业领域内各行业间生产设备的更新，是推动这一动力革新过程的前提。反过来，也应当承认原动力作为"机械之生命"的重要地位。"机械无原动力，如人失其呼吸，虽具五官四体，弗能为用。"[5] 本章尝试以原动机的应用为核心，宏观性地考察工业、交通以及农业领域动力能转型的过程和影响。

---

[1] EF Section, IE Conference, "Memorandum on Iron and Steel Industry", (League of Nations, 1927), pp.21–22.

[2] 陈祖光：《中国动力工程学会简史》，《动力工程》1947 年第 1 期。

[3] 卢南生：《工业与电气》，工业电气社，1916，序。

[4] 王衡鉴：《"动力"的一夕话》，《革新》1923 年第 3 期；苏谔：《工厂动力》，《工业通讯》1945 年创刊号。

[5] 李梦良：《原动力说》，《学生》1915 年第 9 期。

第一节　工业领域内的动力能转型：以电力为中心的分析

根据发展经济学的相关理论，当资本的稀缺度相对于劳动力变得更为丰富时，特定的相对要素价格会诱导出使用更多资本和节省劳动力的技术变迁。这种有偏向的技术变迁源于追求利润的企业家用相对丰富且低廉的资源替代稀缺且昂贵的资源来降低生产成本的努力。[1] 因此，采用快速、稳定的机械动力取代低效、价昂的人畜力，成为近代江南城市工业发展中的普遍趋势。近代江南工业领域的动力能转型，其内涵主要体现在长时段内原动力在不同工业行业中的利用和革新上，这也成为促使江南内部工业分布区域呈现分化与组合的关键原因之一。

如对"工业化"下一定义，首先应该考虑到的便是原动力的使用情况，其次才会考虑各种工作机。[2] 这充分说明了原动力在促进工业化过程中的核心作用。近代江南使用的原动机以蒸汽机为先，几乎可以把江南早期工业化与机械化时期命名为"蒸汽动力时代"。江南制造局、金陵机器局、上海机器织布局等洋务运动时兴办的军事和民用企业初创时都以蒸汽机作为主要动力来源。如江南制造局凡镟木、铰螺旋、钻凿刮磨、熔铁、铸炮、铸造机器，"皆绾于汽炉"[3]。1895年，该局所用蒸汽机马力共计2000余匹，按照工序的差别分别安装，以达到"总轮动而通轴皆动"的效果。[4] 蒸汽机具有的动力优势给曾国藩留下了深刻的印象。同治六年（1867）九月十一日，他至金陵制造局考察生产情况，看到局内各生产环节"皆用火力鼓动机轮，备极工巧"。其中，"锯大木如切豆腐"，令他感觉"尤为神奇"。[5]

但是，总的来说，近代江南工业领域对于蒸汽机的使用，多见于早期创办的企业以及后期的一些发电厂中。抗战之前，虽有一些工厂沿用蒸汽机作

---

① ［日］速水佑次郎、［日］神门善久：《发展经济学——从贫困到富裕》，李周译，社会科学文献出版社，2009，第15页。

② 《中国工业问题》，《经济统计月志》1935年第7期。

③ 〔清〕李鸿章：《致总理衙门》，载顾廷龙、戴逸主编《李鸿章全集》第29册，信函（一），安徽教育出版社，2008，第312页。

④ 《述沪南制造局始末》，《申报》1895年11月22日，第1版。

⑤ 〔清〕曾国藩：《曾国藩全集（修订版）》第18册，岳麓书社，2011，第442页。

为原动机，但多为需用蒸汽的缫丝厂和纺织厂，而且蒸汽机的种类也一改以新式蒸汽涡轮机为主。就内燃机用户而言，主要是一些小规模的机器厂、内地的工厂以及碾米兼营电灯的电厂。自电气事业发展起来后，上海、无锡、苏州、杭州等地的主要工业都已采用电力作为生产动力，代表了江南动力能转型的主要方面。正如金丸裕一所言，上海、江苏和长江下游地区因电气化所导致的工业化过程，不单单牵扯到现代工业部门，实际上"连传统工业以及农业也被卷入其中"。遗憾的是，金丸裕一并没有详细论述这一过程。[①] 目前，绝大多数研究侧重强调电力工业的自身发展特征，没有溢出行业史的框架，没有勾勒出电力与经济发展的深层联系。此处即以电力应用与工业发展的关系为横切面，进一步探讨近代江南动力能转型的内涵。

一、工业领域的电气化趋势

电力作为原动力所具有的优点，除了易于购买、可减少厂地面积、降低设厂所需资本额，[②] 还体现在应用于生产后所能带来的切实效益。

第一，电力的使用有利于工业生产力的提高。以纺织业为例，重庆中国银行曾就不同织机的生产效率进行过研究，发现使用人力的投梭木机、扯梭木机、改良扯梭木机、铁轮织机以及使用电力的铁机的生产力之间存在较大差异，其生产力指数依次为 60、100、133、200、200。[③] 虽然铁轮织机和铁机的生产指数相同，但是考虑到一人只能操纵一台铁轮织机，却可同时管理数台铁机，则铁轮织机和铁机的实际生产力差异则可达数倍乃至十余倍。

第二，有利于产品质量的提高。用人力和蒸汽力做原动力，工作机和引擎转动速度快慢不一，影响产品的质量。但采用电力进行生产，便能很好地解决这一问题。如在织绸业中，用电力织绸不但出品美观、平滑，"较合世界潮流"，而且"巨量之生产，且夕可待"。丝绸价格因之亦稍高，获利空间较大。[④]

---

① 金丸裕一：《从破坏到复兴？——从经济史来看"通往南京之路"》，《近代中国》第 122 期，1997，第 53 页。

② 徐新吾、黄汉民主编：《上海近代工业史》，上海社会科学院出版社，1998，第 79 页。

③ 程海峰：《我国工人之工作效率》，《国际劳工通讯》1938 年第 3 期。

④ 冯紫岗：《嘉兴县农村调查》，第 132 页；高事恒：《救济国产绸缎问题（续）》，《湖州月刊》1930 年第 10 期。

第三，使用电力生产，可以免除机匠把持、减轻企业运行负担、减少日常维护费用。蒸汽机及内燃机在使用过程中经常出现各种故障，故需企业常年安排机匠照管，一遇故障，即可立即维修。然而，实际上"匠人尤以修理为利孔，不坏可以弄坏，其糜修机费之害犹小，因此常阻碍工作，损失不赀"。因此之故，"向日机器织布之家，多缘此亏本停业"[①]。购买电力之后，企业只需租借或购买电动机即可，自然避免了机匠的把持。即便是自备电动机生产电力的企业，也可以通过与各大电厂及用电企业的技术互助，消除机匠的负面影响。

第四，使用电力，还有可根据需要自由安排生产车间、节省马力、有效利用率高等优点。[②]机器体系有三大部分，即动力设备、工作机和传动装置。[③]就传动方式而言，则主要有整体拖动、分组拖动和单独拖动 3 种。从便利性及经济性的角度综合比较，分组拖动是最为适宜的动力传导方式。[④]电力的使用，使得动力传动方式由蒸汽机时代笨拙的整体性传动方式进化到灵活且经济的分组或者单个传动方式成为可能。基于此，电力给一些中小企业的生产与发展带来了千载难逢的机遇。

因此，近代江南各主要工业部门中存在很多企业逐渐停用蒸汽机，转而采用电力生产的现象。严格来说，电力在近代江南工业中得到规模性应用始于 1904 年工部局电气处外租马达。1908 年底，上海全市装置马达仅有 80 余只，马力总数 520 匹。但是此后增长迅速，20 年之后，仅工部局电气处外租的马达数就猛增到 8494 只，马力总数飙升至 147074 匹。就应用的领域而言，到 20 世纪第一个十年左右，电力已扩展到造船业、碾米业、电镀业、印刷业、制酸业、饲料业、烟草业、建筑业、饮食业、棉纺业、制冰业、丝业、制茶业等众多行业。有研究显示，1917 年以后上海各行业大多以电力为生产用原动力。1931 年和 1933 年上海各主要工业行业中，除了土石制造业和公用

---

①　江湛：《电动力与地方之关系及两年以来之成绩》，《兴业杂志》1925 年第 1 期。

②　乔一：《纺厂应用原动力之商榷》，《华商纱厂联合会季刊》1922 年第 3 期。

③　中国科学院上海经济研究所、上海社会科学院经济研究所编：《大隆机器厂的发生、发展和改造：从一个民族企业看中国机器制造工业》，上海人民出版社，1958，第 8 页。

④　孙洵侯：《现代工厂之动力问题及工人之安全问题》，《国货研究月刊》1932 年第 6 期。

事业，购买外电马力占总消耗马力的比例基本在 80% 以上。[①]

再者，从各工业部门电力消耗大小来看，1917 年和 1919 年时棉纺织业和面粉业都居工业用电的前两位。如 1919 年棉纺织业消耗电力总量超过上海工业用电的 56%。[②] 1933 年，消耗电力最多的工业部门仍是此两业，其中，棉纺织业平均每厂可达 2000 余匹马力；面粉业平均每厂也在 800 余匹马力以上。[③] 一直到 1936 年，情况亦复如是，纱厂和棉织厂累计消耗了上海工业用电的 64% 之多。[④] 1930—1937 年间上海主要工业部门均采用上海电力公司的电力，尤其以棉纺厂和面粉厂耗电最多，每年都超过上海电力公司所售电量的 80%。橡胶厂、纸厂、木厂、蛋厂、油厂、制冰冷藏厂、香烟厂、绸厂、染织厂、五金厂、毛织厂等所占比例均不大，8 年间没有一年高于 2% 者，[⑤] 反映出上海特殊的工业化结构对于电力消费的影响。

上海電力公司馬達租賃費

（範圍限定英租界及公共租界内）

馬力匹數	每月租銀（兩）	馬力匹數	每月租銀（兩）
1	3	20	17
2	4	30	22
3	5	40	25
5	6	60	33
7½	8	80	40
10	11	120	50
15	14	200	70

如每月每匹馬力用電不滿 25 基羅瓦特小時者須加倍收費

图 5-1　1933 年上海电力公司的马达租赁费

图片来源：《纺织之友》1933 年第 3 期。

---

① 陈宝云：《中国早期电力工业发展研究：以上海电力公司为基点的考察（1879—1950）》，第 153、174 页。

② 上海市工商行政管理局、上海市第一机电工业局机器工业史料组编：《上海民族机器工业》（上），第 416–419 页。

③ 刘大钧：《上海工业化研究》，商务印书馆，1940，第 75–76 页。

④ 黄绍鸣：《我国之动力工业》，《东方杂志》1947 年第 7 期。

⑤ 汪经镕、徐民寿：《上海市之供电情形》，《电工》1946 年第 1 期。

　　除上海，据不完全统计，杭州、苏州、湖州、无锡、嘉善、平湖等地的棉织业、饮食业、农产品加工业、丝绸业、针织业、有色金属业、建筑材料业、印刷业、锯木业、制革业、玻璃业、染坊业等行业，在抗战之前也都不同程度地以电力为原动力。[①]和上海一样，苏州工厂中所用的马达亦多源自电厂。用户需用马达，须向电厂"租用或买用，声明用途，填写订单"，经电厂调查认可后，"缴清各费，方能照装"。[②]在众多工业部门之中，根据无锡、常州工业界以及《建设委员会公报》所载戚墅堰售电情况的相关资料，发现亦以纺织部门消耗电力最多。[③]

　　电力在近代上海各工业部门的总动力消耗中占多大比例？罗苏文认为1928年时电力占84.72%，蒸汽占13.06%，柴油占2.22%。[④]具体到上海电力公司而言，陈宝云的研究认为其"提供了上海发展所需要的供电量的80%以上"[⑤]。实际上，这一数字有所夸大。截至1933年，上海有上海电力公司、法商电灯公司、闸北水电公司、华商电气公司、浦东电气公司和翔华电气公司6家发电厂，加上外商及华商工厂自备发电机，合计发电总容量为26余万千瓦，其中上海电力公司达16余万千瓦，约占总额的61%。[⑥]当时，上海电力公司依靠庞大的发电容量，已经成为上海工业用电的主要供应者，不仅垄断了公共租界内的售电业务，而且还经常越界向华界工厂及私人用户供电。

　　可以说，上海电力公司的用电分类情况在相当程度上可反映整个上海的实际用电状况。全汉升即考虑到这一基本事实，将上海电力公司历年发电设

　　① 何冰：《盛泽之纺绸业》，《国际贸易导报》1932年第5期；实业部国际贸易局编印：《中国实业志·浙江省》，庚，第47、55页；实业部国际贸易局编印：《中国实业志·江苏省》第8编，第250-251页；建设委员会调查浙江经济所编：《杭州市经济调查》（下编），第79、134、137、196、202页；《义华锯木厂扩充电力》，《电气月刊》1934年第48期；湖州丝绸志编纂委员会编：《湖州丝绸志》，海南出版社，1998，第171页；等等。

　　② 《供给马达电力章程》，苏州市档案馆藏，档案号：I14-002-0192-051。

　　③ 林刚、张守广：《横看成岭侧成峰：长江下游城市近代化的轨迹》，第212页；王树槐：《江苏武进戚墅堰电厂的经营（1928—1937）》，"中研院"《近代史研究所集刊》第21期，1992年6月。

　　④ 罗苏文：《沪东：近代棉纺织厂区的兴起（1878—1928）》，《史林》2004年第2期。

　　⑤ 陈宝云：《中国早期电力工业发展研究：以上海电力公司为基点的考察（1879—1950）》，第159页。

　　⑥ 实业部国际贸易局编印：《中国实业志·江苏省》第8编，工业，第1126-1139页。又据刘大钧的研究，1931年和1933年时上海工厂所耗动力中，租用电力约占其总动力消耗的60%（刘大钧：《上海工业化研究》，第75页），而这些租用电力的绝大部分，当来自上海电力公司。

备及营业状况作为测量上海工业化发展程度的标杆。[①] 工部局电气处在 1900
年之前最主要的业务是电灯照明，1904 年之后由于电动机开始应用于日益成
长的工业及电车牵引领域，故这一部分电力消费数量快速增加。[②] 至 1914 年，
工业用电数量超过照明用电数量，工业企业成为电气处的主要售电对象。此
后，工业用电数量更是以每年千万度的幅度增长，在工部局电气处售电总量中
占据绝对比例，以致金丸裕一认为 1914 年是江苏电力从单一的消费能源转换
成为生产能源的分水岭，意味着近代电气事业正式与地区工业化联系在一起。[③]

图 5-2 反映了上海电力公司历年用于生产部分的电力在其总售电量中的
比例变动。虽然原表中用于生产部分的电力尚包括电热用电，但是实际上这
一部分微乎其微，甚至在总售电量中可以忽略不计。据此可知，1904—1907
年间，生产用电在总售电量中的比例尚不到 6%。之后快速飙升，到 1914 年
超过 50%，而在 1923—1928 年的 6 年间更是经常维持在 90% 左右的高比例。
1929 年至抗战之前这段时间内虽然呈下降趋势，但是仍高达 75% 左右。倘
若将工厂自备发电的部分考虑在内，则上海工厂企业中使用电力所占比例无
疑更高。由此可见，上海工业领域中电力应用的程度之深。尽管由于资料的
限制，目前只能对上海一地的情况做年度序列分析，但是有足够的理由认为
近代江南其他城市的近代工业动力消耗结构同样存在类似于上海的情况。如
据顾毓琇的分析，1931 年戚墅堰电厂所售电灯用电为 323 万度，电力用电为
1680 万度，电力用电占全年销售电度数的 80% 左右。[④] 此外，抗战之前在无
锡近代工业的动力结构中，电力很可能也已占据主导地位。[⑤]

---

① 全汉升：《上海在近代中国工业化中的地位》，载汪朝光主编《20 世纪中华学术经典文库·历
史学（中国近代史卷）》，兰州大学出版社，2000，第 410–411 页。
② 杨琰：《政企之间：工部局与近代上海电力照明产业研究（1882—1929）》，第 107 页。
③ 金丸裕一：《统计表中之江苏电业——以建国十年时期为中心的讨论稿》，《立命馆经济学》，
48（5），1999，第 887 页。
④ 顾毓琇：《中国动力工业之现状及其自给计划》，《新中华》1934 年第 2 期。
⑤ 李继曾：《无锡县发电设备之今昔观》，《动力工程》1948 年第 4 期。

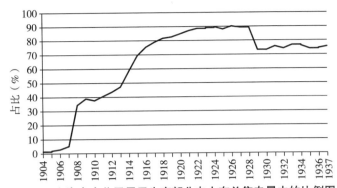

图 5-2 上海电力公司用于生产部分电力在总售电量中的比例图
资料来源：《上海工厂分区统计（九）》，《经济统计月志》1938 年第 12 期。

二、电力形塑工业经济地理格局

一般来说，经济地理格局是指经济活动的空间组织形态及其特征。作为社会产业结构变革的空间表现形式，其布局与变化受到能源这一物质生产基础的深刻影响。电力应用在促进各行业发展的同时，还在地域上对近代江南产业集聚及工业分区进行了重新划分。这不仅表现在单个城市内部，即便是从对江南整体性的分析中也可看出。

很大程度上，单个城市内部工业区的形成与电力的供给及使用情况存在因果联系。上海在 20 世纪 30 年代初符合《工厂法》规定的工厂数总计 1189 家，资本总额为 1.6 亿余元，工人总数为 21 万余人。[1] 从具体分区情况来看，无论是工厂数、资本额还是工人数，都以公共租界（包括越界筑路地区）为最，其次为闸北、南市地区。法租界因面积较小，工厂数目有限，但分布密度并不比闸北及南市低。再次为浦东地区，最少者则为吴淞及闵行地区。（见图 5-3）之所以形成如此格局，很大一部分原因在于电力分布不均衡。截至 1933 年 2 月，上海电气事业中发电容量以设立于公共租界内的上海电力公司为最，达 16 余万千瓦，华商电气公司、法商电气公司、闸北水电公司、浦东电气公司和翔华电气公司合计发电容量都没有超过上海电力公司。[2] 因而，

---

① 《上海工厂分区统计（九）》，《经济统计月志》1938 年第 12 期。
② 实业部国际贸易局编印：《中国实业志·江苏省》第 8 编，工业，第 1126–1139 页。

工厂聚集于公共租界地区自不奇怪。法租界、闸北及南市地区发电容量虽有限，但是在抗战之前其出售电力中已有相当一部分转购自上海电力公司，供电能力亦充足，故分布工厂数颇为可观。浦东、吴淞、闵行地区工厂数量甚少，很大原因当归结为这些地区内有限的电力供给能力。如在浦东电气公司创办者童世亨看来，上海的工厂之所以多设在公共租界而少见于南市，就是因为租界有工部局电气可以昼夜供给，而南市力有不足。[①]

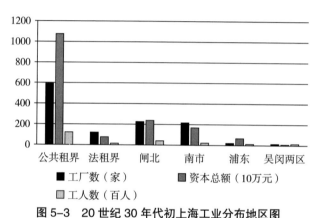

图 5-3　20 世纪 30 年代初上海工业分布地区图
资料来源：《上海工厂分区统计（九）》，《经济统计月志》1938 年第 12 期。

　　从对整个江南工业分布地区的观察中，更能看到电力在工业区划分中的重要性。刘大钧的研究显示，促进中国工业化的主要因素有铁路和国际贸易的发展以及廉价电力的供应。他在调查全国工业分布时，发现"凡在电力多而且贱之处，新式工业即多兴盛。其他地点或无电力厂，或虽有电厂，仅能供给电灯，则工业极少发展。江浙两省电力厂最多，工业亦最为发达"[②]。可以说，很大程度上正是由于此种原因，近代江南的工业布局才形成了以上海为中心，以苏锡常为主干，以杭州、南京为两翼的基本格局。电力之于工业分区的构造作用，以上海的崛起最为典型。开埠之前，上海在整个江南地区的地位少有值得称道之处，经济发展程度落后于苏州、杭州、南京等江南内地中心城市。开埠之后，上海逐渐取代上述各地成为江南新的核心城市，带动

---

① 童世亨：《企业回忆录》上册，第 43 页。
② 刘大钧：《上海工业化研究》，第 8—9 页。

了整个江南经济由闭锁向开放，反过来促进了苏州、无锡、杭州、南京等城市的发展。细究而言，可以发现上海的发展除了与便利的交通条件和频繁的国际贸易有关，还与其发达的电气事业存在密切联系。至少在资本家选择建厂之前，单单考量原动力获取便捷性及经济性，居全国所有城市发电容量首位的上海也会成为首选之地。[①]

在上海设厂，便利之处甚多。一是电气事业发展成熟，原动力接用方便，摆脱了蒸汽动力时代工厂占地面积大的缺点，使得设厂成本大大降低。对于电气事业不发达的内地而言，如要开办工厂，则必须购置内燃机或者蒸汽机，"成本太大，不能设立，或以管理不当，中途亏抑"，以致一般资本家"视工业为畏途"。而在上海设厂，只需购置马达，接通电力，即可开工生产，较之自备原动机生产动力"何等便宜"。[②]二是电力价格低廉，动力费低，直接使得工厂的生产成本较之别地为低，有利于企业增加利润，增强竞争力。此处兹以耗电量最大且占工业总产值比例最高的纺织业为例进行说明。纺纱厂和织布厂生产成本除直接原料成本，尚有直接人工成本、间接生产成本和推销及管理成本三大类。间接成本中又分为人工、折旧、物料、动力费等11项。无论是纺纱还是织布，动力费常占总成本的20%左右。上海纺纱的成本较其他地区为低，其中一个关键原因即动力成本低。如纺20支纱，直接人工成本一项上海较他埠高1.1元，间接生产成本一项上海较他埠低14.9元，推销及管理成本一项上海较他埠低0.8元。间接成本所减省的14.9元中，动力费占43%，物料费占14%，其他各项均不足10%。其实，不管生产何等支数之纱，他埠纱厂的动力费都要比上海纱厂贵50%左右。这"完全是因为上海纱厂有电动力可购，而他埠及内地纱厂，非自己用机发电不可"[③]。

得益于电力为工业发展创造的优越条件，上海"成为吸引几乎各种形式的工业制造的场所"[④]，快速成长为近代中国的工业中心。这一点不仅为外国

---

① 王树槐：《中国早期的电气事业，1882—1928：动力现代化之一》，载"中研院"近代史研究所编印《中国现代化论文集》，1991，第449页。

② 方希武：《电气救国》，《新电界》1932年第1期。

③ 王子建、王镇中：《七省华商纱厂调查报告》，第30-32、210-211页。

④ 〔美〕罗兹·墨菲：《上海——现代中国的钥匙》，上海社会科学院历史研究所编译，上海人民出版社，1986，第266页。

人管理的海关机构承认，也被当时的国内学者认可。海关报告在描述上海工业的发展成绩时，就认为上海的发展"在很大程度上应归功于工部局电气处（现为上海电力公司）的远见与努力"①。又如方希武也认为上海工业之发达，"非发达于资本家之提倡工业，乃发达于上海电业之发达故也"②。

另外，电力的推广使用，对推动江南内地锡常工业区的崛起与发展同样具有深远的意义。设工厂于上海虽有原动力方面的优势，但同时亦存在地价高昂、苛捐杂税多、工人成本及生活费高等不利点。因而，毗邻上海的锡常地区一旦电力事业获得发展，工业"曩所羡于上海者"，即"见之于常锡二城，且及其穷乡僻壤矣"。③江南内地最大规模电厂——戚墅堰电厂，最初即为了满足常州工业发展的电力需要而建立。作为戚墅堰电厂前身的常州振生电灯公司，其创办之初之所以得到常州商会的鼎力相助，主要原因之一就是商会希望电厂给予当地工业发展以电力支持。后振生电灯公司无力供给电力，才有常州电力公司、震华电气公司的成立，而对于电力需求的不断增长，终于使得戚墅堰电厂的设立成为可能。戚墅堰电厂通过将干线直达常州、无锡，支线分布于常、锡城乡及邻近各地的方式，营造出当时国内唯一一个长途输送电力网，给予无锡和常州等地工业发展以莫大助力。④当然，无锡自身的发展，除了戚墅堰电厂，也与散布于该市的众多自备原动机发电的工厂存在紧密关系。其总的结果是，无锡逐渐成长为"江苏工业最发达之地"。⑤1928年，无锡的电力用户已经涵盖碾米厂、铜铁厂、油饼厂、布厂、戽水厂、纱厂、粉厂、豆腐厂等工厂，总马力数计2400余匹。其中，尤其以纱厂为多，占到总马力数的40.3%。⑥到20世纪30年代时，无锡与上海、天津、武汉、广州、青岛一起被列为全国六大工业城市，被誉为"小上海"。除此之外，杭州市的工业发展也与电力的应用存在密切关系。自大有利商办电气公司改为

---

① 《海关十年报告之五（1922—1931）》，载徐雪筠等译编《上海近代社会经济发展概况（1882—1931）——〈海关十年报告〉译编》，第277页。
② 方希武：《电气救国》，《新电界》1932年第1期。
③ 江湛：《电动力与地方关系及两年以来之成绩》，《兴业杂志》1925年第1期。
④ 江湛：《电动力与地方关系及两年以来之成绩》，《兴业杂志》1925年第1期。
⑤ 建设委员会编印：《中国各大电厂纪要》，第124页。
⑥ "中研院"近代史研究所藏建设委员会档案，总函号：23-25-11，函1，宗10。

杭州电厂以后，该厂"以辅助各项工业发达为最大责任，故对于电力价格，极力减低，对于各厂设计用电事宜，多不取费"。借助于电力的支持，至20世纪30年代初，杭州市工业的基本框架逐渐形成。①

与此类似，南京、苏州工业的发展也得到电力事业的助力。不过，相比其他城市，南京的经济发展状况明显落后，电力给予工业的支持力度远小于上海。1935年9月，首都电厂的售电量中电灯部分占83.3%，电力部分仅占16.7%。② 苏州用以照明的夜电开放时间较早，光绪末年即已出现。但是，用于供给工厂动力的日电开放时间较晚。振兴电灯公司经营苏州电力事业时曾有意开放日电，但因该公司涉嫌出卖股份给日商，"所开夜灯尚难承认，今后添开日火，贪利忘害，苏市人民一致反对"③。苏州电气厂接手后，先于浒墅关一带派送日电。一度引起城厢内工厂的不满，以丝织业为代表者频频催促电厂早发日电，内称"敝业各厂尤与日电有密切关系，刻不容缓"④。1927年初，苏州电气厂出于降低生产成本的考虑，曾登报告知各界将长期停送日电。此举严重影响了各电力用户的正常生产，招致米业、丝织业等行业的强烈反对。米业以"事关生计民食"，"使城中无米荒之虞，价格不致有高昂之忧"为由，⑤ 同时，丝织业以工厂停工、工人生计断绝、"工潮不靖"为据，要求电厂尽快恢复供电。⑥ 到1935年，苏州商会再强调"马达电为工业原动力，关系各厂成本甚巨，苏地实业不振，益以电费过昂，既系妨碍工业之发展，复是影响该厂之业务"，要求苏州电气厂降低电费。⑦ 这些事例充分反映出电力对于苏州地方工业发展的重要性。

自南宋中国经济重心南移以来，江南经济发展便一直领先于全国。从宏

---

① 建设委员会调查浙江经济所编：《杭州市经济调查》（下编），第79页。
② "中研院"近代史研究所藏建设委员会档案，总函号：23-25-11，函2，宗14。
③ 《为制止振兴请求开日火为事函苏常镇守使》，苏州市档案馆藏，档案号：I14-002-0185-050。
④ 《为苏州电气厂发白昼电气事函苏州总商会》，苏州市档案馆藏，档案号：I14-002-0192-040。
⑤ 《因电厂停电，要其赔偿损失，并要该厂照旧放电》，苏州市档案馆藏，档案号：I14-001-0602-010。
⑥ 《就苏电气厂要停送日电力之奇异，要求不可有一日之停电，以防工潮》，苏州市档案馆藏，档案号：I14-001-0602-003。
⑦ 《因苏州电厂比邻近电厂电费昂贵甚巨，至各业成本大增，请转呈建设所委员会饬令重订平衡价目》，苏州市档案馆藏，档案号：I14-003-0046-046。

观上来看，电力助力江南经济发展的结果是，江南在步入 20 世纪之后仍然牢坐中国经济的"龙头宝座"。近代以来，江南与国内其他地区之间的差距不但没有缩小，反而呈现扩大的趋势。开埠以后，江南逐渐集聚了中国主要的工业部门，其工厂数在全国的比重不断增长。1933 年，仅上海一地的工业资本额即占全国的 40%，工人数占全国的 43%，产值占全国的 50%。[1] 抗战爆发后，江南虽曾饱受战争的严重破坏，但在战后却集中了全国 80% 的工业，仍为整个中国首屈一指的经济中心区。[2]

如何解释这一现象，可以说是中国近代经济史上最富诱惑力的学术问题。排除其他因素不论，或许可以从电力行业的发展状况中得到启迪。实际上，可以确定的是，江南经济快速发展的背后是以能源（电力）事业的"先行于天下"为基础的。根据 1932 年建设委员会统计，以电厂数而言，江浙两省合计占全国的 41%；以发电容量而言，仅江苏一省就占全国的 35%。[3] 到 1936 年，根据曾任国民党资源委员会电业处处长的陈中熙的统计，江浙两省合计发电总容量接近 42 万千瓦，同年全国发电总容量为 87 余万千瓦（见表 5-1）。杨大金对于江浙两省电厂发电容量的统计数字明显比陈中熙要低，因其中有若干电厂或工厂发电容量不明之故（见附表 8）。根据杨氏所列各项数字统计，抗战之前江南地区发电总容量要占到江浙两省发电总容量的 97.4%。如以此比例作为计算标准，以陈氏所列数据为底数，则 1936 年时江南地区发电总容量可达 408228 千瓦，占全国发电总容量的 46.8%。以占国土总面积不足二十分之一的一隅之地，拥有接近全国一半的发电总容量，并使其用之于各项实业，经济焉有不发达之理。

表 5-1　1936 年江浙两省及全国发电总容量统计表

单位：千瓦

地区	本国经营电厂	外资经营电厂	工厂自营部分	发电总容量
江苏	125740	211820	47299	384863
浙江	30908	——	3354	34262

---

[1] 刘大钧：《上海工业化研究》，第 10 页。
[2] 佩水：《茂新福新申新创业史》，《纺织周刊》1947 年第 27 期。
[3] 顾毓琇：《中国动力工业之现状及其自给计划》，《新中华》1934 年第 2 期。

（续表）

地区	本国经营电厂	外资经营电厂	工厂自营部分	发电总容量
江浙合计	156648	211820	50653	419125
全国总计	355870	275295	241648	872813

注：（1）全国发电容量的统计不包括东北地区；（2）江苏外资电厂只统计上海电力公司及法商电车电灯公司部分。

资料来源：陈中熙《三十年来中国之电力工业》，载中国工程师学会《三十年来之中国工程》，第11、17、19页。

第二节 交通领域内的动力能转型：以内燃机为中心的分析

在传统农业时代，人类设计出了以畜力为代表的陆地运输方式和以船舶为代表的水路运输方式相结合的交通运输系统。这一运输系统的维护和发展，为传统农业社会的物质资源流通提供了基本保障。近代以降，伴随着动力能转型的开展和扩散，江南的交通领域也被卷入其中。运输方式从之前的以水运为主，转变为水运与陆运并重，并产生了革命性的变化。与工业领域的情况不同，江南交通领域的动力能转型主要依靠蒸汽机和内燃机为核心原动机。鉴于航空事业与一般生产性事业关联不大，故此节仅对船舶动力及车用动力的革新情况予以分析。

一、船舶原动力的革新

具体来说，交通领域的动力能转型始自船舶所用原动机的革新。长时段观察的话，可以发现原动机的种类呈现了从普通蒸汽机向内燃机以及蒸汽涡轮机的演化。因受技术所限，洋务运动时期，江南的一些中外船厂建造的轮船以蒸汽机为唯一可用原动机。开埠之前，上海的航运业俱用沙船，"浦滨舳舻衔接，帆樯如栉"。道光中期，"行海运，岁漕百万，由沪至天津，亦借沙船，官商称便"。自蒸汽船盛行后，搭客运货，更为便利，"沙船之业遂衰"，终至"寥落如晨星"。① 到胡祥翰出版《上海小志》的 1930 年，沙船数量已"不及（全部船只的）十之一二矣"②。不过，因蒸汽机的热效率很低，故长距离行船耗煤甚大。如镇江至汉口往返一次，需烧劣质煤 260 吨，即便是优质煤也得 100 吨。③ 此外，煤炭和蒸汽锅炉所占空间较大，也一直是困扰蒸汽船发展的主要难题之一。

一战时期，鉴于煤炭价格的高昂以及石油在战争中所发挥的巨大功用，船舶所用原动机逐渐向内燃机转换。较之蒸汽机而言，内燃机具有诸多优点。首先，推进力强。汽船用油做燃料，推进力较之用煤者至少增加 50%；用内燃机的船只，动力较之普通船只增加 3 倍。其次，石油燃烧值大，占用船体空间小，可增加货舱或客舱面积。产生 1 匹马力的动力需耗煤 1 磅半，而油只需半磅。船舶如装置柴油、煤油内燃机，可储藏 57 日航行所用燃料，如用煤炭，则最多仅能储存两周而已。又次，内燃机应用于船舶之上，使得行船灵活性增加，并呈现了一种船舶体积小型化的趋势。再次，内燃机价格相对便宜。一般情况下，煤油内燃机只及蒸汽机的五分之二，且燃烧石油所耗成本较之燃烧煤炭为低。最后，石油燃烧物相对洁净，不但于乘客精神感受有益，亦于运载贵重物件甚为有益。因此之故，一战之后世界航运史上出现了一种趋势，一般新造或旧有商船、客船及渔船上的原动机设备都渐舍蒸汽机而趋内燃机。如以渔船为例，就有利用船体坚固、构造灵便的帆船装置煤油内燃机，有风使帆，无风改用机器，借此"远洋渔利"者。④ 据统计，1914 年全世界舰船中用煤油为燃料者仅占 3%~4%。到 1930 年快速上升到 38%。⑤

江南的情况自不例外。一战之后，上海市内一般航轮皆以蒸汽为动力来源，使用柴油引擎的还很少。⑥ 到 20 世纪 20 年代末，轮船所用原动机改用

① 李维清编纂：《上海乡土志》，第 107 页。
② 胡祥翰：《上海小志》，第 12 页。
③ 《二十四次会讯租船案》，《申报》1897 年 8 月 11 日，第 2 版。
④ 《机械动力的时代》，《新世界》1945 年第 5 期；王文泰：《渔船装置煤油发动机之利益》，《实业浅说》1916 年第 36 期。
⑤ 徐式庄：《世界原动力的供给问题》，《矿冶》1930 年第 12 期。
⑥ 前鸿昌机器厂出身 59 岁陈贵富访问记录（1962 年 12 月 25 日），上海市工商行政管理局、上海市第一机电工业局机器工业史料组编：《上海民族机器工业》（上），第 213 页。

内燃机者为数日增。[1] 上海鸿翔兴机器船厂就曾先后代客制造 18 艘木壳摆渡船，每艘安装 12 匹马力"开尔文"煤油内燃机为原动机。[2] 据海关工作人员的观察，上海使用内燃机为原动机的船只数量增加迅速。1922 年，上海各船厂共造船 33 艘，其中 39% 装用内燃机；1931 年共造 68 艘，其中 82% 装用内燃机。这一事实足以说明上海船只中的动力革新状况。[3] 而就江南其他地区而言，内燃机用作船舶原动机的时间则稍晚。如到 1922 年，钱塘江及绍兴小河内始有装备煤气内燃机的船只。这在杭州海关工作人员看来尚属新奇，认为"华人驾驶之船，竟能装配此种机器，亦一趣事"[4]。如从总体上看，江南船舶中所使用的内燃机越到晚近，越趋于以柴油为首选燃料，因其与煤油或汽油相比便宜之故。这从图 5-4 1923—1933 年间上海各种石油产品的进口价格变动趋势中就可看出。

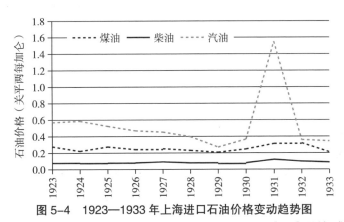

图 5-4　1923—1933 年上海进口石油价格变动趋势图

　　注：英制 1 加仑等于 4.546 升，美制 1 加仑等于 3.785 升（［美］甘博：《北京的社会调查》（上），邢文军等译，中国书店出版社，2010，第 115 页）。鉴于当时石油进口基本以美制为计算标准，则 1 吨柴油约等于 311 美加仑。

　　资料来源：附表 3~5。

① 胡霡：《原动机概说》，《申报·本埠增刊》1929 年 4 月 15 日，第 5 版。

② 前鸿翔兴机器船厂资本家 65 岁庄志刚访问记录（1961 年 11 月 22 日），上海市工商行政管理局、上海市第一机电工业局机器工业史料组编：《上海民族机器工业》（上），第 243 页。

③ 《海关十年报告之五（1922—1931）》，载徐雪筠等译编《上海近代社会经济发展概况（1882—1931）——〈海关十年报告〉译编》，第 258 页。

④ 《民国十一年（1922 年）杭州口华洋贸易情形论略》，载中华人民共和国杭州海关译编《近代浙江通商口岸经济社会概况——浙海关、瓯海关、杭州关贸易报告集成》，第 806 页。

当然，面对内燃机的"咄咄逼人"，蒸汽机并没有立即"屈服"，退出历史舞台。各国学者继而对高压高温蒸汽机进行潜心研究，以谋求蒸汽机的改良。蒸汽机与柴油内燃机竞争激烈，其效力亦逐渐增进。[1]柴油机最早在一战之前便已用作船舶动力来源，但是直到1930年左右尚未能凌驾蒸汽机械而上之。一般而言，内燃机本身马力有限，适用领域多为对马力需求较小的行业。马力越大，附属设备即越多、越复杂化，其原有优点也会逐渐减少。因故，当高速商轮或军舰需要装备大马力原动机时，还需依靠"马力的增大几乎完全不致引起机关的复杂化"的蒸汽涡轮机。[2]可能由于此种原因，1930年世界商船吨位中，以煤为燃料的船只仍占57.6%。[3]上海民生航运公司委托祥生船厂、耶松船厂、江南造船厂以及合兴钢铁厂在1923—1925年制造的十余艘船只中，所用原动机分蒸汽机和柴油机两种，从数量上看，柴油机占优势。但是，从单艘船只的马力数来看，1000匹马力以下的多为柴油机，拥有最大马力的两艘船只使用的都是蒸汽机，最大装配马力能够达到3600匹。以理度之，极有可能为蒸汽涡轮机。[4]

总体来看，抗战之前江南稍具规模的船只所用的动力装置仍有相当一部分为蒸汽机。参考附表9，1913—1921年间江南造船所共计承造兵商所用大小各轮240余艘，排除掉船长不满50英尺者及小轮、小汽船，在明确可知原动机种类的53艘船只中，绝大部分原动机种类仍属蒸汽机，油机、煤气机的利用仅属个别情况。1934年5月，中国航业合作设计委员会曾对上海轮船行业状况进行调查，涉及20家轮船公司，80艘轮船。其中，只有三北轮埠公司的三北号，鸿安商轮公司的鸿贞、鸿利、鸿亨、鸿元号，大振航业公司的泳安、泳平号，永裕商轮公司的大连号共8艘轮船以柴油机为原动机，其余70余艘轮船基本均以蒸汽机为原动机。[5]当然，此时的蒸汽机已非内燃机应用

① 守之：《飞潜航原动力之概观》，《海事》（天津）1930年第4期。
② 守之：《飞潜航原动力之概观》，《海事》（天津）1930年第4期；余光华：《速率时代的动力比较》，《交通职工月报》1935年第10期。
③ 吴半农：《铁煤及石油》，第47页。
④ 民生实业公司编印：《民生实业公司十一周年纪念册》，1937年3月，第90-91页。
⑤ 中国航业合作设计委员会：《上海华商各轮船公司轮船调查表（未完）》，《航业月刊》1935年第3期；《上海华商各轮船公司轮船调查表（续第3期）》，《航业月刊》1935年第4期；《上海华商各轮船公司轮船调查表（续第4期）》，《航业月刊》1935年第5期。

之前的陈旧款式，多数可以煤、油并燃，由于得到持续性改造，其性能已经与往时不可同日而语。

二、车用原动力的革新

近代以来，各主要工业国陆地上所用的机动车辆主要是火车和汽车。1814 年，英国人乔治·史蒂芬森（George Stephenson）发明了世界上第一辆蒸汽火车之后，蒸汽火车便借工业革命之势，逐渐被世界各主要国家采用。到 20 世纪 30 年代初，形势一变，在欧美各国的铁路事业中，"油机、电机几有起而代汽机之势"[1]。但是江南一直到 20 世纪初，陆上交通工具仍以人力和畜力为主要动力来源。1896 年 7 月和 1898 年 5 月，公共租界工部局分别在苏州河上的戈登桥和泥城河上的龙飞桥进行过两次观测。据其观测，当时的交通工具包括马车、人力车、板车（trucks）、手推车、轿子和小马车（ponie）等几种。[2]

20 世纪之前，世界汽车工业由于缺乏适宜的动力系统而发展缓慢。直到 20 世纪初汽油发动机取代电动机和蒸汽引擎之后，轻型化汽车才具有生产上的可能，汽车工业遂获得发展。[3] 江南一带的汽车数量亦呈现持续性增长。1902 年，上海先于中国其他地区进口汽车 2 辆，到 1914 年增加到 517 辆，1923 年为 5000 余辆，1928 年共计有运货及公用汽车等 6000 余辆，1929 年已突破 10000 辆，1931 年由路上所见号码推测，已经超过 18000 辆。[4] 1934 年，据《上海市年鉴》统计，除长途汽车，上海全市汽车已经增加到 31890 辆。[5] 根据附表 5 可知，1923—1937 年间南京、苏州、杭州、镇江四地除 1932—

---

① 孔祥鹅:《汽机发达小史》，商务印书馆，1930，第 40 页。

② 《拟议中的电车规划备忘录》，上海市档案馆藏，档案号：W1-OA-820。

③ E.D.Kennedy, *The Automobile Industry: The Coming of Age of Capitalism's Favorite Child*（ Clifton：Augustus M.Kelley Publishers, 1972）, p.39.

④ 《初有汽车时之上海》，《时兆月报》1928 年第 9 期；嵩生:《国人应注意自制之电汽车》，《申报·汽车增刊》1923 年 12 月 1 日，第 1 版；平:《上海的汽车》，《时时周报》1931 年第 16 期；舒佩实:《谈谈上海的汽车》，《大常识》1929 年第 121 期。

⑤ 其中，客运汽车华界为 7631 辆，公共租界 9515 辆，法租界为 4673 辆；货运汽车华界为 1674 辆，公共租界 15227 辆，法租界为 1646 辆；机器脚踏车华界为 405 辆，公共租界为 705 辆，法租界为 124 辆。参见上海通志馆年鉴委员会:《上海市年鉴（1936）》，中华书局，1936，第 M，23-24 页。

1934 年个别年份，均有一定数量的汽油输入，最高时如南京在 1937 年接近 350 万加仑，由此可以推测四地亦保有一定的汽车数量。但与上海相比，数量颇为有限。如杭州市曾于 1931 年至 1932 年 7 月进行汽车数量调查，发现仅有 141 辆。[①] 杭州尚且如此，江南广大地区的汽车数量自然更少。

图 5-5　上海某停车场一瞥（1929）

图片来源：《大亚画报》，1929 年 3 月 20 日。

汽车在江南地区的使用，无疑扩大了对汽油的需求。不过，就当时世界整体形势来看，自从石油被应用于工业界及交通界之后，在引起各国实业家振奋的同时，也让科学界产生了忧虑：世界储油量是否充足？在 20 世纪 30 年代初，据美国汽油技术局的统计，美国蕴藏的石油资源已消耗掉 40%。长此以往，石油终有枯竭之日，影响工业界前途实匪浅鲜，故欧美、日本各国遂谋求种种补救方法。[②] 为救济"油荒"起见，科学家们提出了多种办法，用来替代汽车的燃料。根据第二章的分析可知，江南每年进口汽油数量甚多，由此导致的结果，一是每年的漏卮巨大；二是一旦国际环境有变，输入困难，则影响国内生产及国防事业甚巨。国内新闻界因而不断翻译报道欧美各国的相关实验情况，以兹借鉴之用。当然，国内科学界乃至实业界并非一味地依

---

① 建设委员会调查浙江经济所编：《杭州市经济调查》（上编），第 165 页。

② 林泽人：《酒精充代马达燃料之研究》，《申报》1935 年 3 月 31 日，第 4 版。

赖国外的实验结果，而是也展开了一系列自主实验，积极摸索汽油原动力替代之法。总体来说，抗战之前主要提出了四种替代方案，并在江南地区进行了尝试应用。

1. 酒精混合汽油替代纯汽油

酒精具有抗机噎性、高压缩性等优点，倘使用酒精作为燃料，不但引擎的效率会大大增加，不易生锈，而且耗费较之汽油为低。不过，酒精单独用作燃料替代汽油应用于内燃机中，尚存在一定技术困难。主要是酒精为含氧有机质，汽油为烃属物质，两者的物理性和化学性有很大的差别。酒精蒸发热高，蒸汽压低，蒸发率慢，热价值低，致使在做同样工时消耗量亦较汽油大 1.6 倍，且一部分酒精进入汽缸后，未经燃烧即蒸发而出，徒增浪费。[1] 但是，如果将酒精按照一定的比例掺入汽油中共同使用，则能够使两者的优点同时发挥出来，并可尽量降低缺点。

1923 年，沪太长途汽车公司曾试验过用酒精替代汽油，"希望稍得经验，将来或可达在中国制造汽车之目的"[2]。1934 年，实业部曾以 70% 汽油配合 30% 酒精的方法试验汽车发动机，发现开车时"发动与加速均无困难，发动机亦无须改造"[3]。当时，也有学者认为掺用比例以酒精占 10% 左右为宜，较之实业部试验结果有较大差别。[4] 除了可做车用燃料，酒精还为工业的重要原料和溶剂，市场潜在需求很大。因此，1935 年 3 月底华侨黄江泉与实业部合作，在上海浦东白莲泾地方成立中国酒精厂。该厂原定资本 100 万元，后增加为 150 万元，开工后日产酒精约 3 万公斤，是当时国内酒精业中规模最大者。[5]

2. 煤气（木炭）替代汽油

此种方法是将燃烧木炭的锅炉装于汽车后面，木炭燃烧后变为煤气，于是发动内燃机，推动汽车向前行驶。煤气内燃机的燃料消耗量较少，每匹马

---

① 李国桢：《动力酒精》，《军事汇刊》1937 年第 28 期；林泽人：《酒精充代马达燃料之研究》，《申报》1935 年 3 月 31 日，第 4 版。

② 韩士元：《酒精汽车之研究》，《申报·汽车增刊》1923 年 7 月 21 日，第 2 版。

③ 《酒精汽油混合开车　实部试验结果良好》，《申报》1934 年 3 月 18 日，第 6 版。

④ 顾毓琇：《酒精用作内燃机燃料之建议》，《申报》1935 年 3 月 31 日，第 3 版。

⑤ 《中国酒精厂今日开幕》，《申报》1935 年 3 月 31 日，第 17 版。

力每分钟约需木炭不足 0.5 公斤，较之用汽油节省甚多。[①] 再者，木炭本属国产，多运自农村，以之作为燃料，还可以在一定程度上收到救济农村经济的功效。因此，煤气内燃机汽车成为近代江南重点研发的主要车型之一。

严格来说，江南对煤气汽车的研发和使用主要集中在 1933 年之后。1933 年 6 月之前，上海快利公司从法国进口以木炭为燃料的汽车，曾引起《申报》的注意和报道，可见当时此类汽车并不多。[②] 截至 1933 年，建设委员会规划设计的苏浙皖三省公路网建成，内中包含京杭、沪杭、京芜、杭徽、苏嘉、宜长 6 条干线，总长 1034 公里。为杜塞漏卮，建委会特与江浙等省交通委员会设立"汽车油合作委员会"及"木炭汽车研究委员会"等机构，力图通过相关研究，达到自给车辆与燃料的目的，[③] 正式掀起了江南研发煤气车的热潮。值得注意的是，江南的一些公共事业部门成为此次热潮的主要推动者之一。1933 年 11 月，上海市工务局试用煤气车，结果甚为满意，"起动行驶，均与用汽油无异"。该局此前每月消耗汽油约 6000 元，当时计划全部改用木炭为燃料后可节省燃料费三分之二。[④] 1935 年 8 月，浙江省公路局招集中华、仲明、华强等 3 家木炭汽车公司，在杭州武林门至莫干山往返计 116 公里的路程范围内做相关实验，发现消耗木炭自 69 至 88 磅不等。该局之前每月消耗汽油价值 5 万元以上，倘若改用煤气为燃料，每年可节省经费 50 万元之巨。[⑤] 江苏省公路局亦曾于苏州至嘉兴路段组织仲明、中国、中华三公司进行煤气车实验，"以载重速率、省费、爬高等项，评定优劣"[⑥]。此外，"为减省汽油之消耗，以求增加纯益"，1936 年 7 月锡沪长途汽车公司决定将全部车辆改为木炭汽车和柴油汽车，并计划使用时"尽先开木炭汽车，次为柴油车"。[⑦]

3. 柴油替代汽油

此种方法较为简单，即用柴油替代内燃机中的汽油，以之作为原动力推

---

① 张登义：《不用汽油之汽车（续）》，《申报·本埠增刊》1932 年 10 月 19 日，第 11 版。
② 泽：《上海的特异汽车》，《申报·本埠增刊》1932 年 6 月 1 日，第 6 版。
③ 《全国公路完成九万公里》，《申报》1935 年 12 月 30 日，第 9 版。
④ 《沈局长实验煤气车》，《申报》1933 年 11 月 24 日，第 9 版。
⑤ 《杭州·木炭汽车试验比赛》，《申报》1935 年 8 月 28 日，第 9 版。
⑥ 《苏省定明日举行煤气车长途比试》，《申报》1935 年 12 月 25 日，第 10 版。
⑦ 《锡沪汽车公司减省汽油消耗》，《申报》1936 年 7 月 27 日，第 10 版。

动汽车运行。用柴油内燃机的最大缺点是需要极高压力，且机体笨重，运转不灵敏。但是，由于柴油价格较之汽油廉价甚多，故仍然引起了欧美各国的研制兴趣。到 20 世纪二三十年代，德国、美国、法国的汽车及柴油机制造商已经突破这一难题，研制出适用于汽车的柴油发动机，装备于汽车、火车、滚路机等之上，功效甚大，费用也节省甚多。① 受此影响，国内的汽车公司也对柴油内燃机汽车抱持相当好感。故当德国奔驰柴油汽车运抵上海销售之时，"到沪未及匝月，已能引起一般人之普遍注意"。南京江宁汽车公司、浙江宁绍长途汽车公司、上海沪太长途汽车公司等，订购均颇形踊跃。加之另有四川、青岛等处购货商前往购买，遂使此种汽车"大有供不应求之势"。②

与使用汽油为燃料的汽车相比，柴油汽车的确能在很大程度上降低燃料消费。以 1928 年 1 月上海市价而论，每加仑汽油大洋 0.85 元，以每加仑行 20 英里计，行驶 1 英里需油资 0.042 元；柴油市价每吨 50 元，每加仑约值大洋 0.17 元，以每加仑行 23 英里计，即行驶 1 英里所需油资仅 0.0073 元。相比而言，两者为 6:1 之别，相差甚巨。③ 故江南的一些汽车公司自然乐意使用柴油汽车。1931 年，上海中国公共汽车公司曾将一部分车辆改用柴油内燃机，发现其效力与汽油车相当。④ 1933 年，军政部交通兵第二团曾组织于南京至镇江公路往返 360 华里路段试验德国奔驰所产柴油汽车的行车效果。为方便比较，同时开行有汽油车一辆。最后往返共用柴油 7 加仑，以每加仑可行 50 华里值洋 0.2 元计，总共耗费 1.4 元。汽油车共费汽油 11 加仑，以每加仑行 32 华里值洋 1 元计，总共耗费 11 元。而且，柴油车所载重量尚较汽油车多四分之一，然其所费仅及汽油车十分之一。⑤ 1937 年 4 月，行政院还曾因中国汽车制造公司所造柴油汽车质地坚固耐用，且节省经费起见，分令各省市政府及所属机关尽量采用，以资提倡。⑥ 但未及落实，抗战即已爆发。

① 丁祖泽:《柴油汽车》,《申报》1930 年 7 月 16 日, 第 23 版;《柴油引擎汽车出世》,《申报·本埠增刊》1930 年 12 月 31 日, 第 14 版。
② 《德国朋驰柴油汽车到沪》,《申报·本埠增刊》1933 年 5 月 3 日, 第 11 版。
③ 范凤源:《柴油汽车之新创制》,《申报·本埠增刊》1928 年 1 月 7 日, 第 6 版。
④ 张登义:《不用汽油之汽车》,《申报·本埠增刊》1932 年 8 月 3 日, 第 7 版。
⑤ 《军政部交通团兵试验朋驰厂柴油车》,《申报·本埠增刊》1933 年 3 月 1 日, 第 12 版。
⑥ 《政院令采用柴油汽车》,《申报》1937 年 4 月 5 日, 第 4 版。

4. 电力替代汽油

此种方法是将蓄电池独立安装于汽车之上，或者将汽车与电线相连，以电力替代石油为原动力。与上述几种替代方法一样，用电力替代汽油作为汽车动力来源，亦能在较大程度上减少耗费。如据用蓄电车者言，行驶同一路程数的情况之下，电力较汽油可省六分之五。[①] 就江南地区而言，抗战之前有电车通行者只限于上海一地。早在 1893 年，电报局就从国外购到电车一辆，"当饬注电试行一周，果属圆转自如，可与火车并行不悖"[②]。

不过从电车式样上来看，还是以有线电车为主。早在 1873 年前后，几乎与英国本土酝酿电车交通的同时，沪上英商就有筹设电车的议论。[③] 然而受限于一系列条件，直到 20 世纪初才真正进入实质性的筹备阶段。在近代上海电车事业的发展中，中、英、法三国各就本界设有路线，因此有上海英商制造电气公司、上海法商电车电灯公司和上海华商电气股份有限公司之别。[④] 1908 年，上海第一条有轨电车线路由上海英商制造电气公司辟于公共租界，两月后上海法商电车电灯公司于法租界开办电车。1913 年，上海华商电气股份有限公司运行电车，是为上海南市有电车之始。[⑤] 到 1935 年，公共租界有有轨电车 10 路，无轨电车 7 路；法租界有有轨电车 7 路，无轨电车 1 路；南市有电车 4 路。[⑥] 抗战之前，上海电车载客人数飞速发展。1936 年，英商制造电气公司的电车载客人数达到 1.1 亿余人次，上海法商电车电灯公司的电车载客人数达到 4400 余万人次。[⑦] 1935 年，华商电气股份有限公司的电车载客人数达到 2300 余万人次。[⑧]

除上述四种方法，抗战之前还有人提出用植物油、煤化油、煤炭燃烧产生的蒸汽替代汽油的方法，但多处于提倡阶段，基本没有用于行车实验和实

---

① 蔚文：《汽车油之二大问题》，《申报·本埠增刊》1925 年 9 月 12 日，第 1 版。
② 《电车小试》，《申报》1893 年 9 月 11 日，第 3 版。
③ 《吴淞路电车公司的计划和建议》，上海市档案馆藏，档案号：W1-OA-817。
④ 沙公超：《中国各埠电车交通概况》，《东方杂志》1926 年第 14 期。
⑤ 赵曾钰：《上海之公用事业》，商务印书馆，1949 第 53 页。
⑥ 都：《上海之公共交通问题》，《申报》1935 年 7 月 21 日，第 7 版。
⑦ 《上海市公用局关于 1935—1940 年英商上海电车公司会计年报卷》，上海市档案馆藏，档案号：Q5-3-5485。
⑧ 《上海市公用局关于华商等电车战前状况资料》，上海市档案馆藏，档案号：Q5-3-1044。

际利用。① 即使就上述四种主要替代方法而言，其实际利用效果也不尽一致。木炭替代汽油的方法，并不算成功。木炭汽车的发明者"到处呼号奔走，仅有一些为利润打算的内地长途汽车商略加采用，而所省下的汽油，却不够小汽车的消耗"②。酒精的实验虽已经较为成熟，但其耗费仍未见十分便宜。③ 电车的速度不如用汽油者快，以蓄电车为例，如欲增加马力，则必须多备蓄电池，"无如车身有限，决不有装置许多电池之容积"④。柴油汽车的表现应算最优者，然而作为其核心部分的内燃机则仍然几乎全部依靠国外供给。⑤ 总体来看，抗战之前江南地区运行的汽车仍普遍使用汽油为原动力。如据京沪苏民营长途汽车联益会 1937 年呈请财政部退还所征汽油关税的相关资料可知，南京、上海两市及江苏一省的商办汽车公司每年所费汽油数量在 120 万加仑以上。自 1932—1937 年 5 年间的汽油价格上涨，已经严重影响到汽车公司的正常营业和普通民众的出行。⑥ 最后，考虑到抗战之前汽车在江南的应用仅限于上海、杭州、南京等主要城市和各城市之间的长途运输路线，尤其高度集中在上海一地，那么汽车原动机的革新及其实际利用效果对整个江南地区的影响，不应当被过度夸大。

第三节　农业领域内的动力能转型：两种基本模式

蒸汽机具有体积笨重、价格高昂的特点，对于农业发展的意义相对有限。推动农业领域发生动力能转型的主体，主要是内燃机和电动机。近代江南，

---

① 瘦：《南京吕冕南博士研究提炼汽油成功》，《申报》1936 年 4 月 15 日，第 16 版；钱君礼：《炼油工业的孕育者：动力油料厂——从实验室研究到工厂生产的典型》，《科学知识》1943 年第 3-4 合期；振民：《蒸汽汽车和柴油汽车的新趋势》，《申报·本埠增刊》1935 年 10 月 2 日，第 5 版。

② 钱君礼：《中国工程师的创造力》，《科学知识》1943 年第 3-4 期合刊。

③ 丁祖泽：《柴油汽车》，《申报》1930 年 7 月 16 日，第 23 版。

④ 蔚文：《汽车油之二大问题》，《申报·本埠增刊》1925 年 9 月 12 日，第 5 版。

⑤ 1937 年春，上海新中工程公司曾制造成功中国第一台国产汽车柴油发动机。但因质量不佳，一走长途即故障迭出，导致公司不敢做长途行驶之用。参见王守泰等口述，张柏春整理：《民国时期机电技术》，第 100-101 页。

⑥ 《京沪苏汽车公司联益会呈请退还汽油税》，《长途》1937 年第 4 期。

动力应用于农业领域的具体情况具有以下 4 个特点。

1. 主要涉及灌溉业、碾米业、榨油业、轧花业以及磨面业等农产品加工业。如据王崇植的研究，20 世纪 20 年代前半段，内燃机有 90% 用于碾米、戽水、磨麦、轧花及发电等行业。[①] 相比而言，电力则主要应用于戽水业。若从总体上观察内燃机应用领域，则以碾米业消耗动力最多。截至 1931 年，在上海民族机器厂所产内燃机的应用领域中，碾米业消耗动力占到总数的 58.8%，灌溉业、榨油业、轧花业等剩余行业合计才占 41.2%。[②]

2. 农业领域中各行业对马力数的需求较小。农业各分支行业中应用的内燃机马力数以 1~50 匹马力为多，50 匹以上者寥寥可数，100 匹以上者"难有人问津"。[③] 与内燃机不同，作为一种可灵活调节马力大小的动力资源，电力在个别地区的灌溉事业中得到较为广泛的应用。

3. 农业领域中应用同一动力"兼业"的情况明显。近代江南机器业所产的内燃机中，经营灌溉的大都兼营碾米，即使是榨油、轧花甚至电灯厂，也有购置碾米机，以碾米为附带业务的。有些小电灯厂则直接是在碾米基础上发展起来的。

4. 动力在农业领域中的应用程度具有明显的时段特征。从宏观上看，一战之前内燃机和电力应用于农业领域的事例很少。一战期间，内燃机和农产品加工机器的制造有所发展，市场有所推广。到一战之后，内燃机燃料由柴油替代煤油，燃料所耗减省一半，有力地促进了内燃机的应用。而到"一·二八"事变之后，随着国内经济环境的不景气，农村日益衰败，内燃机在农业领域的应用程度逐渐降低，故其销售状况也变得不容乐观。

从宏观上来看，近代江南农业领域的动力能转型过程实际上具有两种基本模式。第一种为并存模式，以动力灌溉业为代表，内燃机和电动机的应用为该模式发展的基础。虽然江南某些地区存在电力取代内燃机成为灌溉动力来源的情况，但从总体上来看，两者在抗战之前呈现共存状态，并且形成了

---

① 王崇植：《通信》，《工程：中国工程学会会刊》1925 年第 1 期。
② 上海市工商行政管理局、上海市第一机电工业局机器工业史料组编：《上海民族机器工业》（上），第 356 页。
③ 王崇植：《通信》，《工程：中国工程学会会刊》1925 年第 1 期。

各自的应用范围。第二种为替代模式,以动力碾米业为代表,其发展历程基本经历了从蒸汽机到内燃机和电动机的替换过程。与前一模式的不同之处还在于,每一次原动机的更新换代都对行业地理分布格局产生冲击。就总的影响而言,在大幅度提高相关行业生产力的同时,也使得江南内地超越上海,成为行业发展新的中心所在。

一、并存模式:以动力灌溉业为代表

农业生产具有特殊性,受到自然气候状况的影响很大,突出地表现在短时间内天气状况的紊乱对于农业生产带来的灾害性影响。在各种农业灾害中,以旱灾和水灾造成的破坏最为明显。旱时灌溉,涝时排水,因而成为维系农业生产正常进行的必要应对方式。江南传统的灌溉方式以人畜力为主要动力来源,效率低下,成本巨大。如天旱时,用人力操纵旧式农具的话,则"极二人之力,所得不足以灌溉数亩,故如一遇赤旱,靡不兴仰屋之嗟"[①]。相比而言,以内燃机或电力为动力灌溉农田,省时省力省费。加之地方主政人员的支持和部分电厂推销电力的努力,动力灌溉业逐渐在江南一带流行开来。到1930年左右,慎昌洋行发现用内燃机和离心力抽机取代人畜力灌田,已成为农务方面最值得注意的现象之一。[②]

近代江南动力灌溉的基本实现途径有两种,即自备原动机生产动力和直接购买动力用于灌溉。自备内燃机生产动力以灌田,多以小马力者为多,另需购帮浦一架,[③] 以较之汽油和煤油为廉的柴油为首选燃料。也有利用机动船只或者兼营戽水业务的汽船代为灌溉的。如1930年春,上海中华职业教育社农村服务部即将大隆所产内燃机与帮浦装置船上,游行于昆山、常熟、无锡、苏州、青浦、南汇等地,招集民众实地试验戽水效果,广劝农民利用新式机

---

① 佯狂:《机器车水之利益》,《申报·本埠增刊》1926年11月26日,第6版。
② 《慎昌洋行25周年纪念册》,转引自陈真等编《中国近代工业史资料》第二辑,第364页。
③ 也有购买内燃机以带动旧有木槽水车者,以满足一般用户节省经费的要求,效果亦尚好。参见新中工程股份有限公司编印:《灌溉新编》,1929,第54页;《常州柴油机厂志》编纂组编:《常州柴油机厂志(1913—1986)》,内部资料,1988,第9页。

件灌溉田地。① 20 世纪 30 年代初，常熟可提供私人汽船代客戽水业务。② 购买内燃机的群体以农村中的地主、富农、商人以及部分"老轨"为主，专门借此营业，代客打水，每年向灌田户收取一定的费用，并非为了专门灌溉自有耕田。③ 不过，也有像安吉等地一样由业主合资购买的情况。④ 晚近以来，在江南电力通行的地方（尤其是武锡苏一带），灌溉用原动机逐渐由之前的以内燃机为主转为以电动机为主。比如 1906 年武进芙蓉圩采用柴油内燃机灌田，到 1924 年 6 月武锡地区改用电力灌溉。⑤ 苏州电气厂还在乡区发展电力戽水事业，营业范围不断扩大。1924 年起自附郭扩充到乡镇，1925 年收买浒关电厂，进展到望亭、西津桥、通安桥、金墅、黄埭，直至无锡，另一面延展到木渎、善人桥、蠡墅、横塘、陆墓，并开始为浒关等处戽水和碾米。⑥ 此外，杭州的艮山门发电厂建成之后，也曾在周边乡村开展电力排灌。

就动力灌溉方式应用的范围和程度问题，袁家明认为在 1925—1931 年间"已在江南地区的农业生产中得到广泛的应用"⑦。陈宝云亦通过列举戚墅堰电厂在农村实行电力灌溉的事实，说明电力应用于农业的益处，进而得出"各行各业接受和使用电力的速度非常快，程度也相当高"的结论。⑧ 实际上，他们都夸大了电气事业在整个江南灌溉业中的应用程度。具体而言，这些局限性主要体现在以下四个方面。

---

① 《中国国产农具之制造情形》，《工商半月刊》1930 年第 9 期。
② 国民政府行政院农村复兴委员会编：《江苏省农村调查》，商务印书馆，1934，第 82 页。
③ 前新中工程公司资本家魏如、职员金文秋访问记录综合（1962 年 3 月 8 日），上海市工商行政管理局、上海市第一机电工业局机器工业史料组编：《上海民族机器工业》（上），第 369 页。
④ 魏颂唐编：《浙江经济纪略》，第十九篇，安吉县，第 5 页。
⑤ 周魁一：《农田水利史略》，水利水电出版社，1986，第 133–134 页；谭友岑：《武锡电力灌溉之回顾与将来》，载电气书籍编译部选辑《中国电界论坛》（第一集），新电界杂志社，1933，第 9–10 页。
⑥ 卢燕争等：《苏州电器事业的主权之争》，载政协苏州市委员会文史资料委员会编印《苏州文史资料（1~5 合辑）》，1990，第 151 页。
⑦ 袁家明：《近代江南地区灌溉机械推广应用研究》，第 36 页。
⑧ 陈宝云：《中国早期电力工业发展研究——以上海电力公司为基点的考察（1879—1950）》，第 173 页。

图 5-6　民国初年杭州艮山门发电厂使用 25 匹马力抽水机进行排灌

图片来源：陈富强编著《中国电力工业简史（1882—2021）》，第 36 页。

1. 利用动力灌溉的区域有限

抗战之前，江南使用动力灌溉的区域主要是某些电厂的周边地带、铁路沿线及其他地区。其中，电厂周边地区以电力灌溉为主，其他地区则主要以内燃机作为灌溉动力来源。得益于戚墅堰电厂的设立，常州、无锡一带在 20 世纪 20 年代中期即已采用电力灌溉。[1] 此外，苏州、镇江、杭州等地也在一定程度上利用了电力进行灌溉。如据日本学者田中信夫研究，1926 年苏州电气厂曾于浒墅关一带实行电力灌溉，灌溉面积达 3 万余亩。[2] 当然，无锡还存在大量游行于乡间，兼营灌溉业务的内燃机船。[3] 沪宁路沿线的嘉兴、嘉善以及江阴、浦东、奉贤等地由于电力事业相对不发达，主要依靠内燃机作为灌田动力机器。如 1924—1925 年间，嘉兴和嘉善等地大量利用慎昌洋行进

---

[1]　顾毓琇：《中国动力工业之现状及其自给计划》，《新中华》1934 年第 2 期；模范灌溉管理局编印：《模范灌溉》，1935，第 8 页。

[2]　［日］田中信夫：《中国农业经济研究》，王馥泉译，上海大东书局，1934，第 44 页。

[3]　前陶明泰漆作资本家陶阿大访问记录（1961 年 7 月 12 日），上海市工商行政管理局、上海市第一机电工业局机器工业史料组编：《上海民族机器工业》（上），第 364-365 页。

口的小马力煤油内燃机及帮浦灌溉。^①南汇、奉贤、苏州、常熟等地因灌溉机器购价高昂，农民用之甚少，日常仍以旧式农具为多。^②

此种局面的形成，总体上与各地自然条件及经济发展水平存在直接关联。邻近上海的松江、昆山一带，由于田地低平，农民使用旧法戽水即可，极少购买内燃机和帮浦。^③无锡、武进一带高地稻田水、田落差较大，加之工业发展之后人畜力价格渐贵，^④农忙之时采用人畜力灌溉的成本已超过机器灌溉，故机器灌溉逐渐在这一地区得到发展。但是对于其他地区而言，因农业之外经济发展水平及机会有限，使用动力灌溉节约下来的劳动力很难找到别的出路，故"他们宁愿使用旧水车，不愿缴纳动力泵费用而自己闲搁数月"^⑤。再如镇江尽管"地势甚高，易遭旱灾"，但该地在20世纪30年代初却绝少利用电力灌溉，灌溉所用内燃机也只有16匹马力者3架。^⑥除却从同样的解释角度来理解，似乎找不到更好的理由。

2. 动力灌溉区域内利用动力灌溉的频次有限

一般而言，灌溉频次与气候状况存在莫大关系，天旱时频次较大，正常年份频次较少。1934年江南一带突发大旱，水、田落差变大，因此前往戚墅堰电厂无锡办事处要求用电力灌溉者较之以往为多。但1935年之后，气候趋于正常，风调雨顺，故接洽使用电力灌溉者几乎绝迹。^⑦严格来说，农民之所以在正常年份内少用电力灌溉，主要还是与灌溉费用颇高有关。此项费用主要包括电费、戽水站管理费、机件看管费、戽水机租金、电表租金等。此外，戚墅堰电厂还规定通电杆线设备增加以距戽水站1里内为限，超过1里者还要收取杆线费。大旱之时，动力灌溉所费较之往日为高，一般小农更难

① 上海市工商行政管理局、上海市第一机电工业局机器工业史料组编：《上海民族机器工业》（上），第361页。

② 实业部国际贸易局编印：《中国实业志·江苏省》，第二编，第34页；《海关十年报告·苏州（1922—1931年）》，载陆允昌编《苏州洋关史料（1896—1945）》，第124页。

③ 前新中工程公司资本家魏如、职员金文秋访问记录综合（1962年3月8日），上海市工商行政管理局、上海市第一机电工业局机器工业史料组编：《上海民族机器工业》（上），第368页。

④ 张水淇：《农业用电气动力之政策》，《兴业杂志》1926年第1期。

⑤ 费孝通：《江村经济——中国农民的生活》，商务印书馆，2001，第146页。

⑥ 实业部国际贸易局编印：《中国实业志·江苏省》，第二编，第34、42页。

⑦ 王树槐：《江苏武进戚墅堰电厂的经营（1928—1937）》，"中研院"《近代史研究所集刊》第21期，1992年6月。

以负担。

如在与武进并称为动力灌溉最为发达的无锡一带，据抗战之前韦健雄等人对 1000 余户农户的调查，正常年份里农民各项动力费用支出中人畜力仍占绝对优势，高达 87.9%，机械力消费仅占 12.1%。[①] 即便是在旱灾之年，面对高昂的灌溉费用，仍有相当一部分人用旧法灌田。据《建设委员会公报》报道，1934 年江南大旱之时，虽申请电力灌溉者有 25 起，合计 65500 亩，但很可能因灌溉费用高昂，实际上最后成功订约者只有 4 处，仅为 2600 亩。[②] 在很大程度上可以说，动力灌溉事业在农村的发展并不能够反映农村因经济发展而采用机械作业的实际水平。民国时期，在江苏一些水源不足的丘陵地区，完全"靠天吃天"即"望天收"的土地面积尚占相当比例。[③]

3. 电厂电力灌溉成本较高，扩展灌溉业务能力有限

有学者认为动力灌溉是一项高利润的事业，以内燃机为动力来源的"包打水"收回全部投入大约 1 年时间，电力"包打水"收回投入大约 2 年即可，之后便可借灌田及兼营碾米等事业盈利。[④] 这一结论可能存在以偏概全之嫌。相对于采用电力灌田的农户的负担而言，电厂同样承担着相当的经济压力。王树槐对戚墅堰电厂武锡区办事处的电力灌溉收支状况进行了考察，发现电厂日常灌溉负担颇重。简单来说，平均每千亩农田分布杆线约需 3 里，电力需 15 瓦，加之变压器、电动机等配套设施，每年每亩应付折旧及官利 0.49 元，电费收入每亩则为 0.6~0.75 元（以每亩包度 10 度计算）。两相比较，盈利有限。[⑤] 灌溉设备一年之中只有不足半年的使用时间，一般仅在每年的 4 月至 8 月，其余时间"线路与设备皆归闲废"[⑥]。考虑到这一点，则折旧费用便

---

① 孙晓材：《现代中国的农业经营问题》，《中山文化教育馆季刊》1936 年第 2 期。

② 王树槐：《江苏武进戚墅堰电厂的经营（1928—1937）》，"中研院"《近代史研究所集刊》第 21 期，1992 年 6 月。

③ 江苏省农林厅编：《江苏农业发展史略》，江苏科学技术出版社，1992，第 92 页。

④ 袁家明、惠富平：《近代江南新型灌溉经营形式——"包打水"研究》，《中国农史》2009 年第 1 期。

⑤ 建设委员会模范灌溉武锡区 1932 年的工作报告对电力灌溉的经营状况言之甚详，据其所言，自武锡区办理灌溉事业两年以来，"竭其心机，仅能得收支之相抵"。参见马寅初：《中国经济改造》，商务印书馆，1935，第 102-103 页。

⑥ 建设委员会编印：《中国各大电厂纪要》，第 123 页。

更高了。而要延伸杆线，扩大灌溉面积，则基本设备费如电杆、电线、变压器等每里高达 1000~5000 元。[①] 如此巨额投资，不但可能将前期盈利积累消耗殆尽，而且何时收回成本亦是一大问题。基于此种紧张的收支状况，戚墅堰电厂无力持续扩大灌溉面积，被迫对较远地区农民的灌溉请求"不得不加以限制"[②]。

1931 年，苏州电气厂在浒墅关一带灌溉田地 24543 亩，到次年仅剩20000 亩。究其原因，一方面与"累年欠账过多，不获推广"有关；另一方面与"近值谷贱伤农时代"，农民采用机灌的积极性降低有关。[③] 倘若电力灌溉实行 2 年即可收回成本，那么电厂焉有不积极扩大灌溉面积，反而出现灌溉面积缩小之理？

4. 利用动力灌溉的土地面积占整个江南面积的比例相当有限

近代江南利用动力灌溉的土地面积究竟有多大？此处尝试进行简单估算。据《上海民族机器工业》编纂者经过访问核对后的估计，1914—1931年间上海民族机器工业生产内燃机马力数约 40240 匹，其中用于灌溉的占19.1%，即约有 7700 匹马力。此外，无锡、常州制造的用于灌溉的内燃机马力数约 6000 匹，加上进口的用于灌溉的内燃机马力数约 5000 匹，共计约18700 匹。根据动力灌溉较为发达的无锡地区的情况，每 1 台 12 匹马力引擎连接 1 台 8 寸口径帮浦，能灌溉一季稻田约 720 亩，即每匹马力约可灌溉 60亩。以此为基数进行理论上的推测，则 1931 年前利用内燃机进行灌溉的农田亩数如下：

上海民族机器工业制造的内燃机引擎可灌溉农田数为：7700 匹马力 ×60亩 =462000 亩；

无锡、常州制造的内燃机可灌溉农田数为：6000 匹马力 ×60 亩=360000 亩；

---

① 王树槐：《江苏武进戚墅堰电厂的经营（1928—1937）》，"中研院"《近代史研究所集刊》第21 期，1992 年 6 月。

② 《调查电力灌田状况报告》，《合作讯》1926 年第 16 期。

③ 《苏州电气厂股份有限公司第十三届营业报告（二十一年度）》，苏州市档案馆藏，档案号：I34-001-0011-229。

进口内燃机可灌溉农田数为：5000 匹马力 × 60 亩 =300000 亩。[1]

此外，还有戚墅堰电厂 1931 年在常州和无锡电力灌溉农田数 65000 亩。[2]

考虑到苏州、镇江、杭州等地的电力灌溉情况，估计总共利用动力进行灌溉的土地面积在 120 万亩有余，很难说能够超过 130 万亩。参考江南 4 万平方公里（也即 6000 万亩）的总面积，则 1931 年使用动力灌溉的农田面积约占江南总面积的 2%。当然，江南自产及进口的灌溉型内燃机并非全部用于江南一地的灌溉事业，其中尚有一部分售予江南以外地区，故综合考虑实际比例还要低于 2%。动力灌溉的土地面积是如此有限，以至于在整个近代江南农业生产中所起的作用是"渺不足道的"[3]。

由此可见，已有研究对近代江南动力灌溉程度的评估明显过于理想化了。虽然无锡在抗战之前已推广戽水机 1200 多台，累计灌溉面积 70 多万亩，占耕地面积的 60%~70%，但是这在江苏毕竟属"少数地方"[4]。将电力和内燃机应用于灌溉事业的地区在整个江南仍占极少比例，不应作过度夸大。不过，即便如此，此处对动力灌溉事业本身局限性的分析，并非等同于对其持完全否定意见，因为这一灌溉方式毕竟代表了中国农业发展史上一种前所未有的，并具有相当前瞻性的新事物。

二、替代模式：以动力碾米业为代表

碾米业是近代江南农业领域内耗用内燃机动力最多的行业，同时其对电力的消耗亦相当可观。此处主要从三个方面入手，对碾米业的动力革新过程以及影响做简要评述。

1. 近代江南动力碾米业的兴起背景及地理格局演变

碾米所用原动力的演进，足可以代表碾米事业的发展程度和解释其地理分布之因。在蒸汽动力时代，建立动力碾米厂所需燃料、蒸汽机、碾米铁

① 上海市工商行政管理局、上海市第一机电工业局机器工业史料组编：《上海民族机器工业》（上），第 361–362 页。
② 建设委员会编印：《中国各大电厂纪要》，第 123 页。
③ 上海市工商行政管理局、上海市第一机电工业局机器工业史料组编：《上海民族机器工业》（上），第 363 页。
④ 江苏省农林厅编：《江苏农业发展史略》，第 92 页。

机等能源和机械的成本高昂。如 20 匹马力的蒸汽机每部价值就在 6000 两左右，拖动 6 部米机（每部 80~120 元）。较大的米厂需置 15~16 部，较少者也得 8~9 部，非有资本万元以上不能成立一厂。可以说，早期江南的动力碾米业主要集中在燃料供给方便且资本相对充足的上海。当时，邻近上海的四乡行号客家以及当地行家贩户若要利用动力碾米，"莫不至上海各厂托其代碾"。以致上海的碾米业在民国头十年间处于"最称发达"时期。[①] 江南内地除镇江、常熟、昆山、无锡等米产区较早零星设立个别蒸汽碾米厂，[②] 很少有别地的工厂置备相关设备。

煤油及柴油内燃机引入江南，特别是江南民族资本机器厂仿制火油引擎成功后，原动机价格变得低廉，配置至简者如 8 匹马力连同米机 1 台不过千元，建立动力碾米厂的成本耗费锐减，不必集巨大资本即可成立一厂，故内燃机被快速应用到碾米业领域。一战之前，上海郊区市镇的米行、米厂已经开始采用国产火油引擎拖动碾米机器。[③] 这一动力发展史上新的变化对江南内地米产区碾米业的刺激最大，逐渐形成内地动力碾米业的基本格局。自清末吴康、奚九如等人于苏州日晖桥一带利用煤油内燃机试行碾米后，武进大来、薄利、公信、宝兴泰等碾米厂"相继行之"。[④] 常熟、昆山、金山等内地产米区域以及无锡、镇江等米业市场，亦"皆争先购置（内燃机）"[⑤]。得益于内燃机的使用，1921—1926 年间浙江碾米业曾达到"最发达之时期"[⑥]。迄至此一阶段，上海作为动力碾米业中心的地位开始衰落。

迨至电力推行后，动力碾米成本再行降低。如 20 世纪 30 年代上海所售美国产电力马达每部 400 两，国产马达仅 130 余元，[⑦] 即便加上碾米机，统计花销也不是很大。而在动力价格方面，每日电力使用费尚不及旧式碾米业中每头

---

① 实业部国际贸易局编印：《中国实业志·江苏省》第 8 编，第 362、366 页。

② 上海市工商行政管理局、上海市第一机电工业局机器工业史料组编：《上海民族机器工业》（上），第 382–383 页。

③ 前新中工程公司资本家魏如访问记录（1961 年 9 月 21 日），上海市工商行政管理局、上海市第一机电工业局机器工业史料组编：《上海民族机器工业》（上），第 366 页。

④ 于定一：《武进工业调录录》，武进县商会印行，1929，第 1 页。

⑤ 实业部国际贸易局编印：《中国实业志·江苏省》第 8 编，第 362 页。

⑥ 实业部国际贸易局编印：《中国实业志·浙江省》，庚，第 81 页。

⑦ 实业部国际贸易局编印：《中国实业志·江苏省》第 8 编，第 369 页。

牛日均喂养费的一半。因此，米店、米行均"家置一两具，可以自兼碓房砻坊之利，不必外求"①，积极尝试用电动机替代内燃机进行碾米。除上海，杭州、余杭、镇江、吴兴、常州等也有利用电力碾米的情况。1926年苏州电气厂放送日电之后，苏州城区米业店开始装置电力马达，"以资出货迅速，虽负担较巨，利害尚足相抵"②。苏州电气厂在向周边乡镇延伸供电线路的同时，也大力发展电力碾米业。1927年，该厂于木渎镇设立电力碾米所，一年之后于浒墅关等处大力倡导电力碾米事业。③至1931年，又在望亭、黄埭、西津桥等处添设电力碾米设施。④有时，碾米事业还扶助电灯事业的发展。1925年，吴江县成立泰丰电灯厂，后因营业欠佳，无法维持，到1927年附设于芦墟镇泰丰碾米厂内，受碾米厂之庇荫。⑤不过，总体来看，利用电力为主要动力的碾米地区较少，电气事业相对不发达的江南仍在普及利用内燃机作为碾米动力来源。

由于上海工业的持续发展，劳动力成本趋高，加之经营碾米所需付给米行或米店的佣金及长途运米过程中的折耗较大，在上海经营碾米厂已逐渐不占优势，其动力碾米事业遂一蹶不振，营业一落千丈。到1930年，动力碾米厂所存者仅三四家。⑥与之形成鲜明对比的是，江南内地动力碾米业持续快速发展。到20世纪30年代初，总计浙江省碾米厂共有451家，其中租用马达者有40余家，不到总数的10%，其余400家大都采用柴油引擎，而沿用旧法碾米者不超过总数的1%~2%。⑦江苏内地各县镇，亦"俱有机器碾米厂之设立"⑧。据20世纪30年代初实业部国际贸易局的统计，江南的动力碾米业在整个江浙地区占到绝对重要地位，其中碾米厂数共计555家，发动机数543台，碾米机数965部，资本总额143万余元，年碾米量为630余万石。对比

① 江湛:《电动力与地方之关系及两年以来之成绩》,《兴业杂志》1925年第1期。
② 《因电厂停电，要其赔偿损失，并要该厂照旧放电》，苏州市档案馆藏，档案号：I14-001-0602-010。
③ 《为转知凡属自用碾米一律放行事函商会》，苏州市档案馆藏，档案号：I14-002-0192-073。
④ 《各镇面积记录》，苏州市档案馆藏，档案号：I34-001-0018-009。
⑤ 吴江县泰丰电灯厂档案，"中研院"近史所档案馆藏，馆藏号：23-25-11-058-01。
⑥ 《上海之米业调查》,《工商半月刊》1930年第19期。
⑦ 实业部国际贸易局编印:《中国实业志·浙江省》，庚，第82页。
⑧ 上海市工商行政管理局、上海市第一机电工业局机器工业史料组编:《上海民族机器工业》（上），第385页。

来看，上海的碾米厂、发动机及碾米机数量均没有超过江南的 14%，资本总额占江南的 25% 左右，但年碾米量却已不足江南的 20%。[①] 可以说，至迟到 20 世纪 30 年代初，江南动力碾米业的空间地理分布格局摆脱了蒸汽动力时代上海的"一核模式"，实现了重新洗牌。

2. 近代江南动力碾米机数量估算

因碾米一业具有季节性质，工作时间自每年秋冬至冬春最长不过 4 个月而已，故其一开始是作为米店的附属而出现，具有一定兼业性质。此后，虽然由于动力类型的不同，碾米业内部若干情况发生了变化，但是其兼业性质却一直未变。除了个别可全年营业的碾米厂，"包打水"船、米店、米行、榨油坊、电厂普遍兼营碾米业务。因此，如果只关注专门以碾米为业务的碾米厂，而忽略大量兼营碾米的情况，自然难以准确统计江南各地的实际碾米厂（所）数。据《上海民族机器工业》编纂者 20 世纪 60 年代的相关调查，江南很多较小乡镇的碾米厂或米行附设的碾米厂遗漏甚多，已列的碾米厂与碾米机数也不相符。以昆山为例，20 世纪 30 年代初实业部国际贸易局统计时有 18 家碾米厂 77 台碾米机，[②] 而据与昆山碾米厂有投资关系的新祥机器厂资本家张文法称，"一·二八"事变前，仅祥诚、志诚及新诚一、二、三厂就有碾米机 83 台。据估计，江苏全省（包括上海）碾米机数量当在 1200~1300 台上下，浙江有 1000 余台，也即江浙两省合计应在 2200~2300 台之间。[③] 两相比较，这比实业部国际贸易局的统计数字超出近 1000 台之多。[④] 如按照相同幅度计算，则江南地区的碾米机数在 1534~1604 台。

3. 近代江南动力碾米量估算

旧时碾米，"平原之区，皆以石臼为主，或用水舂，或用足捣；近山之区，亦有借瀑布或水流之力，磨碾谷粒者"[⑤]。由于江南可资利用的水力资源

---

① 实业部国际贸易局编印：《中国实业志·江苏省》第 8 编，第 364–365 页；实业部国际贸易局编印：《中国实业志·浙江省》，庚，第 83–85 页。

② 实业部国际贸易局编印：《中国实业志·江苏省》第 8 编，第 364 页。

③ 上海市工商行政管理局、上海市第一机电工业局机器工业史料组编：《上海民族工业》上册，第 385 页。

④ 实业部国际贸易局编印：《中国实业志·江苏省》第 8 编，第 363 页；实业部国际贸易局编印：《中国实业志·浙江省》，庚，第 82 页。

⑤ 实业部国际贸易局编印：《中国实业志·江苏省》第 8 编，第 361 页。

很少，故旧法碾米的动力来自以人力和畜力为主。鸦片战争前，上海的米粮零售店都附设手工工场，以木石为杵臼，利用杠杆原理，用脚起踏糙米，俗称"打米"。[①]动力的有限性和稀缺性使得前近代江南碾米业的生产效率低下，发展非常缓慢。"独是由糙而白，端赖碾工，然以一人之力，日舂米三斛，而其力已疲。"[②]迨至蒸汽机、内燃机、电动机以及碾米铁机等相继得到使用之后，碾米效率大大提升，生产能力较之旧法碾米达到1∶20之比例。[③]于是，臼米日少，旧法碾米逐渐位于淘汰之列。

江南的动力碾米数量能够达到多少石？在此结合上文，以碾米机数为标准进行简单估算。20世纪30年代初江南年动力碾米量为6323400石，拥有碾米机965部，则每部碾米机年均碾米6553石。考虑到碾米业一年中4个月的工作时间，则每天能够碾米55石左右。又据相关资料显示，每部碾米机不管用内燃机还是电力马达，以20匹马力带动米机2部，每机每日出产按照9小时计算，则可碾米（注：籼米，下同）50石左右。[④]如按照10小时计算，每机则可碾米60~70石左右。[⑤]当然，也有像杭州使用14匹马力电动马达带动每部碾米机1小时碾米10石的情况，[⑥]但很可能并不常见。一般而言，每机每天工作9~10小时，碾米55石，当为正常水平。据此，结合修正后的江南碾米机数量，初步估计20世纪30年代初江南动力碾米数量在1012万~1059万石。

小　结

近代以来，江南利用西方两次工业革命的成果，在引进和模仿制造蒸汽机、内燃机、电动机以及建立电厂的基础上，开启了动力能转型的过程。从

---

① 良工：《我国民族资本最早使用机器年代的辨误（洪盛米号）》，《解放》1961年第10期。
② 上海求新制造机器轮船厂：《求新制造机器轮船厂产品图册》，文明书局，1911，第82页。
③ 于定一：《武进工业调查录》，第1页。
④ 实业部国际贸易局编印：《中国实业志·江苏省》第8编，第369页。
⑤ 实业部国际贸易局编印：《中国实业志·浙江省》，庚，第86页。
⑥ 建设委员会调查浙江经济所编：《杭州市经济调查》（下编），第165页。

社会经济层面来看，这一革命性过程渗透进工业、农业及交通等主要领域，并从根本上形塑了江南近代化的多维面相。

首先，各种原动机的引进和制造，为近代江南动力能转型的开展提供了技术支撑。鉴于采用动力生产具有省时、省费、省力等多种优点，江南工业、农业及交通业都展开了由蒸汽机向内燃机以及电动机的原动机革新过程。大体来说，交通和农业领域的动力革新以使用内燃机为主，蒸汽机和电动机为辅；而在工业领域，电力逐渐超乎其上，成为最主要的生产用原动力。各式原动机的使用，使得江南能够在动力能转型的基础之上创建近代经济部门和经济体系。

其次，动力能转型的开展给予近代江南经济发展以莫大助力，是推动经济快速发展的根本原因之一。各式原动机的应用，不但使得相关部门的生产力较之以往人畜力时代得到巨大提高，而且产品质量也得到了很大改善。使用内燃机的新式交通工具的出现，大大增加了社会调配物资的便利性，降低了交易成本，最终有利于市场的扩大。农业领域中内燃机和电动机的应用，为近代农业的产生奠定了基础。

最后，动力能转型中各种原动机的使用，是使江南内部经济地理格局重新分化组合的重要推动力。近代江南以上海为中心，苏锡常地区为主干，杭州及南京为两翼的经济地理格局的形成，与各地动力事业的发展程度呈现高度正相关性。其中，尤其以上海由开埠之前的普通沿海港口取代苏州、杭州、南京等江南传统重镇，成长为整个江南经济中心的过程最为典型。而从全国来说，江南之所以能够到近代以后仍持久保持经济活力，领先于其他地区，与其发达的动力事业亦存在千丝万缕的关系。

第六章　近代上海煤烟污染的表现、
程度及成因

近代江南能源转型背景下矿物能源的普及率和利用率较之以往大大提高，成为推动区域内工业化和城市化进程的关键因素之一。但是，矿物能源的大量消费也带来了一系列环境污染，酿成区域性环境问题。这在近代中国工业化和城市化发展水平较高的城市——上海——表现得最为明显。学界长期以来抱持一种否认近代上海存在突出空气污染问题的传统观点。比如《上海环境保护志》的编著者即认为近代上海空气污染现象并不明显，"污染范围比较小"。一直到 20 世纪 50 年代，烟尘、废气的污染问题仍不严重。晚至 1958 年"大跃进"运动后，空气污染问题才渐趋突出。[①] 受到这种"既然问题不严重，也就没有研究必要"传统观点的直接影响，迄今国内外学界关于近代上海空气污染问题的研究基础显得相当薄弱，尚不存在专门性论文或著作。[②]

基于此，本书第六、七、八章尝试对以上海为代表的近代江南城市因矿物能源消费而导致的空气污染问题展开系统分析，以期揭示能源转型与城市环境变迁之间的深层关联，并探究以环境问题为中介的社会关系。本章首先考察近代上海煤烟污染的具体表现，对煤烟排放量和空气污染程度进行量化研究，并结合对城市绿化、功能分区和民众住房状况的剖析，追索近代上海空气污染问题得以产生的多重原因。

[①] 《上海环境保护志》编纂委员会编：《上海环境保护志》，上海社会科学院出版社，1998，第192–193 页。

[②] 胡勇：《中国近代城市大气污染及其治理》，《光明日报》（理论版）2013 年 3 月 8 日，第15 版。

第一节　煤烟污染源地理体系的形成及表现

煤烟污染源的形成是煤烟污染问题得以显现的基本前提。开埠初期，上海的空气质量没有明显恶化倾向。1861年，抵达上海的普鲁士外交特使团曾在报告中称租界被"散发着春天清香的田野"所围绕。[①] 随着19世纪60年代后上海城市工业化进程的起步和矿物能源的消费，近代型污染源开始出现，对于环境的破坏程度逐渐超过传统型污染源，最终导致上海整体空气质量趋于恶化。概括而言，近代型污染物主要包括工业燃煤锅炉和生活燃煤炉具排放的煤烟、火车和汽车排放的烟气和尾气，以及工业生产过程中排放的废气和粉尘，而其中的"罪魁祸首"，"当推煤烟"。[②] 值得注意的是，史料中所载煤烟并非仅指煤炭燃烧后的排放物，有时还包括煤油燃烧和汽车行驶过程中产生的黑烟。空气污染气象学根据污染物排放口形式上的不同，将空气污染源划分为点污染源、线污染源和面污染源等几大类。[③] 在此，根据此划分标准，对近代上海不同种类煤烟污染源的形成过程及具体表现进行分析。

一、点污染源

严格地说，不论是线污染源还是面污染源，最初都是由单个移动的或者固定的点污染源为基础组成的。任何一辆配备原动机的轮船、火车或汽车，任何一座安设蒸汽锅炉的工厂，乃至任何一家（栋）炊饭取暖、燃点煤油灯的居户或办公大楼，都可以看作一个点污染源。不过，对近代上海如此众多的点污染源进行逐一分析是不可能的，因此有必要引申出一个狭义的点污染源概念，即指空间位置上集中在一点或可当作一点的小范围内排放污染物的发生源。近代上海点污染源的出现稍晚于线污染源，19世纪60年代开始零星散布于特定地段内部。在工业化大规模兴起之后，则主要表现为一些独立于面污染源之外的强点污染源。

上海开埠初期，近代工厂主要限于船舶修造等少数行业，且数量有限。

[①]　王维江、吕澍辑译：《另眼相看：晚清德语文献中的上海》，上海辞书出版社，2009，第23页。

[②]　毅贤：《摧残都会健康的煤烟及其预防法》，《科学的中国》1937年第1期。

[③]　蒋维楣等编著：《空气污染气象学教程》，气象出版社，2004，第4页。

洋务运动之际，清政府兴建了以江南制造局、机器织布局为代表的近代工厂，与此同时，外商和民族资本家也纷纷在上海开设缫丝厂、印刷厂、轧花厂、机器厂等近代企业。当时，工厂中已经普遍配置了锅炉、蒸汽机和烟囱，具备了成为污染源的基本条件。[①] 如江南制造局在镟木、铰螺旋、钻凿刮磨、熔铁、铸炮、铸造机器等工作环节，"皆缩于汽炉"[②]。纷纷拔地而起的织布厂都"高竖大烟囱"，缫丝厂亦"烟囱高竖出煤烟"。[③] 这些工厂零星分布在苏州河、浦东沿江地区以及沪南高昌庙一带，彼此与周边地区之间尚没有连接成为工业区，故而总体来看，由其形成的污染源呈点状分布。

自电气事业兴起之后，上海的很多工厂开始向外购电，不再通过自设锅炉生产动力。[④] 至 20 世纪 30 年代初，上海形成了上海电力公司（前身为工部局电气处）、法商电灯公司、闸北水电公司、华商电气公司、浦东电气公司和翔华电气公司六大发电厂并立的局面。据刘大钧的研究，当时上海工厂所耗动力中，租用电力已占总动力消耗量的 60% 左右。[⑤] 在此背景下，独立于工业区和生活区以外的发电厂逐渐演化为强点污染源。实际上，从 1879 年上海第一台蒸汽发电机投入运行起，由发电厂引发的烟尘污染事件便时有发生，[⑥] 尤其突出表现在上海电力公司的煤烟污染问题上。据统计，自 1898 年至 1948 年，上海电力公司斐伦路电厂和杨树浦电厂的煤耗量从 3158 吨增长到 904876 吨，[⑦] 内中绝大部分又为杨树浦电厂所耗。为解决排烟问题，上海电力公司的烟囱越建越高。斐伦路电厂 1896 年所建的混凝土与砖砌混合结构烟囱高 39 米，[⑧] 而杨树浦电厂 1938 年扩建时添设的铁质烟囱更是高达 110 米，为当时国内最高建筑物。[⑨] 但是，由于电厂之内大部分锅炉直到解放前都没有安装

---

① 徐新吾、黄汉民主编：《上海近代工业史》，第 12 页。

② 〔清〕李鸿章：《致总理衙门》，载顾廷龙、戴逸主编《李鸿章全集》第 29 册，第 312 页。

③ 潘超等主编：《中华竹枝词全编》第二卷，北京出版社，2007，第 275 页。

④ 以 1928 年为例，在当年上海工厂动力结构中，电力占 84.72%，蒸汽占 13.06%，柴油占 2.22%。参见上海特别市社会局编：《上海之工业》，中华书局，1939，第 122 页。

⑤ 刘大钧：《上海工业化研究》，第 75 页。

⑥ 《上海环境保护志》编纂委员会编：《上海环境保护志》，第 3 页。

⑦ 上海市电力工业局史志编纂委员会编：《上海电力工业志》，第 91 页。

⑧ 薛士全：《闲话工部局中早期建筑活动》，载上海建筑施工志编委会编写办公室《东方"巴黎"——近代上海建筑史话》，上海文化出版社，1991，第 50 页。

⑨ 潘谷西主编：《中国建筑史》，中国建筑工业出版社，2001，第 346 页。

除尘设备，故而导致电厂附近煤灰遍地，对周围环境和邻近居民生活带来严重影响。[①] 因此，尽管上海存在着多种类型的空气污染源，但是当工部局一位官员观察到发电厂的煤烟能够借助风势飘到市内任何一个角落的时候，他就认定上海电力公司排放的煤烟才是"整个上海煤烟问题的根源"[②]。

二、线污染源

所谓线污染源，主要是指由移动源构成线状排放的污染源。近代上海的线污染源伴随着新式交通方式的开通而出现，主要集中于苏州河、黄浦江等内河沿线以及铁路、公路、煤灰路等陆路沿线一带。

图 6-1　远眺黄浦江上冒烟的轮船（1919）

图片来源：杜克大学所藏中国历史老照片，https://repository.duke.edu/dc/gamble/gamble_297A_1700。

开埠之前，上海的航运业俱用沙船。1842 年夏，英轮"美达萨"号驶入上海港，是上海最早出现的蒸汽轮船。[③] 从 19 世纪 50 年代起，轮船就以"取费既廉，行驶亦捷"，且不受疾风限制等优点，开始被"以期货运妥速"的中外商人采用。[④] 到 19 世纪末，受苏杭开埠和内地货物外运兴盛的刺激，内河

---

① 上海市电力工业局史志编纂委员会编：《上海电力工业志》，第 95 页。
② "Soft Coal Smoke Shrouds City in Unhealthful Sooty Blanket", *The China Press*, August 17, 1935.
③ 王荣华主编：《上海大辞典》（上），上海辞书出版社，2007，第 582 页。
④ 丁日初主编：《上海近代经济史》第一卷，上海人民出版社，1994，第 214–215 页。

轮运业兴起，外国轮船进入吴淞江水域或借由此路驶入运河，再前往苏南、浙北者日益增多，苏州河下游两岸内河港区正式形成。当时，"往来申、苏、杭小轮公司码头均设沪北"[①]。黄浦江上各国轮船竞驶，"帆樯如织，烟突如林"[②]。至 20 世纪初，上海形成了内河、长江、沿海和外洋四大航线，出现了浦东和沿黄浦江一带来往大轮船、内河穿梭小轮船的局面。当时，船用发动机以燃煤蒸汽机为主，因其燃烧效率较低，煤烟喷薄而出，故而"望苏州河一带气管鸣雷，煤烟聚墨，盖无一不在谷满谷，在坑满坑"[③]。黄浦江上怡和、太古、招商三大轮船公司的大轮船也都"煤烟层出上冲天"[④]。煤烟对当时空气质量的影响显而易见，原本"干冷的、晴朗的天"，一遇到"蒸汽船上烟囱里排放的黑烟"，顿时不复存在。[⑤] 终年鸣咽奔流着的黄浦江，因此被煤烟罩上了一层黑色的面纱，直到抗战之后都没有摘去。[⑥] 内河沿线居民长期遭受煤烟之害，苦不堪言。

铁路的修建与通行，构成近代上海另一大线污染源。1897 年，清政府以官帑再建淞沪铁路，次年通车。1908—1909 年间，沪宁、沪杭铁路相继通车，1916 年又建成上海北站至新龙华间的铁路，衔接沪宁、沪杭两条铁路。至此，上海建立起联结内地的铁路交通网。铁路的建成和火车的运行，使得近代上海的烟雾问题更趋严重。首先，火车站因列车往来聚集，引致的尘土、煤烟、恶气问题"妨害人民卫生"实非浅鲜，[⑦] "渐渐地引起公愤，或损及铁路主顾的善意"[⑧]。其次，火车蒸汽锅炉燃煤时常有烟灰飞入客车内部，[⑨] 在有限的空间内引起乘客诸多不适。最后，火车站周边以及铁路沿线地区受煤烟之害颇重。如位于沪南、靠近沪杭车站的大同大学，每当西南风起之时，"乌云似的煤烟

---

①　《各省航路汇志》，《东方杂志》1907 年第 3 期。

②　李维清：《上海乡土志》，第 101 页。

③　《防内河小轮船失事说》，《申报》1899 年 8 月 4 日，第 1 版。

④　〔清〕颐安主人：《沪江商业市景词》卷二，载顾炳权编著《上海洋场竹枝词》，上海书店出版社，1996，第 111 页。

⑤　"Smoke for Shanghailanders", *The China Press*, September 20, 1935.

⑥　聂平：《黄浦江》，《申报》1947 年 6 月 3 日，第 9 版。

⑦　董修甲：《城市交通上之计划》，《申报》1923 年 4 月 9 日，第 11 版。

⑧　为他：《机车的煤烟是个可嫌的东西》，《崇实》1934 年第 5 期。

⑨　赵世瑄：《铁路以电代气又以水生电应否试办》，载交通研究会编《研究报告》1918 年第 6 期，第 13 页。

一阵阵地飞舞而来了，空气中常日满充着炭的成分"①。

1901 年，中国最早的两辆汽车由匈牙利商人运至上海，标志着近代上海公路交通的滥觞和陆上线污染源的初现。此后 30 年间，随着上海公路交通网络密度的提高，汽车保有量逐渐增加，汽车客、货运输业出现发展高潮。1914 年，上海仅有汽车 517 辆。② 20 年后，据《上海市年鉴》统计，上海汽车（除长途汽车）数已接近 3.2 万辆。③ 抗战胜利后，上海继续大量进口外国汽车，仅汽车修理行（厂）就有 144 家，汽车保有量亦不在少数。汽车通行引起的空气污染问题，主要是随意排放尾气造成的。20 世纪 20 年代起，租界内经营公交运营的英商中国公共汽车公司的汽车任意排放尾气，几分钟内一辆汽车排放的"浓密的有害气体，就要比几根大烟囱排放几个小时更严重"④。不管是谁，"只要是在这种汽车后面，就会被浓厚的、有毒的尾气所窒息"⑤。

与近代新式交通工具这类移动的污染源相比，道路本身产生的空气污染问题也不容小觑。上海本地建筑石材缺乏，由外地输入筑路材料成本很高，加之河网密布，在一定程度上制约了早期境内道路事业的发展。开埠之后，随着市政建设的迅速发展和新式交通工具的出现，传统路面已不符合时代要求，近代公路的修筑趋于必然。沪上工厂林立，燃煤量大，煤灰出产亦极多。初时，厂家因煤灰无用之故，多将其铺于小路之上，以期天雨时浮泥不致粘足。华丰、大中华纱厂就因方便工人出行之故，将自宝明电灯公司后起至纱厂一段路程铺填煤屑。⑥ 对于一些草创初期无力铺筑高质量马路的路政机构而言，煤灰路因"所费微而其效佳"，成为较为理想的筑路类型。尤其是自军工路也铺填煤灰后，上海一些主要干道和分支道路纷纷铺填煤灰。⑦ 据《上海市年鉴》统计，1936 年上海华界柏油路、小方路、砂石路、弹街路、煤灰

① 《大同校景之改进》，《申报·本埠增刊》1929 年 5 月 18 日，第 6 版。
② 舒佩实：《谈谈上海的汽车》，《大常识》1929 年第 121 期。
③ 上海通志馆年鉴委员会：《上海市年鉴（1936）》，中华书局，1934，M，第 23—24 页。
④ "Statistics for Advocates of Clean Air", *The North - China Herald*, August 5, 1936.
⑤ "Just a Little Matter of Smoke", *The China Weekly Review*, November 5, 1932.
⑥ 《吴淞商埠局办理路政之进行》，《申报》1921 年 7 月 31 日，第 14 版。
⑦ 旨显：《改良煤灰路面铺筑方法建议》，《申报·汽车增刊》1923 年 2 月 10 日，第 1—2 版。

路等新式道路宽度在 9 米以上者共计 528 公里，内中煤灰路以 152 公里居首，接近总长度的 30%。[①] 抗战期间，上海煤灰路长度进一步延伸。至 1949 年初，上海市区道路总面积约 750 万平方米，其中低级路面（煤灰、碎石和泥土路面）仍达 157 万平方米，占总面积的 21% 左右。[②] 由于煤灰松散，不易固结，"一遇天晴则尘灰四扬，妨碍呼吸"[③]，故而使人于煤灰路上行走之时常怀有"飞沙走石之慨"[④]。有诙谐幽默之沪人自感煤灰路扬尘现象之严重，特将唐代诗人韩翃《寒食》一诗中"春城无处不飞花"一句笺注为"春申无处不飞沙"。[⑤] 与其说是一种消遣和自娱，倒不如说是自嘲和无奈。

三、面污染源

面污染源系指时空上无法定点监测的，以面状形式排放污染物的污染源，主要出现在上海工业区形成以及居民普遍使用煤球和煤油之后，典型排放源有烟囱、煤炉和煤油灯具等。

甲午战争后，在帝国主义全球资本输出的背景下，日本、欧美等外商纷纷赴沪投资设厂，上海的近代工业进入快速成长时期。最初，这些工厂集中在杨树浦沿岸的沪东工业区和苏州河沿岸、租界以曹家渡一带的沪西工业区之内，由此导致沪东和沪西工业区最先向面污染源演化。当时，"任何人只要参观苏州河或者虹口的工厂区，就会注意到这里有大量的、持续不断喷出烟雾的烟囱"[⑥]。1904 年，由德国至上海的多夫兰博士从吴淞江上眺望两岸，即看到工厂的烟囱"森林般地耸立在上方，冒出的浓烟飘散在整片地区里"[⑦]。由于租界空间有限，地价增值快，随着工厂数量的增多和产业升级的需要，工业区逐渐以租界为中心向闸北、沪南以及浦东地区扩散。到 20 世纪二三十年代，在黄浦江和苏州河沿岸已经基本形成了沪东、沪西、沪南、闸北、浦东

---

① 上海通志馆年鉴委员会：《上海市年鉴（1937）》，中华书局，1937，M，第 2—3 页。

② 陆兴龙等：《城市建设变迁》，上海社会科学院出版社，1999，第 107 页。

③ 朱贞白：《上南长途汽车路应设钢轨之吾见》，《申报·汽车增刊》1922 年 5 月 13 日，第 4 版。

④ 映雪：《陆家浜的沧桑》，《大公报》（上海）1937 年 1 月 31 日，第 15 版。

⑤ 碧波：《什锦唐诗笺注》，《申报》1926 年 4 月 25 日，第 17 版。

⑥ "The Smoke Nuisance In Shanghai", *The North - China Herald*, August 14, 1896.

⑦ 王维江、吕澍辑译：《另眼相看：晚清德语文献中的上海》，第 228—229 页。

五大工业区同时并存的局面。[1]

一座座拔地而起的厂房，一根根喷吐着煤烟的烟囱，一支支鸣叫着的汽笛，一群群蜂拥着赶往工厂的工人，正是各工业区内日常景观的真实写照。郭沫若在创作于 1920 年 6 月的《笔立山头展望》一诗中，把工厂烟囱比喻为"黑色的牡丹"[2]，形象地反映出上海面污染源的外在形态和特征。1935 年，有人从南京西路上海国际饭店 284 英尺的楼顶上俯瞰上海全景，看到闸北工业区内"大量的工厂在排放着数吨的烟雾"[3]。1937 年，沪南斜桥一带矗立着"无数深灰色的工厂烟囱"，它们"喷吐出浓黑得很的黑烟，被风吹弄得像乌云似的在空中播腾"，使得当地满街飞扬着灰尘，"像漫天黄沙的北国"。[4] 工业区内的大量煤烟排入空中，势必对室外空气造成严重污染。比如沪东杨树浦和闸北工业区内每天的煤灰沉积量是"令人吃惊的多"，以致在一间敞开的房间里，桌子上的煤灰越来越厚。[5]

在导致近代上海空气污染的诸多因素之中，家用燃煤的消耗同样充当着重要角色。如前所述，上海虽然早在 1865 年时即已使用煤气，但因其售价高昂，并没有得到普及。煤炭的使用也很少，一般居民家庭仍以柴薪为代表的有机植物型燃料为主。自"煤炭大王"刘鸿生于 1926 年创办中华煤球公司之后，煤球在上海开始得到推广使用。上海居民咸感用煤球烧菜和煮饭较之柴薪方便，取费又廉，于是煤球销路渐好，逐渐成为"市民日常最普遍之燃料"[6]。卢汉超认为从 20 世纪 30 年代中期始，煤球已是 98% 的上海居民做饭取暖的唯一能源。[7] 值得注意的是，除了居民生活所用，各类办公机关、学校、商贸大楼、职工食堂、饭店等公私部门也逐渐以煤球为主要燃料。煤球

---

[1] 戴鞍钢:《中国近代经济地理（第二卷）：江浙沪近代经济地理》，华东师范大学出版社，2014，第 111 页。

[2] 《笔立山头展望》，载郭沫若《郭沫若诗选》，浙江文艺出版社，2001，第 59 页。

[3] "Bird's Eye View of Shanghai Free to All from Park Hotel", *The China Press*, February 23, 1935.

[4] 维钧:《斜桥杂写》，《大公报》（上海）1937 年 2 月 2 日，第 15 版。

[5] "Smoke Nuisance Brings New Problem to City as Soot Particles Fly", *The China Press*, April 8, 1934.

[6] 《煤球厂业损失惨重》，《大公报》（上海）1937 年 12 月 2 日，第 4 版。

[7] 卢汉超:《霓虹灯外——20 世纪初日常生活中的上海》，段炼等译，山西人民出版社，2018，第 228 页。

燃烧之时，青烟袅袅，冉冉升起，在天空中形成淡灰色的纹样，致使原本"清新的空气一下子就染得恶浊了"①。由于使用人数多，涵盖范围广，由其造成的煤烟污染问题逐渐突出，成为导致空气污染的一大面污染源。

在考察近代上海面污染源的形成过程之时，不应忽略室内灯具和炉具应用过程中产生的室内空气污染问题。近代以前，江南城乡居民普遍使用植物油灯照明。开埠之后，上海传统的光能利用结构发生根本性改变，煤油灯、煤气灯和电气灯等新式照明灯具相继出现。煤油灯虽然在亮度上不及煤气灯和电气灯，但是尚比植物油灯为高，而且售价较低。于是，"人皆乐其利便，争相购用"②，很快成为平民阶层最普遍的室内照明灯具。煤油灯倘缺少灯罩，则燃烧之时"煤灰飞扬"③，即便安装灯罩，也会产生大量的微细煤灰。此外，冬季之时，上海很多居民都将缺少烟囱装置的煤球炉和风炉、脚炉、天津火炉安放于室内，炊爨之余，兼作取暖之用。居民鉴于室外天气严寒，多将门窗紧闭。倘在室内搅动燃煤，则易致灰尘四布，④碍于卫生处甚多。从部分与整体关系的角度来看，上海市内单户住家室内空气的污染是住宅区空气污染问题的重要组成部分，而住宅区空气面污染源的形成，则必然会对城市总体空气环境质量产生负面影响。

总之，至 20 世纪 20 年代左右，上海已经形成了点、线、面三位一体的空气污染源地理体系。从总体上来看，上海已然演变成为一个庞大的、"全部浸在煤烟尘灰之中"⑤的城市体污染源。当时，居住在上海的"任何人都可以证明上海过于灰暗、乌黑和多尘"⑥。到 1930 年时，上海煤烟污染问题之严重超乎一般想象，"就是清晨走出来，也呼吸不到一点新鲜的空气"⑦。一些从城市以外遥望上海的人们，对于上海的空气污染现象留下深刻的印象。如在闸北、江湾或南市、龙华等处乡村远望上海，"只见半空中烟雾弥漫，十里洋场

---

① 李辉英：《母子之间》，《申报》1936 年 9 月 18 日，第 17 版。

② 《慎用火油说》，《申报》1891 年 8 月 31 日，第 1 版。

③ 严伟修、秦锡田等纂：《南汇县续志》卷十八，风俗志一·风俗，第 867 页。

④ 李希贤：《用炉御寒之要点》，《申报》1923 年 2 月 8 日，第 11 版；东耳：《煤气中毒》，《妇女界》1941 年第 5 期。

⑤ 杨剑花：《上海之夜》，《珊瑚》1933 年第 17 期。

⑥ "Soft Coal Smoke Shrouds City in Unhealthful Sooty Blanket", *The China Press*, August 17, 1935.

⑦ 珂：《转学》，《申报·本埠增刊》1930 年 9 月 17 日，第 2 版。

完全埋在烟雾丛中，分不出什么是高楼，什么是矮屋"[1]。黄昏之时，从浦东码头远望上海，可见煤烟和晚雾相混，"把上海全城笼罩在灰色幕中"。即便是高大耸立的沙逊巨厦、汇丰银行大楼和海关钟楼，也仅能"露出依稀影子"。[2]

第二节　煤烟污染程度的定量估测

空气污染气象学将污染物排放量超过环境自净能力作为判定一地产生空气污染问题的重要参照标准之一。现代空气污染气象学以实验方法为主，以现场观测、数学模拟和室内流体物理模拟为基本手段，侧重通过对相关数据的系统搜集和分析，推进对空气污染问题的研究。[3] 由于新中国成立之前上海并不存在系统的空气质量监测资料，故而上述方法均不可行。那么，可否采用其他途径来对近代上海的空气污染程度进行定量估测？实际上，历史资料中有关近代上海空气污染问题的大量记载，在一定程度上可以弥补系统性监测资料的不足。本节通过对相关历史资料的整合和梳理，尝试对近代上海特定年份间空气环境质量以及烟尘、二氧化硫排放量做初步定量估测。

一、污染时间长

保留至今的近代上海天气预报资料，提供了借以了解当时气象状况和空气质量的可能。上海开展天气预报业务历史较早，光绪五年（1879）徐家汇观象台就通过对沿海一些灯塔气象记录的分析，做出台风预报。光绪七年十一月十二日（1882年1月1日）起，上海报纸上开始刊登中国沿海天气预报，分散在以"气候报告""天气报告""天气预报""天气预告""气象预测"为标题或一些专题性气象新闻报道等栏目中。不过，在抗战胜利之前，上述预报多是针对东亚海域、扬子江流域及东部沿海地区进行大范围预测，对上海局地的天气预报很长时间内限定在简单的气温预测和气象预报方面，且难

---

① 鼎鼎：《上海的繁荣是如此》，《上海周报》1933年第15期。
② 星野：《我来自东（十八）》，《申报》1934年8月9日，第17版。
③ 蒋维楣等编著：《空气污染气象学教程》，第1、15—16页。

以形成系统连贯的气象资料。自 1945 年上海气象台成立后，气象部门开始侧重对包括上海在内的东亚地面天气情况进行针对性预测，并将预测结果发布于中、英文报纸之上，俾众周知。[①] 由于仪器设备、通信条件和预报员水平有限，天气预报的分析精度和准确率难免会受到一定影响，但这毕竟是当时关于上海相对完整的天气预报资料，能够基本反映出近代上海的整体天气状况。

图 6-2 根据《申报》所载上海气象台发布的天气预报资料，对 1946—1948 年间上海雾天和霾天数进行了统计，并描绘出每月总的雾天和霾天数量变化趋势。在排除掉内中天气状况不明的 54 天外，可以发现此三年内上海的天气状况具有两个显著特征。一是雾天和霾天总日数多（764 天），占三年总日数的 70% 左右。这与外国记者所观察到的 "除非在一些个别的晴天"，上海 "经常弥漫着一层烟雾"[②] 的现象保持高度一致。二是春末至秋初（5—9 月份）的雾天和霾天日数（251 天）明显少于其他季节（513 天）。其中，以 7 月份最少（39 天），仅占当月总日数的 43% 左右；11 月份最多（81 天），占当月总日数的 90%。年老体弱者由于对空气质量要求相对较高，因此喜欢夏天，厌恶冬天者不在少数。正如一位王姓老太所言："一到夏天，我就复活了，到冬天，我就病恹恹的不舒服。"[③] 这从侧面反映出近代上海空气污染程度存在着季节性差别。

雾的形成须以空气中的浮尘或者煤屑、煤灰为凝结核，若无此中心则不能结雾。[④] 近代西方主要国家工业化过程中工厂集聚的城市往往多雾，伦敦更是被冠以 "雾都" 的称号，其原因与当地巨量的煤炭消耗以及煤烟排放量有关。[⑤] 因为煤烟不但能够为雾的形成提供大量凝结核，而且能降低空气的流动性，使雾更为浓密，延长雾天持续的时间。[⑥] 关于霾的记载，我国早在三千多年前就已存在，大体指尘土飞扬的天气现象。民国年间气象专家认为

---

① 《上海气象志》编辑委员会编：《上海气象志》，上海社会科学院出版社，1997，第 228—230 页。

② "Smoke Nuisance Brings New Problem to City as Soot Particles Fly", *The China Press*, April 8, 1934.

③ 李辉英：《母子之间》，《申报》1936 年 9 月 18 日，第 17 版。

④ ［日］稻叶良太郎、小泉亲彦：《实用工业卫生学》，程瀚章译，商务印书馆，1927，第 110 页。

⑤ ［美］彼得·索尔谢姆：《发明污染：工业革命以来的煤、烟与文化》，启蒙编译所译，上海社会科学院出版社，2016，第 32—33 页。

⑥ 呵柯讷（J.O'ConnerJr）：《煤烟之四害》，赵元任译，《科学》1916 年第 8 期。

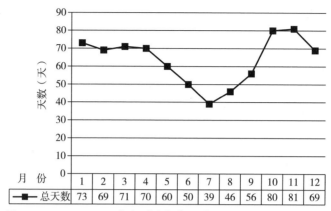

图 6-2　1946—1948 年间《申报》所载上海雾天和霾天数统计

注：（1）1946 年共 9 天不明（1、3 月各 1 天，8、10 月各 2 天，5 月 3 天）；（2）1947 年共 28 天不明（1 月 6 天，6 月 1 天，7、11 月各 2 天，12 月 3 天，10 月 4 天，8、9 月各 5 天）；（3）1948 年共 17 天不明（3、5、6、10、11 月各 1 天，9 月 3 天，1 月 4 天，2 月 5 天）。

资料来源：《申报》1946—1948 年各期。

雾和霾虽在相对湿度、颜色以及成分方面有一定区别，但是都指大气中混杂有悬浮颗粒物而致使天气晦暗不明，能见度不足 1 公里的天气现象。[①] 可见，不管是雾还是霾的形成，都与煤烟中蕴含的颗粒物存在密切关系。因此，图 6-2 关于雾天和霾天数量的统计，清晰地揭示出上海在 1946—1948 年间空气质量已趋于整体性恶化的一面。实际上，抗战之后，因受南京国民政府大打内战和恶性通货膨胀的影响，上海的工业生产能力已较之战前严重不足，[②] 煤炭消耗量以及煤烟排放量不会超过战前水平。如果考虑到这一点，就有理由相信在经济相对繁盛的二三十年代，上海的空气质量当更加令人担忧。

二、污染程度深

关于近代上海的能源消耗量问题，目前学界尚无专文进行探讨。《中国旧海关史料》载有近代上海煤炭进出口系列数据资料，不过正如前文所研究的

---

① 庐鎏编著：《中国气候总论》，正中书局，1947，第 177 页。
② 以面粉厂为例，1948 年上海全市各厂的开工率仅约为当年生产能力的 37.5%。卷烟厂、毛纺织厂、机器厂的情况亦与此类似。参见戴鞍钢、阎建宁：《中国近代工业地理分布、变化及其影响》，《中国历史地理论丛》2000 年第 1 期。

一样，这些数据尚不能够完全反映煤炭进出口的真实规模。如果考虑到上海对于煤炭的需求量要远大于供给外地部分的话，那么可推测上海经由轮船以外方式输入内部的煤炭数量应高于利用同一方式输出至其他地区的数量。姑且假定这两部分相互抵消，则可将海关资料所载煤炭净输入量作为上海的最低煤耗量。

考虑到因1931年厘金取消导致的海关统计准确性下降问题，本章把对《旧海关史料》的利用时段下限定在1930年，1931—1937年数据补自其他相关资料。此外，从用途上而言，近代上海所消耗的煤炭可分为工业（航运）用烟煤和生活用无烟煤两大类。关于其相对比例，有人亦估算20世纪20年代上海煤炭销售量的90%是供给工厂和航运业之用，住户和铺家日用只占10%。[①] 再据1933—1937年间上海全市煤耗情况，白煤和柴煤占总量的13%，其余87%为烟煤。[②] 可见，将工业（航运）用烟煤与生活用无烟煤的比例定为9:1是较为合适的。由于无烟煤基本上全被制作为煤球加以使用，故需分别计算烟煤和无烟煤的烟尘排放量。除了耗煤量，在表6-1所列烟尘和二氧化硫排放量理论计算公式中的煤炭灰分含量、烟气中灰分占燃煤灰分比例、烟气中可燃物比例、燃煤中的全硫分等相关参数中，选择各自参数范围的中间值，以此来估测燃煤产生的烟尘和二氧化硫的可能排放量。

表6-1　近代上海烟尘、二氧化硫排放量计算公式及相关参数表

	烟尘排放量		二氧化硫排放量
理论计算公式	燃煤烟尘排放量＝耗煤量 × 煤中灰分含量 × 烟气中灰分占燃煤灰分比例 × （1－除尘率）/（1－烟气中可燃物比例）	理论计算公式	燃煤二氧化硫排放量＝2× 可燃硫占全硫分的比率 × 燃煤中的全硫分 × 耗煤量 ×（1－脱硫率） 燃油二氧化硫排放量＝2× 燃油量 × 燃油中的全硫分含量 ×（1－脱硫率）
燃煤含灰量	烟煤 10%~30% 无烟煤（加工为煤球后）18%~28%	燃煤可燃硫占全硫分比例	一般为80%

① 《煤业公会电请援例减税》，《申报》1927年9月23日，第9版。
② 金芝轩:《上海之煤炭供给》，《申报》1939年1月8日，第9版。

（续表）

烟尘排放量		二氧化硫排放量	
燃煤烟气中灰分占燃煤灰分比例	烟煤 30%~60% 无烟煤 15%~25%	全硫分比例	燃煤 1% 燃油 2.75%
除尘率	0	脱硫率	0
燃煤烟气中可燃物比例	15%~45%	—	—
燃煤烟尘实际排放量	烟煤烟尘排放量＝耗煤量×20%×45%×1/（1~0.3） 无烟煤烟尘排放量＝（耗煤量/0.8）×23%×20%×1/（1~0.3）	二氧化硫实际排放量	燃煤二氧化硫排放量＝2×80%×1%×燃煤量×1 燃油二氧化硫排放量＝2×燃油量×2.75%×1

注：（1）关于燃煤烟尘和二氧化硫排放量理论计算公式、无烟煤燃烧产生烟气中灰分占燃煤灰分比例、烟气中可燃物比例、可燃硫占全硫分比例等参数的详细说明，参见陈剑虹、杨保华编著：《环境统计应用》，化学工业出版社，2010，第 100-101 页。

（2）燃油二氧化硫排放量的理论计算公式，参见刘清等主编：《大气污染防治》，冶金工业出版社，2012，第 31-32 页。

（3）解放初期，上海工业用煤以烟煤占绝大比例，含灰量一般在 10%~30%（《上海环境保护志》编纂委员会编：《上海环境保护志》，第 194 页）；无烟煤基本上都被制作为煤球，内中煤屑和黄泥的比例一般为 8∶2（实业部国际贸易局编印：《中国实业志·江苏省》第 8 编，第 973 页），煤灰含量少者如电力煤球为 18%（《电力煤球新贡献》，《申报》1938 年 12 月 4 日，第 12 版），多者如以大冶煤制成的煤球为 28%（轶：《上海之柴煤战》，《矿业周报》1934 年第 287 期）。

（4）解放前，上海生产用煤（烟煤）燃烧产生烟气中灰分占燃煤灰分的 30%~60%（《上海环境保护志》编纂委员会编：《上海环境保护志》，第 194 页）。

（5）直到解放初期，上海仍没有治理、回收炉灰的设备，可以认定除尘率基本为 0（《上海环境保护志》编纂委员会编：《上海环境保护志》，第 193 页），脱硫率亦当如此。

（6）燃煤中所含硫分比例因煤炭种类的不同而存在差别，但即便是"上等之焦煤，尚含有 1% 的硫黄"（［日］稻叶良太郎、小泉亲彦：《实用工业卫生学》，第 109-110 页）。

（7）燃油中所含硫分比例在 0.05%~5%，参见北京市环境保护科学研究所《国外城市公害及其防治》编译组：《国外城市公害及其防治》，石油化学工业出版社，1977，第 95 页。

（8）在计算燃油二氧化硫排放量时，将《中国旧海关史料》中所载上海净输入燃油量按照 1 吨等于 308 美加仑（杨金华、徐建山主编：《石油商务大全》，石油工业出版社，2002，第 539 页）的标准统一折算为吨。

与煤炭相比，近代上海在燃油（煤油、柴油、汽油）净输入量及其利用过程中的烟尘和二氧化硫排放量情况均存在明显差异。首先，由于近代国产石油资源出产很少，因此江南进口的燃油本全为外国所产，其中尤以美孚、亚细亚、德士古三大石油公司产品为主。燃油运输主要依靠轮船，而轮船贸易被纳入海关贸易统计范围之中，故而《旧海关史料》中所载上海净输入燃油数量能够基本反映上海本地的实际消耗情况。其次，燃油产生的烟尘很少，每吨燃油只有 0.1 公斤，灰分比例仅为 0.01%，[①] 因此表 6-1 不再对燃油的烟尘排放量做单独计算。最后，燃油中所含硫分比例较之煤炭为高，一般在 0.05%~5%。本章参照计算燃煤烟尘及二氧化硫排放量的方式，亦取相关值域的中间值，即 2.75%。此外，燃油所含硫成分在燃烧过程中几乎被完全燃烧，经氧化反应后形成的二氧化硫同样被完全排入空气之中，由此决定燃油中可燃硫占全硫分的比例较之煤炭为高，接近 100%。在将燃煤的烟尘排放量和燃煤、燃油的二氧化硫排放量汇总之后，分别将两者每一年的排放量除以当年上海市区面积，[②] 计算出上海每年每平方公里内烟尘和二氧化硫的排放量，以此从整体上把握近代上海空气污染的程度。

据图 6-3 可知，1890—1937 年间，上海每年每平方公里的烟尘排放量虽然呈起伏状态，增长并不稳定，但总体来看呈上升趋势。烟尘排放量由最初的 30 余吨涨至 1930 年的峰值 800 吨左右，涨幅接近 27 倍。尤其自一战前后开始，排放量呈加速增长态势。抗战前十年内（除 1932 年），几乎每年每平方公里的排放量都在 700 吨以上，这与上海整体经济态势走势良好密切相关。同一时段内，二氧化硫排放量增长趋势相比烟尘平缓得多，从最初的不足 10 吨涨至 1934 年的峰值 200 余吨，涨幅也要超过 20 倍。不过，与煤炭不同，燃油的二氧化硫排放量自 20 世纪 20 年代中期后才开始加速增长，与该时段上海燃油尤其是柴油和汽油消耗量的增长存在密切关联。

[①]　北京市环境保护科学研究所《国外城市公害及其防治》编译组：《国外城市公害及其防治》，第 95 页。

[②]　上海市区面积 1843—1927 年为 557.85 平方公里，1927—1937 年为 527.5 平方公里。参见邹依仁：《旧上海人口变迁的研究》，上海人民出版社，1980，第 92 页。

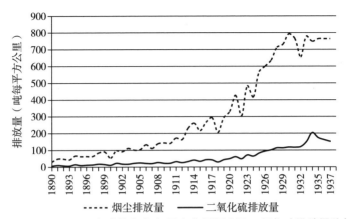

图 6-3　1890—1937 年上海每年每平方公里烟尘及二氧化硫排放量趋势图

资料来源：（1）1890—1930 年煤炭和燃油（煤油、柴油、汽油）净输入量，据《中国旧海关史料》第 16-109 册相关部分整合统计；（2）1931—1934 年煤炭消费量参见侯德封：《中国矿业纪要（第五次）》，实业部地质调查所、国立北平研究院地质学研究所印行，1935，第 120-121 页；（3）1933—1937 年上海平均耗煤量为 325 万吨左右，参见金芝轩：《上海之煤炭供给》，《申报》1939 年 1 月 8 日，第 9 版。

　　与同时段国外一些重要的工业城市相比，近代上海的空气污染物排放量处于何种水平？ 1890 年，上海的二氧化硫排放总量为 3500 吨左右，仅及伦敦十年前排放量（3.4 万吨左右）的十分之一。[1] 1909 年，格拉斯哥首席公共卫生督察彼得・法伊夫估计市内每平方公里的烟尘降量为 317 吨，[2] 同年上海的排放量为 144 吨，约为前者的 45%。再据大阪煤烟防治研究会的测算，1913 年大阪市内五区平均每平方里烟尘降量为 488.96 吨，[3] 折合每平方公里 1956 吨。同年上海的排放量为 230 吨左右，只及前者的 12% 左右。不过，19世纪末，一些外国记者就已根据租界周边工厂建设的高速度，推断"不久之后，上海可以与谢菲尔德或者伦敦在烟气污染方面的表现相提并论"[4]。尤其

---

①　Galton，S.D.S，*On Some Preventible Causes of Impurity in London Air*（ London：W. Trounce，1880），p.68.

②　[美] 彼得・索尔谢姆：《发明污染：工业革命以来的煤、烟与文化》，第 138 页。

③　[日] 中条义守：《煤之燃烧与煤烟防止》，田和卿译，《工业安全》1936 年第 2 期。

④　"The Smoke Nuisance in Shanghai"，*The North - China Herald*，August 14, 1896.

是一战前后，西方主要资本主义国家开始了一次能源①结构的转型，石油在总能耗结构中的比例不断上升，②由燃煤产生的烟尘降量呈下降趋势。相比而言，上海却在不断巩固以煤炭为主的一次能源结构，对煤炭的需求与消耗量不降反增，烟尘排放量的同步增加自在情理之中。因此，没用多久，上海的烟尘排放量就凌驾于西方的一些主要工业城市之上。据相关学者估计，20 世纪 20 年代早期，每年降落在伯明翰的烟尘和道路扬尘量达到每平方公里 154 吨，③同时段上海烟尘排放量已超过 300 吨，个别年份则超过 400 吨（1921 年为 427 吨，1923 年为 483 吨）。1934 年左右，大阪每平方公里烟尘降量下降至 306 吨，伦敦为 266 吨，④而上海的排放量则上升到 700 吨以上，比大阪与伦敦两大工业城市的总和还要多。抗战之前，上海的烟气污染问题持续恶化，"几乎比任何一个欧洲的和美国的城市都要严重"⑤，空气污染程度已远超区域内自然环境的自净能力，想必没有问题。

第三节　煤烟污染问题的主要肇因

因煤炭、燃油等矿物能源的消耗而排放的煤烟，是导致空气污染问题得以产生的根本原因。此外，还有一些其他因素"助推"了该问题的产生。煤

---

①　一次能源是指在自然界中未经加工即可直接利用的能源，主要包括煤炭、石油、天然气等不可再生能源和太阳能、风能、水能、生物质能等可再生能源。参见邹广严主编：《能源大辞典》，四川科学技术出版社，1997，第 4 页。

②　依照瓦科拉夫·斯米尔的看法，一国在由一种能源系统向另一种新能源系统转型的过程中，如果新能源在能源消费总量中的比例达到 5%，则可认为是能源系统开始转型的标志〔Energy Transitions: History, Requirements, Prospects（Santa Barbara: Praeger, 2010），p.63〕。据此，美国、英国、荷兰等西方发达国家至迟在 1926 年都已开始了由煤炭系统向石油系统的转型，而全球同一进程的转型则始自 1920 年左右（裴广强：《近代以来西方主要国家能源转型的历程考察——以英荷美德四国为中心》，《史学集刊》2017 年第 4 期）。

③　A.K.Chalmers, The Health of Glasgow, 1818-1925: An Outline（Glasgow: Corporation, 1930），p.168.

④　东北人民政府卫生部教育处：《工厂卫生》，东北人民政府卫生部教育处出版科，1950，第 30 页。

⑤　Calvin S.White, "Smoke Nuisance in Shanghai Said Going from Bad to Worse", The China Press, July 24, 1937.

烟排出之后，可以通过两种途径予以解决：一是将煤烟吸收，转化为清洁气体，这是一项根本性措施；二是尽快将煤烟扩散和稀释，这是一种相对消极性举措。假如两种途径均能通畅无阻，就可以尽量减少煤烟与人类社会接触的空间和时机，将空气污染带来的危害降至最低，甚至消解于无形。事与愿违的是，近代上海上述两种途径的不通畅，在相当程度上加重了空气污染的程度和影响，并最终使得煤烟问题演化为严重的区域性环境问题。

一、吸收与转化能力不足

煤烟成分较为复杂，包含的固体成分主要有炭、煤焦油、灰分、硫黄、氮等，气体成分主要有碳氢化合物、硝酸、二氧化硫、氯化氢、二氧化碳、氨等。[①] 严格来说，人工除尘设备和自然植物是吸收和转化煤烟污染物的两个主要中介载体。然而，近代上海工厂和家庭所用炉具绝少安装除尘设备，因此对于污染物的吸收和转化主要依赖于植被。植物可以在大面积范围内长时间、连续性地净化空气，吸收煤烟中所含有的多种空气污染物，并将其转化为清洁气体和营养物质。比如植物叶子体内形成 1 克葡萄糖需要 2500 升空气中所含有的二氧化碳，而一公顷阔叶林每天则能吸收 1000 公斤二氧化碳，释放 730 公斤氧气。在含有二氧化硫较多的污染区，植物能够在叶中含硫量超过正常叶子 5~10 倍的情况下，将吸收的二氧化硫转化为亚硫酸盐，然后再氧化为对生长有益的硫酸盐。与此同时，植物还能够有效吸收和转化氯化氢、氯气、二氧化氮等其他有毒成分，表现出很强的空气净化能力。此外，植物叶子上的绒毛能够分泌黏液，对粉尘起到拦截、吸附和过滤的作用。据统计，一公顷森林的叶面积总和是森林占地面积的 75 倍。一公顷松树林一年可滞留灰尘 34 吨，云杉林为 32 吨。阔叶林滞灰能力更强，一公顷水青冈林可达 68 吨。[②] 因而，在空气污染浓度高、影响范围广的城区之内，广栽树木，培育绿植，是净化空气和阻碍污染物扩散行之有效的办法。

近代中国的一些知识分子已经认识到植被与卫生之间的关联，认为在煤

---

① 东北人民政府卫生部教育处：《工厂卫生》，第 30 页。
② 黄真池、张保恩编著：《茂绿的草木》，广州出版社，1997，第 84—86 页。

烟四溢、炭气弥漫的大上海，"若无树木为之调剂，则居民于卫生方面恐将受极大之打击"①。有人因此在《申报》上鼓励种植树木，期望在供给建筑材料及燃料的同时，发挥植物调节空气、抑制尘沙、增加城市美观和裨益人民卫生的目的。② 总体来看，近代上海的城市绿地主要由四部分组成：（1）利用江河涨滩、河道湿地等公共土地设置的花园和绿地；（2）单位内部绿化，如领事馆、工部局、巡警房等政府部门内部庭院绿地和教堂、学校、公墓园地等公共部门绿地；（3）道路行道树绿地；（4）里弄内的零星绿地。无论就哪一类型来看，绿化情况都不容乐观。绿色植物的稀少，使得上海市民体验不到春夏秋冬季节的变化，因为自始至终每天都是"马路上见不到一株青草，天空里老是布满着煤灰，乌乌（呜呜）汽笛代替了小鸟的啁啾"。有人认为如果非要寻找上海的春天，那么只能体现在商店橱窗里女性服装的应季变化上。③ 此言虽有夸张成分，但直白地反映出近代上海城市绿化率的严重不足。既然连绿色植物自身的培育和生长都问题重重，那么幻想"城市之肺"在吸收和转化不洁空气方面能够充分发挥功用，则必然是不现实的。

二、扩散与稀释能力有限

空气污染物的扩散与稀释，需要以一定的地理空间为前提。空气污染气象学认为近地面结构、风力和湍流强弱、气温和大气稳定度等因素都会对一定空间内空气污染物的扩散和稀释产生重要影响。④ 在对近代上海空气污染问题产生原因的考察过程中，可以清晰地发现某些人为的安排限定了污染物扩散与稀释所需要的空间，而自然地理以及气候因素也在一定程度上加重了空气污染之于人类社会的影响。

1.工业区与住宅区混杂，煤烟影响范围广

开埠之后，上海城区面积不断扩大。不过，城市人口增长的速度还要超过城区面积扩展的速度，人口密度与城市空间的矛盾愈发加剧。1810年，上

① 骏：《道旁之树木》，《申报·本埠增刊》1925年9月23日，第1版。
② 洋洋：《行人道上种树之必要》，《申报·本埠增刊》1934年11月6日，第5版。
③ 毓：《春天在上海》，《大公报》（上海）1937年3月2日，第13版。
④ 蒋维楣等编著：《空气污染气象学教程》，第5–12页。

海县人口接近 53 万人，平均每平方公里人口密度超过 626 人。[1] 1865 年左右，上海华界每平方公里人口密度为 980 人，至 1941 年左右增至接近 3000 人。同时段内公共租界人口密度由 3.8 万人左右增至 7 万人左右，法租界则由 7.3 万人左右增至 8.3 万余人。[2] 在如此高人口密度的地理空间范围内，倘若建筑布局不合理，空气污染物就很难得到有效扩散和稀释，继而会对人类社会带来负面影响。实际上，在近代上海紊乱的城市功能分区安排下，大中小型工厂、手工工场以及作坊长期与住家混杂在一起，正是导致区域内空气污染问题加剧的主要原因之一。

工业厂房和居民住宅的混杂模式主要有两种。一种是在住宅区之内兴建工业厂房。上海虽为近代中国的工业中心，但拥有先进生产设备的大中企业究属少数，数量更多、占比更大的仍是小企业。据刘大钧的研究，仅就上海民族资本工厂中不符合工厂法规定（须用机器动力，且雇佣工人在 30 人以上）的小工厂而言，1931 年有 960 余家，1933—1934 年共有 2400 家左右，均占当年全部工厂数的 60% 左右。[3] 这类小工厂由于普遍资本不足、依靠廉价劳动力从事生产，加之开工停业带有很大盲目性和不确定性，无法像大企业一样形成稳定聚集区，因此很多倾向于将厂房安置于租金低廉、劳动力资源丰富的旧式里弄住宅区内。[4] 除了高级花园里弄和新式里弄，近代上海几乎每弄数厂，小如手工业作坊，大如修配、加工厂、机器厂也都分布在弄堂里。[5] 从地域上来看，里弄工厂主要集中在公共租界边缘地带以及闸北地区。据上海市社会局 1933—1935 年的调查，全市手工业工场共计 5874 家，工人数为 28676 人，平均每家工厂不足 5 人，集中于上述两区域者占总数的 73% 左右。[6] 此外，沪南小规模工厂同样很多，亦当遍布弄堂和街巷。[7] 为节省建造成本，弄堂工厂的烟囱大多较为低矮。由此，烟囱中排放的煤烟对于邻近

① 胡焕庸、张善余：《中国人口地理》（上册），华东师范大学出版社，1984，第 56 页。
② 邹依仁：《旧上海人口变迁的研究》，第 97 页。
③ 刘大钧：《上海工业化研究》，第 73 页。
④ 左琰、安延清：《上海弄堂工厂的生与死》，上海科学技术出版社，2012，第 22-23 页。
⑤ 张济顺：《远去的都市：1950 年代的上海》，社会科学文献出版社，2015，第 372 页。
⑥ 实业部统计处编印：《农村副业与手工业》，文心印刷社，1937，第 200-210 页。
⑦ 《上海的煤烟问题》，《大公报》（上海）1937 年 7 月 9 日，第 13 版。

住户卫生影响甚大，导致里弄空气污染问题层出不穷。1937年7月，拉都路（今襄阳南路）、霞飞路（今淮海中路）交界处明霞村弄堂内的一家洗衣作坊每天排放出黑色浓烟，"实在是妨害了全弄堂的公共卫生"，致使"全弄堂的人对此都非常不满"。① 直至新中国成立之前，里弄工厂产生的煤烟问题，都没有得到根除。

工业厂房和居民住宅相混杂的另一种模式，是在工业区内部兴建住宅用房。近代上海各大工业区形成之后，以工人为主的低收入家庭倾向于在工厂周边地区租赁房屋，"大抵皆欲居家近于工厂，以谋往返之便"②。据1926年上海青年协会职工部朱懋澄的调查，上海工人住房可分为上等住宅、二等住宅、工厂自建住房、客站及寄宿所、草棚等五大类型。③ 除上等及二等住宅因租费较高，一般工人少有居住，其余三种住宅均有大量工人租赁或居住，且基本全都集中在工厂周边地区。以工厂自建住房为例，近代上海有不少华资纱厂在工厂附近建造工房，如统益纱厂所建统益各里，溥益纱厂所建溥益各里，厚生纱厂所建厚生坊、厚生里、厚生巷等。④ 工人因住处离工厂较近，上下班甚为方便，"自己两腿跑跑"⑤，便可免去坐车的麻烦及额外的花销。上海市社会局曾于20世纪40年代中期对上海工人住宿情况展开调查，发现在总计各行业240家工厂中，除13家情况不明者，全部供给工人住宿的有128家之多，部分供给的也有32家，合计占总厂数的67%。⑥ 可见，工厂自建住房安置工人，已成为大半工厂的选择，其所容纳的工人当不在少数。此外，散布于工厂附近的草棚，同样也吸纳了大量贫苦工人。以新中国成立之前上海区境工业区为例，来自江苏、浙江、安徽等地的破产农民和战争难民拥挤于此，依靠向附近工厂出卖劳动力维持生计。因无力租赁住房，只得在工厂附近的河湾滩地搭棚栖身，由此形成小沙渡一带、吴淞江两岸著名的"三湾一弄"

---

① 《明霞村的新鲜空气被煤烟污染了》，《大公报》（上海）1937年7月9日，第13版。

② 泰芬：《住居附近工厂之害》，《申报》1923年2月9日，第11版。

③ 朱懋澄：《调查上海工人住屋及社会情形记略》，上海中华基督教青年会全国协会职工部印行，1926，第4—10页。

④ 罗苏文：《女性与近代中国社会》，上海人民出版社，1996，第311页。

⑤ 朱邦兴、胡林阁、徐声合编：《上海产业与上海职工》，上海人民出版社，1984，第92页。

⑥ 上海市社会局编印：《上海工厂劳工统计》，1946，第119页。

（朱家湾、潘家湾、潭子湾、药水弄）棚户区。[1] 住宅靠近工厂，使得工厂烟囱排放的煤烟还没来得及得到有效扩散和稀释，就影响居户的卫生与健康。因此，工业区内的住家也就难免像位于车来船往的交通线路旁或者邻近里弄工厂的居户一样，终日受着煤烟污染的烦困。

2. 住房空间局促，室内外空气流通不畅

室内燃油灯具和燃煤炉具利用过程中排放的煤烟，为近代上海室内空气污染问题的出现提供了可能，而住房空间的开阔以及室内外空气交换的通畅与否，则直接决定着室内煤烟排放向环境问题演化的程度。当时，有人已认为若想呼吸到新鲜的空气，"就非得有宽大的空间不可"，只有如此，"方能维持空气清洁，而免呼吸障碍，致息疾病之弊"。[2] 国外有学者甚至还对能够保证人体生理健康所需住房空间的大小进行了测算，认为参照一位成年男子每小时呼吸 16~18 立方英尺新鲜空气、呼出约 0.5~0.7 立方英尺碳酸气以及空气中碳酸气不得超过 0.6‰的标准，得出每一成年人若满足生理需要，至少需要1000 立方英尺（约 28 立方米）住房空间的结论。[3]

不过，近代上海人烟稠密，多数之人"既未拥有土地，又无力租地造屋"[4]，只能租房居住。而房租快速增长的残酷现实，更使得一般平民的高屋广庭梦想被击得粉碎。据胡祥翰的观察，上海交通稍便之处的房租昔时只"每幢一二金"，尚不为高，但迫至清末民初已"增至数十金或数百金"。[5] 房租因此逐渐成为居民主要支出款项之一，"房奴"问题初现。上海市总工会曾于20 世纪 20 年代中期对市内工人生活状况进行统计，发现无论是单身工人还是已婚工人家庭，房租均为除食品消费外的最大宗开支项目。[6] 因收入有限，房租高昂，普通平民的住房情况大多不容乐观，狭窄异常，"每幢房屋居住十数家者，比比甚多"[7]。1927 年 11 月至 1928 年 10 月，杨西孟对上海西区曹家

---

① 上海市普陀区志编纂委员会编：《普陀区志》，上海社会科学院出版社，1997，第 3 页。

② 顾不问：《住与健康的关系》，《申报》1939 年 5 月 4 日，第 14 版。

③ Kokichi Morimoto, *The Standard of Living in Japan, Johns Hopkins University Studies in Historical and Political Science*（Baltimore：Johns Hopkins Press, 1918），pp.122-123.

④ 刘大钧：《上海工业化研究》，第 131 页。

⑤ 胡祥翰：《上海小志》，第 25 页。

⑥ 济君：《上海之工人生活统计》，《生活》1926 年第 50 期。

⑦ 李春南编：《上海生活》，建业广告公司社印行，1930，第 20 页。

渡 230 户棉纺织工人的调查发现：仅住 1 间房屋的工人家庭多达 144 户，占总数的 62.6%；住 2 间者为 77 户，占总数的 33.5%；仅有 9 户住 3 间及以上，占总数的 3.9%。平均而言，每家住房人口数为 4.67 人，平均每间住 3.29 人。如以每间住 1 人以上者即视为拥挤，则 230 户家庭中有 99.1% 不合标准。如果考虑到此次调查中工人所住房屋 90% 为工厂自建，平均每间每月租金只有 1.47 元，远较一般房租为低，[①] 那么可以设想没有此种待遇的其他各业工人家庭住房情况当更为恶劣。另据 1930 年铁道部业务司劳工科的调查，上海工人除非有父母或者旁系家属同住，其余包括夫妻及孩子共四五口人之家庭，出于经济原因，多数只租住一间房屋。平均而言，每间房间仅长 1.27 丈，宽 1 丈，高 1.1 丈，容积 1.397 立方丈（合 4.66 立方米）。[②] 假设内中居住 4 人，则平均每人所占空间不足 1.2 立方米。参照每成年人至少需 28 立方米的居住满意标准，则此次被调查的上海工人居住满意度仅在 16% 左右，远远谈不上舒适可言。

在近代上海普通居民住房空间本已异常局促和拥挤不堪的前提之下，住房内部还普遍面临着窗户数量少和面积小而产生的室内外通风不足问题。据 20 世纪 30 年代初上海市社会局对工人生活程度的调查，上海普通一楼一底的楼房，往往要被房主隔成五六间房出租，以收取尽量多的租费。在被调查的 305 户工人家庭住房中，内部没有窗的有 66 家，占总数的 21.6%。若以平均每家住房 1.65 间计算，则每家只有窗 0.75 扇，面积不到 0.1 平方公尺（合 0.01 平方米）。[③] 如此小的窗户面积，当然不能保证空气的充分流通。更为严重的是，上海还有大量房屋和棚户连窗户都没有，通气情况更为糟糕。如据上海某烟厂工人回忆，其在新中国成立之前租住的后客堂就没有窗户，内中阴暗潮湿，煤烟充斥，关闭房门后一点空气也不透，"好像是关在大木头箱子里面一样"[④]。如果住房的功用如陶孟和所言"只是一席之地以供睡眠"的

---

① 杨西孟：《上海工人生活程度的一个研究》，载李文海主编《民国时期社会调查丛编（城市劳工生活卷·上）》，第 286–287、289 页。

② 中华民国铁道部业务司劳工科：《调查工人家庭生活及教育程度统计》，载李文海主编《民国时期社会调查丛编（城市劳工生活卷·下）》，第 709 页。

③ 上海市政府社会局：《上海市工人生活程度》，第 59 页。

④ 朱邦兴、胡林阁、徐声合编：《上海产业与上海职工》，第 590 页。

话，① 那么室内外即便通气不畅，想必也不会产生严重的空气污染。但是，上海居民住房的实际功用远比陶氏所言复杂得多，往往是工作、睡眠、便溺、烹饪、育儿、会客等事均纳于一室之中。因室内面积有限，烹饪和燃油照明产生的煤烟很快就会充斥全屋，而室内外通风能力的不足，又使得煤烟在短时间内很难及时排至户外，总的结果便是极易引起室内长时性的空气污染问题（冬季尤其如此）。居住于此种"如蜂房鸡栖"般气闷、狭小、昏黑的房屋之内，上海居民"绝无回旋之余地"，难怪曾以此为题来诉说在上海生活的"不自由"。②

3. 城市风与逆温层限制空气污染物的扩散

在探讨近代上海空气污染问题的形成原因之时，不应该忽略自然环境因素的影响。从理论上而言，即便是近代上海实行完善的城市功能分区和室内不洁空气能够及时排至室外，室外的空气污染问题能否得到妥善解决，在很大程度上仍然要依靠自然环境的辅助作用。其中，充足的城市风和活跃的大气环流对于室外空气污染物的扩散和稀释尤其重要。不过，随着近代城市化和工业化的发展，上海和一些沿海的大工业城市一样，开始面临着城市风力的不足和大气环流活跃度的降低等问题，由此在相当程度上限制了煤烟等空气污染物的稀释和扩散。

风力的大小对空气污染物的扩散至关重要：风速越大，越有利于污染物的扩散，反之则越难。近代上海建筑物鳞次栉比，建筑物数量呈现持续高速增长态势。以公共租界为例，1880—1890 年间建筑物数量由 1.8 万余幢增至 2.4 万余幢，年增加量由 1890 年的 1520 幢增至 1898 年的 3263 幢。③ 高密度的建筑物地理分布，不仅加剧了市内的人流、车流拥挤状况，而且阻碍了空

---

① 刘明达、唐玉良：《中国工人运动史》第一卷，广东人民出版社，1998，第 262 页。

② 渔：《上海人之不自由》，《申报》1921 年 1 月 13 日，第 14 版；徐评：《住的问题》，载余之、程新国《旧上海风情录》（上），文汇出版社，1998，第 193 页。

③ 郭奇正：《城市危机与国家干预——上海公共租界集合住宅委员会设立的社会意义初探》，载上海社会科学院、上海高校都市文化 E- 研究院编印《上海开埠 160 周年国际学术讨论会会议论文集》（上），2003，第 159 页。

气的自由流通，致使城区下垫面①的摩擦系数远大于地形相对平坦的郊区和农村，城区的平均风速小于郊区。吴林等人根据上海中心气象台、上海郊区气象站等气象部门 1980 年的观测资料，发现位于上海城区边缘龙华的年平均风速较之郊区小 10% 左右，而位于城区中心的上海市第二中学风速比郊区小 40% 左右。② 相较而言，近代上海的建筑物密度虽然没有 1980 年时高，但是因复杂下垫面所造成的城区风速小于郊区的现象当同样存在。基于此种原因，近代上海城区稀释和扩散同等吨量空气污染物所耗费的时间亦要远多于郊区，也即意味着城区空气污染物很难在短时间内得到清理。

上文在分析近代上海空气污染时长问题时，曾指出冬、春季节空气污染程度较之夏、秋季节为重。这种季节性空气污染程度的差异，实际上与上海的自然地理以及区域内海陆环流存在莫大关系。通常情况下，底层大气中的空气温度随着高度增加而逐渐降低，形成大气底层温度高、空气密度小，高层温度低、空气密度大的特点。此种不稳定的大气层结构容易在垂直方向上形成湍流运动，使得近地面空气中的污染物得以向高空及时扩散和稀释，从而减轻低层空气的污染程度。③ 上海位于北半球中纬度濒江临海地带，冬、春季节海陆温差较大。因此，当江、海上空暖湿空气流到城市时，下层气温由于受到冷地面影响而迅速下降，上层则受影响较少，降温较慢，于是形成较强的平流逆温层。④ 逆温层形成之后，垂直方向的空气流动受到抑制，继而使得排入空气中的煤烟等污染物不易扩散和稀释，形成或加重区域内冬、春季节的空气污染问题。

---

① 下垫面是指大气底层接触面的性质、地形及建筑物的构成情况，其状况会影响到气流的运动和大气污染物的扩散。参见孔健健等编著：《环境学原理及其方法研究》，中国水利水电出版社，2015，第 70 页。

② 吴林等：《上海城市对风的影响》，载中国地理学会《城市气候与城市规划》，科学出版社，1985，第 53–54 页。

③ 陈新军、唐振华：《气象因素对城市环境空气质量的影响》，载周志中主编《西部开发与生态环境保护》，中国环境科学出版社，2005，第 286 页。

④ 姜世中主编：《气象学与气候学》，科学出版社，2010，第 54 页。

小 结

  本章借鉴空气污染气象学的研究方法，通过对近代上海以煤烟问题为典型空气污染案例的分析，从实证层面证明近代上海由于能源转型而导致大规模的空气污染问题，而且在特定时段内还呈现相当严重的态势。从污染源来看，至 20 世纪 20 年代左右，上海已经形成了点—线—面三位一体的空气污染源地理体系，整座城市演化为一个巨大的污染源。从污染程度上来看，1946—1948 年间，上海雾天数和霾天数总计高达三年总天数的 70% 左右。1890—1937 年间上海每年每平方公里因燃煤和燃油产生的烟尘及二氧化硫排放量呈整体上升趋势，最高年份接近 800 吨和 200 吨，超过同时段西方一些主要工业城市。两方面特征的同时并存，集中反映出近代上海空气污染问题之严重。这一新的发现，值得引起学界的充分重视和对既有传统观点的重新审视。

  近代上海之所以会产生严重的空气污染问题，从根本上来说与矿物能源的巨量消耗有关，另一方面与对空气污染物的吸收、转化能力和扩散、稀释能力的不足存在密切关联。很大程度上可以说，矿物能源燃烧后排放的污染物为上海空气污染问题的出现提供了前提和可能，而基于近代上海低城市绿化率而导致的吸收、转化空气污染物能力的不足，以及基于紊乱的城市功能分区、局促的住房空间和无力的城市风、长时性的逆温层等自然因素而导致的扩散、稀释空气污染物能力的不足，最终使得以煤烟为主造成的空气污染真正演变为严重的区域性环境问题。

第七章　近代上海煤烟污染的影响探析

国内外史学界针对多国环境史的研究证明，大规模的空气污染绝非特定国家或地区于当今经济发展过程中产生的个别现象，而是在工业化阶段因大量消耗矿物能源而逐渐凸显出来的共性问题。[1] 随着近代城市化和工业化进程的加快，以上海为代表的近代江南城市与西方很多工业城市在工业革命过程中的表现一样，同样消耗了大量的、以煤炭和石油为代表的矿物能源，同时也排放出了大量的、以煤烟为代表的空气污染物。那么，在此背景之下，近代上海的空气污染是否已对当地生态系统和人体自身带来负面性影响呢？

现代大气科学证明煤烟成分复杂，固体成分有炭、灰分、煤焦油、硫黄、砷、氮等，气体成分有碳氢化合物、硝酸、二氧化硫、硫化氢、氯化氢、二氧化碳、一氧化碳、氨等。[2] 长期暴露于一定浓度煤烟中的生物体或物体，会与煤烟中的相关成分进行一系列物理、化学和生理反应，导致许多负面性影响。学界迄今对空气污染影响的研究大多是采用现代环境科学方法对新中国成立之后相关现象进行分析，尚不存在立足于史学研究范畴之内对新中国成立之前同一问题进行探讨的成果。因此，本章继续以煤烟污染为考察中心，

---

[1]　像英国、美国、德国、日本、俄国在工业化过程中都存在着空气污染问题，在一些特定城市（如伦敦、匹兹堡、大阪等）内更是表现得尤其严重。相关研究成果主要参见 Martin Melosi, *Pollution and Reform in American Cities, 1870-1930*（Austin: University of Texas Press, 1980）; Uekötter Frank, *The Age of Smoke: Environmental Policy in Germany and the United States, 1880-1970*（Pittsburgh: University of Pittsburgh Press, 2009）；傅喆、[日] 寺西俊一：《日本大气污染问题的演变及其教训——对固定污染发生源治理的历史省察》，《学术研究》2010 年第 6 期；[美] J.R. 麦克尼尔：《阳光下的新事物: 20 世纪世界环境史》，韩莉、韩晓雯译，商务印书馆，2013，第 57—58 页；[美] 彼得·索尔谢姆：《发明污染: 工业革命以来的煤、烟与文化》；[澳] 彼得·布林布尔科姆：《大雾霾: 中世纪以来的伦敦空气污染史》，启蒙编译所译，上海社会科学院出版社，2016；[美] 大卫·斯特拉德林：《烟囱与进步人士: 美国的环境保护主义者、工程师和空气质量（1881—1951）》，裴广强译，社会科学文献出版社，2019；等等。

[2]　东北人民政府卫生部教育处：《工厂卫生》，第 30 页。

主要从影响植物生长、酿成经济损失、损害人体健康三个维度出发，集中分析近代上海煤烟污染的影响。

第一节　妨害植物生长，损及都市美观

植物的叶面需要与空气时刻进行活跃的气体交换，因而很容易受到一定浓度煤烟的影响。就影响机理而言，煤烟从气孔进入叶片后，扩散到叶肉组织，继而通过筛管运输到植物其他部位，影响植物气孔的关闭以及光合作用、呼吸作用和蒸腾作用的进行，最终破坏酶的活性，损坏叶片的内部结构。[①]近代上海在一定时段内煤烟充斥空中，市内植物及郊区农作物难免遭受煤烟的损害。

一、妨害市内植物生长，损及都市美观

理论上而言，植物可以长时间、连续性地吸收煤烟中所含有的多种成分，并将其转化为清洁气体或生长过程中需要的营养物质，起到净化空气的作用。比如 1 公顷阔叶林每天能吸收 1000 公斤二氧化碳，释放 730 公斤氧气。在含有二氧化硫较多的地区，植物能将吸收的二氧化硫转化为亚硫酸盐，然后再氧化为对生长有益的硫酸盐。与此同时，氯化氢、氯气、二氧化氮等也能被植物吸收和净化。[②]因此，茂密繁盛的植物不但有助于提高城市的美观度，而且能提高人居生活的舒适度。近代早期，上海市区的植被覆盖情况尚属良好。一些到过上海的外国人，曾对此留有深刻的印象。1861 年时，普鲁士外交使团抵达上海。在商界代表斯庇思看来，租界内的房子"掩映在小树丛林之中，构成一幅壮丽而温馨的画面"[③]。不过，随着此后上海矿物能源消耗量的增多，煤烟问题不断凸显，市内植物也开始受到煤烟的熏蒸毒害。有人曾于 1918 年在《东方杂志》上刊文，分析当时导致树木枯死的主要原因包括煤

---

① 温国胜主编：《城市生态学》，中国林业出版社，2013，第 111 页。
② 黄真池、张保恩编著：《茂绿的草木》，第 84—85 页。
③ 维江、吕澍辑译：《另眼相看：晚清德语文献中的上海》，第 59 页。

烟之害、土砂尘埃之害、病虫害、鸟害、土性变恶等，其中又以煤烟之害最甚。[①] 煤烟对植物的影响非常明显，比如煤灰和煤焦油能堵塞植物叶面的气孔，遮挡叶面对日光的吸收，缩短光合作用的时间，不利于植物的绿化和繁茂。如 1929 年时，半淞园中"原本绿油般的树叶"，就曾被煤灰与黄沙的混合物染成了淡黄色。[②] 除了直接影响，煤烟还通过改变空气中的二氧化碳及二氧化硫含量、温度升降、降水幅度等方式而长期影响植物的健康生长。民国年间一些植物学家已经注意到植物若吸收煤烟会发生病害，"针叶树先于叶端变色，渐及于全叶而枯萎；阔叶树先于叶面褪色，渐及于全叶而脱落。若根在土中与煤气接触，则茎之下部先呈异状，顺次以至上部，遂至全体枯死"[③]。绿色植物生长的困难，不但让上海都市的美观"损失尤大"[④]，而且使得居民保有市内绿地这一"唯一的安息所"的梦想难以实现，寻求"绿色生活"的乐趣也荡然无存。[⑤]

因此，在空气污染程度较重的市区之内，广栽树木，培育绿植，是净化空气、阻碍污染物扩散和提高城市美观度行之有效的办法之一。有人因此在《申报》上鼓励种植行道树，期望在供给建筑材料及燃料的同时，发挥植物调节空气、抑制尘沙、增加城市美观和裨益人民卫生的目的。[⑥] 然而，上海的城市绿化情况不容乐观。截至 1929 年，上海市内公园数量仍很有限，树木缺乏。整日穿行于混凝土森林之中的上海居民，远离了郊野的空气和绿色。因此，当春光来临的时节，上海人"领略不到幽静的山，清碧的水，以及大自然的秘秒"，"半淞园几个花园几成为上海人唯一得到玩赏的去处"。这被时人认为是导致境内空气污浊、传染病丛生的一个重要原因。[⑦] 一般来说，教育单位的绿化状况要普遍好于生产单位。但是在截至 1948 年建校历史已逾半个世纪之久的交通大学校园里，竟然"没有绿丛，所呈现的是一片光濯濯的景

① 君实：《树木与人生之关系》，《东方杂志》1918 年第 3 期。
② 琼芳：《到半淞园去——不成功》，《申报·本埠增刊》1929 年 10 月 5 日，第 3 版。
③ 宋崇义编：《植物学》，中华书局，1923，第 84 页。
④ 邓远澄：《大都会的煤烟防止问题》，《科学的中国》1935 年第 10 期。
⑤ 毅贤：《摧残都会健康的煤烟》，《科学的中国》1937 年第 1 期。
⑥ 洋洋：《行人道上种树之必要》，《申报·本埠增刊》1934 年 11 月 6 日，第 5 版。
⑦ 《煤烟高压下的上海市》，《上海漫画》1930 年第 103 期。

象"，以至于当时的交大师生发出"绿化交大"的口号。[①] 行道树栽于交通工具往来穿梭的线污染源两侧，接触煤烟等不洁空气的机会最多。不过，近代上海道路旁的行道树由于常受"浮游空中之尘埃、煤烟及有害气体之害"，鲜见不多。[②] 直到 1925 年下半年，在上海交通最为繁盛、路面甚为开阔的南京路两旁，竟然难觅行道树的影子。[③] 街巷里弄内部的绿化面积同样少得可怜，如在早期的老式石库门里弄住宅中就很难见到绿化的痕迹，在新式里弄中仅可见零散分布的绿化植物。[④]

据万勇的估算，20 世纪 40 年代上海中区绿化总面积约为 26 公顷，仅占中区总用地的 2% 左右。[⑤] 不可否认，近代上海市区之所以保有如此低的绿化率，主要原因可归之于市政当局不重视绿化、房产主过度追求容积率以及人为破坏等，但除此之外，亦与煤烟等空气污染物妨害植物正常生长存在密切关联。某种程度上可以说，煤烟等空气污染物使得市内植物无法健康生长，间接加剧了市区的低绿化率，而低绿化率反过来又使植物对煤烟的吸收与转化能力不足，进一步加重了市区煤烟问题的严重性。

二、危害上海郊区农业

近代上海的煤烟虽然主要由市区污染源排出，但是并非全部降落在市区之内，其中有相当一部分借助风势吹至郊区甚至更远的地方才降落于地。相比市区的经济结构，近代上海郊区仍以农业为主。因此，大量煤烟的降落，不可避免地会对农业发展带来危害。一般来说，邻近工厂、铁路、公路和通航河道的农田最易遭受煤烟之害，而一年之中产生最大危害的时节则为农作物开花授粉之际。每当此时，农作物的花蕊柱头很容易受污染物伤害而导致受精不良和空瘪率提高，其他部分如芽、嫩梢等也会受到侵害。1932 年时，

---

① 谢蕴贞：《一个建议：绿化交大》，《交大周刊》1948 年第 34 期。

② 张福仁编：《行道树》，商务印书馆，1928，第 82—84 页。

③ 骏：《道旁之树木》，《申报·本埠增刊》1925 年 9 月 23 日，第 1 版。

④ 臧西瑜、王云：《上海近代里弄住宅绿化现状调查研究——以静安、徐汇和卢湾区为例》，《上海交通大学学报》（农业科学版）2010 年第 3 期。

⑤ 万勇：《近代上海都市之心：近代上海公共租界中区的功能与形态演进》，上海人民出版社，2014，第 245 页。

杭州武林门外三官弄附近曾种植蚕豆,因受邻近石灰窑排出的煤烟熏蒸,至1933年春绝产殆尽,"全无收获"。同年7月,三官弄附近的十一二亩稻禾"初极茂盛",但由于同一原因,稻叶逐渐萎缩枯槁。后经浙江省昆虫局调查研究,认为石灰窑排放的浓黑煤烟是导致蚕豆绝产和稻禾枯萎的直接原因。[①]蚕豆和水稻同为江南地区主要的农业作物,考虑到近代上海的矿物能源消耗量和煤烟排放量远超杭州,因此对于郊区同类农作物的危害程度亦当甚于杭州。故而,当观察到龙华矿灰公司每日烟囱排出的煤烟顺风四散之时,当地农民认为此"殊与附近农田大有妨碍",纷纷禀请上海县公署,呼吁设法取缔。[②]

当然,除了蚕豆和水稻,所有重要的农业种植物都会受到空气污染的不利影响。[③]比如果树在受粉阶段也应禁止接触煤烟,否则会影响果实成熟后的口感,严重者会导致特定区域内既有种植结构的改变。如20世纪20年代沪南通行火车以后,煤烟四散,附近果树于开花期间俱受影响,致使所产之桃"皆黑而味涩"。该处农民无奈之下被迫放弃培育果树,以改种蔬菜和花卉为生。[④]20世纪30年代,随着龙华附近开辟马路,游人众多,车辆排放的"煤烟尘灰,有碍桃种",因此迫使产地渐渐向免受煤烟之害的西南漕河泾及长桥一带转移。[⑤]原先风靡上海的龙华水蜜桃,也因其产地的变化而变得名实难副。

需要特别注意的是,煤烟中的二氧化硫对于农业发展的危害尤其严重,其经阳光照射以及某些金属粉尘的催化作用,很容易氧化成三氧化硫,继而与空气中的水蒸气结合后形成硫酸雾,随雨水落到地面,可能会引起土壤的酸化。[⑥]土壤酸化会导致土壤中和能力下降或土壤中营养成分流失,造成土壤肥力和生产能力的下降,不利于植物的生长,严重者会导致植物根系

①　崔伯棠:《调查杭市三官弄附近稻禾为煤烟中毒报告》,《昆虫与植病》1933年第28期。
②　《煤烟妨碍农田》,《申报》1913年1月15日,第7版。
③　[美]J.B.马德、[美]T.T.科兹洛夫斯基等:《植物对空气污染的反应》,刘富林译,科学出版社,1984,第1页。
④　上海市社会局:《本市各区农村概况调查摘要》,《申报·上海特别市市政周刊》1928年9月27日,第2版。
⑤　柳培潜编:《大上海指南(1936)》,中华书局,1936,第286页。
⑥　田军、闫久贵主编:《环保文化与人体健康》(下),黑龙江人民出版社,2006,第116页。

枯萎乃至死亡。[①] 1924 年 7 月，美国人蓝姆森曾对杨树浦附近农家进行调查，发现电厂烟囱中冒出的大量黑烟常笼罩农村。当地农民认为烟灰会"伤及土肥"，致使"田里的出产，也就赶不上从前"。鉴于煤烟会"害及世界上若干乡村区域之收获"，蓝氏因而断定煤烟致使土壤肥性减退一说，"殆非子虚"。[②] 实际上，除了对于种植业的影响，煤烟对于农业其他分支行业的影响同样显而易见。以蚕桑业为例，上海开埠之后，受生丝出口贸易和缫丝业兴盛的影响，蚕桑业出现长足发展态势，在近郊农村颇有规模。在养蚕缫丝的过程中，当时人们发现如果蚕体直接受煤烟熏染，则极易患蚕病，"影响茧产收成者殊大"[③]。即便蚕体食用了被煤烟熏蒸的桑叶，也会"呈中毒症状，遂至于毙"[④]。由此可以推测，煤烟对近代上海近郊农业的危害已至深且广。

第二节　污染、腐蚀作用明显，酿成经济损失

国内知识界曾较早关注以伦敦为代表的西方主要工业城市空气污染的危害问题，其中留意到煤烟污染（玷污性损害）和腐蚀（化学性损害）物品的一面。比如早在 1876 年时，《万国公报》即报道伦敦"凡华丽之家，雕梁画栋半为煤烟所残"[⑤]。30 年之后，《万国公报》再次刊发了相似的报道。[⑥] 当时，国人尚未预料到上海煤烟排放量在此后存在超过伦敦、大阪等城市的可能，也没有意料到煤烟之于室内外物品的污染和腐蚀作用同样会趋于严重。

---

① 洪坚平主编：《土壤污染与防治》，中国农业出版社，2005，第 123 页。
② ［美］蓝姆森：《工业化对于农村生活之影响——上海杨树浦附近四村五十农家之调查》，载李文海主编《民国时期社会调查丛编（乡村社会卷）》，第 254–256 页。
③ 焦桐：《蚕病预防法》，《申报》1921 年 5 月 10 日，第 16 版。
④ 郑辟疆：《蚕体病理教科书》，商务印书馆，1925，第 96 页。
⑤ 《大英国事・用新法令煤烟由地中行》，《万国公报》1876 年第 412 期。
⑥ 《伦敦煤烟之害》，《万国公报》1907 年第 225 期。

一、污染、腐蚀作用明显

在煤烟弥漫的环境之中，想要保证建筑物外墙的干净，几乎是一件不可能的事情。煤烟中含有的二氧化硫、氯化氢和氨气与水化合后，会产生硫酸、盐酸和氨水，以一种似油非油、似胶非胶的状态黏附在建筑物上，形成"黑黑的一层膜"[①]，不但污染石类、水泥、三合土类建筑物的外观，"有碍观瞻，其实非浅"，而且会深嵌入石孔之中，"无法可去"，腐蚀、剥落建筑物的表面。[②] 20 世纪 30 年代，一些观察者注意到上海的一些建筑物遭受煤烟污染的程度已经较深，需要定期进行清洗，并认为因清洗所支付的花费是"完全必要的"[③]。当然，现实之中并不是所有的建筑物外墙都得到了定期的清洗与维护，额外的花费总是让房产主和租赁者踌躇再三。比如直到 20 世纪 60 年代，在被改为和平饭店北楼的沙逊大厦墙体上，还依稀可见多年前被煤烟熏黑的地方。[④] 此外，淞沪、沪宁、沪杭等铁路通车之后，铁路沿线地区的各类建筑物也因长期遭受火车排放的煤烟熏蒸，"致损颜色"，以致当时的著名铁路工程师、曾任詹天佑助手的赵世瑄萌生了通过更新能源种类，解决铁路沿线煤烟污染问题的计划。[⑤] 与坚固的石质建筑物相比，柔软的衣物如果长时间暴露在煤烟里，自然更易受到污染。20 世纪 20 年代初期，有人曾羡慕大上海的繁华，而有人则指陈在上海生活的八大"不自由"，除了因"刺鼻棘喉者多煤气及尘埃气，绝无新鲜空气可资吐纳"的"呼吸之不自由"，还有一项即为穿着的"不自由"。据其所言，冬季如穿皮袍常在马路中行走，"不踰二月，白羔必变为黑羔，其他极漂亮之衣亦无历一季而不渝其色者"。[⑥] 直到十余年之后，这一情况仍没有得到改善，居民一出家门，还是会沾染"一鼻子的肮

---

①　哲生：《都市与煤烟》，《东方杂志》1931 年第 22 期。

②　朱枕木：《建筑工程值得注意之空气污浊问题》，《申报·本埠增刊》1934 年 6 月 5 日，第 5 版。

③　"Pollution of the Atmosphere", *The China Press*, August 29, 1933.

④　崔淑芬：《上海旧事》，中央编译出版社，2014，第 103 页。

⑤　赵世瑄：《铁路以电代气（汽）又以水生电应否试办》，载交通研究会编辑《研究报告》1918 年第 6 期。

⑥　渔：《上海人之不自由》，《申报》1921 年 1 月 13 日，第 14 版。

脏和满脸的灰尘"①。

由于近代上海的室外空气污染情况已不容乐观，因此如果居户门窗大开，煤灰便会趁机而入室内，"不消片刻工夫，桌上、榻上就薄薄的铺着一层煤灰"②。可能出于同一原因，1887 年 6 月公共租界内的龙飞洋行曾向工部局董事会投诉泥城浜东边的石印社，称其烟囱里喷出来的煤烟吹到了龙飞马房的院子里，"致使办公室与马棚都无法使用"③。比较而言，邻近工厂或弄堂作坊附近的住户及商铺尤易罹受煤烟之害。1908 年，汇昌机器厂烟囱内排放的煤烟污染邻近住户室内物件，以致有租户被迫迁居他处。④ 1930 年，沪西曹家渡镇信记面粉厂日夜开工，煤灰四散，不但邻近居民感受大碍卫生，而且商家货物也遭受污染。该镇市民以及永盛新号、丰泰南货号、德和银楼、协余火油行、福昌纸烟店等百余家商号联名呈文至上海市政府、市公安局及社会局，恳请责令该厂整顿，"以维市民安宁而重卫生"⑤。到抗战之前，在沪东、沪南、杨树浦、曹家渡、小沙渡以及里虹桥、中虹桥等各处，"简直可说是煤烟的世界"。倘若在屋里摆上一盆水，"不到半点钟，水面上就可以浮起一层黑烟（灰）"。⑥ 可见，近代上海的室外煤烟已经对居民室内卫生造成严重不良影响。

一般来说，对于居户而言，将门窗紧闭会切断室外煤烟侵入室内的途径，防止外源性煤烟影响的蔓延。不过，由于燃煤炉具、燃油灯具的广泛利用和通风条件的恶劣，室内自身也能够产生大量煤烟，对家居物品造成污染。如前所述，开埠之后，上海传统的光能利用结构发生改变，普通民众多以使用煤油灯为主。煤油灯倘缺少灯罩，则燃烧之时"煤灰飞扬"⑦，即便安装灯罩，也会产生大量的微细煤灰。此外，冬季之时，上海很多居民都将缺少烟囱装置的煤球炉和风炉、脚炉、火炉安放于室内，炊爨之余，兼作取暖之用。倘

① 家人：《窗下小记》，《申报·本埠增刊》1935 年 10 月 24 日，第 2 版。
② 无尘：《都市的煤烟问题》，《新中华》1936 年第 5 期。
③ 上海市档案馆编：《工部局董事会会议录》第 9 册，第 583 页。
④ 《英租界·赔偿亏损》，《申报》1908 年 3 月 9 日，第 3 张第 3 版。
⑤ 《粉厂灰屑呈请改良》，《申报》1930 年 10 月 25 日，第 14 版。
⑥ 群：《上海的煤烟问题》，《大公报》（上海）1937 年 7 月 9 日，第 13 版。
⑦ 严伟修，秦锡田等纂：《南汇县续志》卷十八，风俗志一·风俗，成文出版社，1983，第867 页。

在室内搅动燃煤，则易致灰尘四布，[①] 碍于卫生处甚多。加之收入有限，房租高昂，一般平民的住房不但异常局促，"每幢房屋居住十数家者，比比甚多（是）"[②]，而且内中普遍面临着窗户数量少和面积小而产生的室内外通风不足问题。

据前文所述，20 世纪 30 年代初上海市社会局对 305 户工人家庭住房情况的调查，室内几乎没有窗户与外界相通。[③] 因室内面积有限，烹饪、取暖和照明产生的煤烟很快会充斥全屋，而室内外通风能力的不足，又使得煤烟在短时间内很难及时排至户外，因而极易引起室内长时性的空气污染问题。然而，如果打开门窗透气，则又将要面临着室外煤烟侵入的危险。此种两难境地，成为住在上海的人没有一个不曾有过的烦恼，而"欲讲求卫生二字"，则"实为大难"。总的结果便是"任你是勤于拂拭"家中物品，但"只要隔了一定的时刻用手指在桌上试一试，你就知道这新生的怪物（注：煤烟）始终在那里活动"。有诙谐幽默之人比附基督教义中"上帝无处不在"的说法，称 20 世纪的上帝名号"应该奉诸煤烟"。[④] 因此，妥善清理衣裳和地毯上的煤灰，也就成为上海人生活中所具备的常识之一。[⑤]

二、酿成经济损失

煤烟带给上海居民的不仅仅是有碍卫生和影响观瞻的问题，还有实实在在的经济方面的损失。就后者而言，主要包括因煤烟未燃尽而浪费的燃料费、因煤烟污染而多费的洗衣费、因煤烟污染而多费的物品或建筑物的清洁费等。由于相关资料的不足，对于近代上海因煤烟而导致的各项经济损失难以计量，但参考国内外其他一些城市的情况，可以推测总额不在少数。就单项损失而论，煤烟本身就是一种燃料上的浪费，其中含有大量的可燃煤渣，

① 李希贤：《用炉御寒之要点》，《申报》1923 年 2 月 8 日，第 11 版；东耳：《煤气中毒》，《妇女界》1941 年第 5 期。
② 李春南编：《上海生活》，第 20 页。
③ 上海市政府社会局编：《上海市工人生活程度》，第 59 页。
④ 《上海闲话》，《申报》1921 年 6 月 24 日，第 14 版；叶灵凤：《双凤楼随笔·煤烟》，《上海漫画》1929 年第 71 期。
⑤ 《常识》，《星期小说》1911 年第 77 期；《小常识·煤灰》，《立言画刊》1933 年第 66 期。

代表着"燃料经济的重大损失"①。1909年时，美国地质调查局的首席工程师赫伯特·威尔逊等人估计煤烟代表着8%未燃尽的煤。②同年，上海由江海关净进口煤炭接近65万吨，假如全部用于本地消费，则有5.2万吨煤炭因燃烧不充分而"随烟而去"。实际上，如考虑到上海煤炭燃烧效率很可能较之美国为低，则实际损耗当大于此一数字。另据东京卫生试验所1935年的研究，大阪市民因受煤烟污染的影响，每月洗衣次数约2倍于煤烟污染较少的奈良，支付的洗衣费用总数约3倍于奈良。③20世纪30年代初期，上海的煤烟灰尘沉降量已远超大阪，④理论上每月的洗衣次数和费用应较之大阪有过之而无不及，这可能是推动上海洗衣业在1900年之后不断发展的原因之一。⑤

　　就总体损失而言，在匹兹堡1915年因煤烟导致的损失中，仅粗略估算燃料损失费、洗衣费、房屋清洁费、货物损毁费等部分就高达2300余万（美）元，人均损失66.7（美）元。⑥二战之际，美国煤气协会报告称美国每年因煤烟损失美金25亿元，主要包括因不充分燃烧造成的燃料损耗费以及耗费于清洗建筑物、衣服、家具和更换烟熏物件的费用。⑦1933—1935年间，沈阳、长春、本溪、大连、大阪、伦敦等地因煤烟污染而导致的经济损失人均每年都在10元以上，本溪更是高达55元以上。⑧姑且假设同时段内上海因煤烟污染导致的人均经济损失亦为10元，则每年经济总损失在3400万~3700万元左右，⑨不可谓不巨。

---

　　① 楼子韶：《都市煤烟防止的检讨》，《工业安全》1935年第3期。

　　② ［美］大卫·斯特拉德林：《烟囱与进步人士：美国的环境保护主义者、工程师和空气质量（1881—1951）》，第38页。

　　③ 胡渭桥：《都市煤烟防止问题》，《科学时报》1935年第3期。

　　④ 如1934年大阪每平方公里煤烟尘沉降量为306吨，伦敦为266吨，上海则在700吨以上。参见裴广强：《近代上海的空气污染及其原因探析——以煤烟为中心的考察》，"中研院"《近代史研究所集刊》第97期，2018年第2期。

　　⑤ 朱国栋、段福根主编：《上海服务市场》，文汇出版社，1996，第90-97页。

　　⑥ 《欧美全年所受煤烟之损失》，《科学》1915年第1期。

　　⑦ 同：《大矣哉煤烟之浪费》，《科学画报》1941年第2期。

　　⑧ 东北人民政府卫生部教育处：《工厂卫生》，第30页。

　　⑨ 1933—1935年，上海人口总数维持在340.4万~370.2万人。参见邹依仁：《旧上海人口变迁的研究》，第90页。

　　严格来说，以上估算仅属猜测，是对一个代价明显高昂的问题的保守估计。实际上，很难计算出一个准确的经济数据来反映近代上海因煤烟而导致的真实损失。估测的数字并没有包含那些难以进行量化，但同样重要的因素而导致的间接损失，如煤烟对城市声誉的损害。20 世纪 30 年代时，居住在上海的"任何人都可以证明上海过于灰暗、乌黑和多尘"[1]，以至于上海居民虽然有 101 种向外国参观者引以为豪的东西，但是当他们在谈到被严重污染的空气时，"最好选择沉默"[2]。到 1930 年时，在天津人看来，"煤烟多"已经与"铜臭多"一样，[3]成为上海的城市招牌，"闻名"于全国。再者，煤烟不仅会污染、腐蚀物品和建筑物，还可能会引发火灾，对城市的繁荣与进步构成威胁。如截至 1888 年 7 月 13 日，广德昌机器行烟囱内冒出的煤烟内含有大量未燃尽煤屑，曾多次引发火灾，危及附近百余家居民和铺户的安全。[4] 除此之外，设想用经济数据来计量煤烟之于人体健康的影响更不可能，因为这将涉及另一个同样不能以经济损失来看待的问题。

第三节　有碍卫生，损害人体健康

　　相比煤烟之于植物生长和污染、腐蚀物品的显性危害，煤烟对人体健康的危害更多是隐性的，不过却可能是最为严重的。空气是重要的自然资源，也是人类看不见、摸不着的生命支柱。但是，近代上海的空气中已含有大量的煤烟，以至于人们要充分行使呼吸的基本生存权利都甚为困难。在终日感受到"每一个有空气呼吸的鼻孔，都成了烟气进出的烟囱"[5]的同时，市民们对自身的健康问题产生了忧虑。久而久之，人们逐渐明晰煤烟与健康之间存在着的负向关联，认为煤烟"至可恐怖"，酿成市民不健康、不愉快的，"就

[1]　"Soft Coal Smoke Shrouds City in Unhealthful Sooty Blanket", *The China Press*, August 17, 1935.
[2]　"Smoke Nuisance Brings New Problem to City as Soot Particles Fly", *The China Press*, April 8, 1934.
[3]　《通讯·关于白鹅》，《大公报》（天津）1930 年 4 月 3 日，第 13 版。
[4]　《英界公堂琐案》，《申报》1888 年 7 月 14 日，第 3 版。
[5]　李之谟：《烟雾尘天》，《论语》1949 年第 175 期。

是这个煤烟"。[①] 一般而言，煤烟能够危及人体的内外呼吸系统和神经系统的健康，会导致一系列疾病。此外，由于煤烟颗粒携带大量致病因子，散漫空中，使得上海居民的居住环境"处处为疾病的媒介"包围，[②] 大大加重了呼吸性传染病的致病概率。对近代上海煤烟之于人体健康的负面影响进行分析，可以发现其危害程度涉及从轻微的生理变化直至死亡的全过程。

一、影响外呼吸系统健康

外呼吸系统指人体通过呼吸道和肺，实现机体组织与外界之间气体交换的过程。煤烟粉末经鼻腔进入呼吸系统以后，不像有毒气体一样立刻发生显著反应。不过，倘若吸入煤烟时间过久，就会相继引发一系列疾病。首先，容易引起以鼻炎为代表的鼻腔疾病和以猩红热（烂喉痧）为代表的咽喉疾病。以猩红热为例，该病原本"从古皆无"，多因近代以来城市人口集中且"多（用）煤火、煤油"，[③] 呼吸新鲜空气少而受煤烟气多，以致热毒上攻咽喉而形成。病者唾沫中含有致病细菌，可以借由说话、咳嗽、喷嚏等途径由飘浮空中的烟尘携带传染。余新忠即认为上海疫喉连年暴发，显然与空气污染有关。[④] 如1917年春节之际，上海患猩红热者尤多，"每有阖家传染者"，严重者如海宁路焦姓一家大小19人全患此病。[⑤] 到1929年春，上海婴幼儿因吸入煤烟而导致郁而难泄且染及痧疹者，仍比比皆是。[⑥]

煤烟进入气管之后，其中所含有的粉尘、二氧化硫等有毒成分会刺激气管黏膜产生炎性变化，影响肺泡分泌功能以及肺部通气和换气功能，导致气管炎和支气管炎，[⑦] 典型症状为咳嗽和胸闷。1935年，租界居民在致《北华捷报》信中曾言及由于24小时持续吸入煤烟和硫化物充斥的不洁空气，大部分上海人的肺都已处于"永久的、令人厌恶的咳嗽之中"[⑧]。有人甚至将此种咳嗽

① 《一个新闻记者（八二）》，《申报》1928年11月10日，第22版。
② 谢一鸣编著：《市政学概要》，世界书局，1929，第9页。
③ 《烂喉痧疹瘟疫热毒说》，《申报》1917年5月9日，第17版。
④ 余新忠：《清代江南的瘟疫与社会——一项医疗社会史的研究》，第173页。
⑤ 《喉痧遇救》，《申报》1917年2月25日，第11版。
⑥ 《谢利恒善治痧疹》，《申报·本埠增刊》1930年4月6日，第4版。
⑦ 童雅培主编：《内科护理》，山东科学技术出版社，1985，第475—476页。
⑧ "Shanghai Smoke: A Serious Matter", *The North - China Herald*, August 5, 1935.

称为"上海式咳嗽"，并认为这是"世界上最为痛苦的现象之一"。[1] 常在污浊不洁空气中做工者，较之普通人更容易罹患慢性支气管炎，咳嗽不止，严重者"或至不能操业，成为废人"[2]。当时，上海有居民胸口闷塞，痰带黑色者，经寻医问道后，被告知乃烟尘集聚于气管所致。[3] 由此可见，煤烟之于呼吸气管损害之深。

肺部是呼吸系统的主要器官，是气体交换的场所，其基本构成单位是肺泡。上海居民常年吸入煤烟，使得肺泡易被堵塞，由此导致肺癌者不乏其人，严重者形成"炭肺"。[4] 如有死者的肺经解剖后，发现"颜色灰黑，活像在阴沟里掏出来"似的。[5] 与肺部其他传染病不同，肺癌的病原体并非一定是烟尘携带的其他致病因子，有时候烟尘本身就能够导致肺癌。现代环境科学认为肺癌与大气中含有的苯并芘含量相关性显著，而苯并芘主要来自煤、油等含碳燃料的不完全燃烧过程。[6] 1936 年 9 月，美国圣路易斯市某医院曾对煤烟与肺癌之间的关系进行动物实验和研究，在将 100 只鼠分别放置于有烟空气和无烟空气中后，发现肺癌发生率分别为 8% 和 2%，据此证明烟炱[7] 为导致肺癌的原因。[8] 1949 年，上海美琪电影公司曾上映过一部名为《芳魂钟声》的影片，讲述了一位女艺人艰苦奋斗的成功史，不过最后主人公却因早年被煤灰侵蚀肺病，积重难返而不治身亡，颇有隐喻意义。[9]

在诸多肺部疾病中，肺结核（俗称肺痨）是与煤烟污染关系最为密切且危害程度最大的疾病之一。就致病途径来说，随地吐痰对肺结核传播的影响尤甚，携带病菌的唾液在尘埃中到处游动，正是"这一种疾病传播的最主要的原因"[10]。该病最重要的治疗条件是需要呼吸清洁的空气，患病者居于"尘

---

① "Smoke for Shanghailanders", *The China Press*, September 20，1935.

② 姜冠群：《久咳之原因及疗法》，《申报》1935 年 11 月 25 日，第 14 版。

③ 《痰中带黑色》，《大公报》（上海）1937 年 2 月 14 日，第 14 版。

④ 毅贤：《摧残都会健康的煤烟》，《科学的中国》1937 年第 1 期。

⑤ 卢景蔚：《剖尸》，《申报》1941 年 7 月 17 日，第 13 版。

⑥ 刘刚等编著：《大气环境监测》，气象出版社，2012，第 36 页。

⑦ 烟炱系含碳物质不完全燃烧而形成的颗粒和焦油凝聚而成的固体混合物。参见方如康主编：《环境学词典》，科学出版社，2003，第 172 页。

⑧ 镜清：《空气中之烟炱或为癌病之原因》，《科学画报》1937 年第 12 期。

⑨ 《影坛漫步·芳魂钟声》，《大公报》（上海）1949 年 4 月 20 日，第 8 版。

⑩ 《上海公共租界工部局年报（1902）》，上海市档案馆藏，档案号：U1-16-4650。

埃、煤烟众多之地方，是最不适宜的"①。可见，煤烟不仅可以成为肺结核的主要诱发因素，也会导致结核病的进一步恶化。空气污染与结核病之间的正向关系，早已得到国外研究的证实。20世纪30年代初，英国一位医学博士以曼彻斯特医院的临床调查为根据，发现结核病患者平均每周的死亡率因空气污染而严重：在气候晴朗且无雾的春、秋季为12.7%，冬季无雾时为14.4%，烟雾笼罩时为16.5%。②克拉普甚至认为在工业革命蓬勃发展的维多利亚时期，英国四分之一的死亡人数是由于空气污染引起或者加剧的肺病所致，其中绝大多数又可归之于支气管炎和肺结核。③对于终日呼吸着煤烟气的上海人来说，随着炭肺程度的加深和肺部活力的降低，感染肺结核的概率同样很大，年少体弱者尤其如此。1933年10月，上海市卫生局在市立比德小学施行肺结核注射调查，受注射儿童共822人，其中查出肺结核患者129人，接近总数的16%。如此高的患病率使当时《卫生月刊》的记者甚为吃惊，认为"此种惊人消息，实罕有闻"④。

图7-1根据《上海公共租界工部局年报》对1908—1942年间公共租界各类传染病死亡人数在总死亡人数中所占的比例进行了统计。同时段内，公共租界华人和外国人因各类传染病致死的总人数接近7.8万人。其中，因肺结核致死的比例除1912年和1938年略低于霍乱，其余每年都要高于天花、霍乱、伤寒以及其他传染性疾病。最高年份（1909年）肺结核致死比例高达90%以上，最低年份（1938年）也接近30%。平均而言，1908—1942年间每年维持在55%左右。肺结核病所具有的高致死率由此可见一斑，将其称为近代上海传染病之中的"头号杀手"，并不为过。究其原因，应该说与以煤烟为代表的空气污染物脱不开关系。

---

① 胡嘉言：《肺结核浅说（六九）》，《申报》1935年10月7日，第16版。
② 《煤烟之害·英国》，《医事公论》1935年第18期。
③ Clapp, B.W, *An Environmental History of Britain*（London：Longman，1994），pp.64-68.
④ 《肺痨病在中国学童间之活跃》，《卫生月刊》1934年第4期。

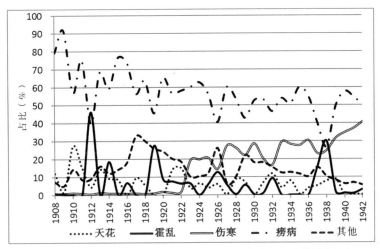

图 7-1　1908—1942 年公共租界各类传染病死亡人数比例图

说明：其他传染病主要包括白喉、猩红热、流行性感冒和脑膜炎。

资料来源：《上海公共租界工部局年报（1940）》，第 379 页；《上海公共租界工部局年报（1941）》，第 79–84 页；《上海公共租界工部局年报（1942）》，第 55–58 页。

二、影响内呼吸系统健康

内呼吸系统指人体内部血液和组织与机体组织、细胞之间进行气体交换的过程。[1] 正常情况下，人体需要吸入空气中的氧气，将其与血液中的血红蛋白结合，"循环于心肺内脏之间，以营养各重要器官"。由于煤炭、煤球等燃烧不充分会产生无色无臭的一氧化碳，加之其与血红蛋白的亲和力要比氧气与血红蛋白的亲和力高得多，因而会使血红蛋白丧失携氧能力，造成机体组织窒息。[2] 近代上海因室内取暖方法不当，径直将缺少烟囱的煤炉于室内燃烧，致使一氧化碳四散，摧残人命的事例不胜枚举。"每个冬天都会发生"[3]，尤其以夜间为多。常常是全家中毒死在床上，第二天始被旁人发觉，"情况之惨是不忍想象的"[4]。如 1931 年冬，沪西戈登路（今江宁路）和新闸路口 48 号

---

① 王衍富主编：《呼吸系统健康》，中国协和医科大学出版社，2015，第 2 页。

② 池博：《煤气中毒之预防与治疗》，《铁道卫生季刊》1931 年第 2 期。

③ "Two Chinese Succumb to Fumes from Stove", *The North - China Herald*, January18，1939.

④ 一言：《煤气中毒》，《医潮月刊》1948 年第 8 期。

一家老小 5 口均因一氧化碳中毒而毙命，甚为惨烈。[1] 不过，相比致死的人数，"中毒后身体或者脑力因而衰弱的，不知道比死的数目，还要多几倍或几十倍"[2]。为杜绝此种人为之祸，《申报》等报纸杂志上刊登有关规避一氧化碳中毒以及治疗之法的文章连篇累牍，经时不绝。

值得注意的是，在近代上海呼吸系统疾病患病率方面，存在着明显的职业、经济状况和季节的差别。就职业差别而言，越容易与煤烟等不洁空气相接触的职业种类，越容易患病。印刷工人、扫煤烟工人、铁匠等因整日与煤烟为伍，故而成为患肺结核最多的几个职业之一，患病率为 40%~50%；主要活跃于城市内部、行踪难定且易与室外煤烟相接触的工商业者次之，约为 30%；受城市空气污染影响较小甚至全无影响的农业人员最低，仅 8% 左右。[3] 就经济状况差别来说，下层阶级由于住所拥挤、室内新鲜空气缺乏、食物营养差以及工作劳动强度大等原因，患病的概率较之上层阶级要大得多。[4] 比如因一氧化碳而中毒的，"一般来说，穷人多于富人"，因为后者可以用水汀壁炉、电炉等新式无烟烹饪和取暖设施。[5] 就季节差别来说，秋冬之际因常于室内生火取暖，加之烟囱安装不妥或全无此种装置，煤烟滞留室内不能及时排出，故而足以刺激患者病势加重，而待春暖之时则病势减轻。[6] 对于体质较弱的老年人而言，出于空气质量的原因而喜欢夏天，厌恶冬天者不在少数。正如一位王姓老太所言："一到夏天，我就复活了；到冬天，我就病恹恹的不舒服。"[7]

三、损害精神健康

如果说煤烟之于人体健康的影响还是有形的话，那么对于精神健康的影响则完全是无形的。就人体的直观感受而言，充沛的阳光总能让人心情舒朗。

---

[1] 《全家中煤毒》，《申报》1931 年 12 月 14 日，第 15 版。
[2] 董承琅：《预防煤气毒》，《协医通俗月刊》1928 年第 4 期。
[3] 刘雄编纂：《肺脏诸病之治疗》，商务印书馆，1927，第 4 页。
[4] 基兹：《扩大"防痨运动"》，《申报》1940 年 3 月 22 日，第 11 版。
[5] 一言：《煤气中毒》，《医潮月刊》1948 年第 8 期。
[6] 虹：《患肺痨者冬令应注意之各点》，《申报》1940 年 12 月 30 日，第 13 版。
[7] 李辉英：《母子之间》，《申报》1936 年 9 月 18 日，第 17 版。

然而，煤烟能使空中多雾，导致日光减弱，间接损及人的心情。据20世纪30年代的相关调查，英国利兹市工业地区的紫外线较之郊外或者高山、海岸地带减少40%，谢菲尔德工业地区比公园地区减少50%，日本东京市内比郊外减少30%，[①] 伦敦的日光较之往日减少37%。[②] 鉴于同时段上海的煤烟沉降量已经超过伦敦，可推测上海因煤烟而导致的日光减少量亦不在少数。空气污染的加重和日光的减少，使人感觉居住于"覆着黑布似的阴霾环境之下"，难免让人精神抑郁。[③] 人们的情感和感觉愈加"稀淡"和迟钝，"好像自己已经变为一座无性灵的机器，对什么毫（好）事件都漠然的（提）不上一点兴致来，每天没有丝微的活泼的情绪，机械地过着日子"。最终，生活被当作"一池死水，永远打不起波浪"，生命亦被看作"累堕的东西，无谓地浪费着"。[④] 白天既然已感受不到充沛的阳光，晚上住在没有窗户的逼仄空间之内反而还要遭受一氧化碳的危害。即使免于丧命，天亮起床的时候，头也是常常"昏得要命"，[⑤] 自然没有工作的活力和精神气。生活于煤烟弥漫、尘土飞扬的上海，人们"心困性杂，力疲神纷"，即便"不即丧其年，亦必渐促其寿"。因此，无怪乎有人曾发出"人不幸而住于上海，人不幸而生于上海"，"上海人直在地狱中耳"的感叹。[⑥]

多烟的环境和压抑的心境，把上海城市生活的生气减到奄奄一息。相比阴沉的平日，短暂的雨过天晴总能让人心情为之一悦。如1927年端午节，上海适逢雨后天晴，市民齐赴半淞园观看龙舟竞赛。园中空气因雨水的洗刷"分为清鲜，而一切花草竹木，亦莫不欣欣向荣"。久困于煤烟浊气之中的市民一睹此情此景，"顿觉心怡神旷"[⑦]。不过，寄望每日降雨来冲散烟尘，终非可举之策。因此，于节假之日出游郊外，成为当时很多市民的共同选择之一。相比人多烟多的城区，阳光明媚、鸟语花香、空气清新的郊外，已然成

① 无尘：《都市的煤烟问题》，《新中华》1936年第5期。
② 《少见多怪》，《海王》1936年第2期。
③ 毅贤：《摧残都会健康的煤烟及其预防法》，《科学的中国》1937年第1期。
④ 家人：《窗下小记》，《申报·本埠增刊》1935年10月24日，第2版。
⑤ 朱邦兴、胡林阁、徐声合编：《上海产业与上海职工》，第590页。
⑥ 兆三：《上海人休矣》，《申报》1924年3月1日，第8版。
⑦ 《端午节上海半淞园湖中龙舟竞渡之盛况》，《良友》1927年第16期。

为上海人心目中的精神乐园。①郊外明朗的环境可以让人暂时忘却工作的疲劳，寄寓自己的审美理想和生活情趣，达到心灵的暂时安宁，"得着不可名言（状）的爽快"②。久居上海的文人雅士亦以乡村为参照来反观都市，认为空气污染、市声扰攘的市区显得龌龊不堪，流露出对远离城市尘嚣的渴望。如施蛰存就曾想离开上海，"到静穆的乡村中去生活，看一点书，种一点蔬菜，仰事俯育之资粗具，不必再在都市中为生活而挣扎"③。对乡村自然的追求，再次从反面证明多烟的上海确实已损害市民精神的健康和生活的舒适。

小　结

综上所述，近代上海以煤烟为代表的空气污染物已经对市区乃至周边的生态系统和人体自身造成了明显的负面影响。首先，大量的煤烟妨害了市区内植物的正常生长，在一定程度上加剧了近代上海的低绿化率，损害了都市的美观。煤烟随风飘至郊区，导致上海近郊局部地段农作物产量减产，严重者引起种植结构的改变，同时还对地力的保持带来隐患。其次，煤烟中所含有的灰分和化学成分对室内外物品、衣物和建筑物等造成污染和腐蚀，并对城市声誉造成损失，对城市繁荣与进步构成威胁，酿成难以计量的直接和间接经济损失。尤其需要注意的是，煤烟已经严重妨碍居民的日常卫生，对人体呼吸系统和精神系统造成很大损害，并且使得市民的生活环境终日被烟尘携带的致病因子包围，加重了肺结核等流行性传染病的致病率和致死率。可见，滚滚煤烟的存在，确已完全违背了"经济发展的原本意义在于增加人类的幸福"的原则。④

从学理上而言，近代上海的空气污染之所以会导致如此严重的危害，与城市生态系统的特点息息相关。城市生态系统是一个由特定地域内的人口、

① 《上海近郊风景》，《民众生活》1930年第13期。
② 邓远澄：《大都会的煤烟防止问题》，《科学的中国》1935年第10期。
③ 施蛰存：《北山散文集（一）》，华东师范大学出版社，2001，第412页。
④ 孙仁洽：《防止工厂烟囱飞扬煤烟的办法》，《工业青年》1942年第2-3合期。

资源、环境等因素通过各种相生相克的关系建立起来的人类聚居地或者社会、经济、自然复合体，也是一个流量大、运转快的开放性系统，也即只有从外部输入大量的物质和能量，才能维持自身系统的稳定和有序。与此同时，城市在生产和消费过程中产生的废物只有及时得到消解，才能维持城市生态系统的相对平衡。但是，城市生态系统恰恰是一个自我调节和自我维持能力均很差的生态系统，很难通过其自身的能力来解决诸如矿物能源消费而导致的空气污染等环境问题。[1] 在这一前提之下，假如人们无力采取有效的环境保护措施来消解污染物，那么空气污染等环境问题就会持续存在，而由此导致的对于自然生态系统和人文生态系统的危害性影响也必将跨越时空的界限，反复重演。

---

[1]　林育真、付荣恕主编：《生态学》，科学出版社，2011，第232–233页。

第八章　近代上海公共租界煤烟污染
治理的实践与困境

　　前文所述上海的煤烟污染问题已经相当严重，并引起社会层面的广泛关注。那么，当时上海社会是如何治理这一问题的？学界一般认为公共租界拉开了近代上海城市环境管理的序幕，并为中国近代城市环境管理树立了一种"标杆式"样本。既有研究着重对近代西方城市环境管理理念、管理机构、卫生制度移植到上海的过程，以及上海垃圾、水体、噪声污染管制等问题多有考察。[①] 但是，这些研究很大程度上是以政府"自上而下"的管理为中心线索，弱化了其他社会主体在环境治理中的能动性角色，并且迄无专文探讨大气污染治理问题，尚难以描绘出完整的近代上海城市环境治理图景。

　　鉴于此，本章仍以近代煤烟污染问题为研究对象，探讨近代上海公共租界的环境治理问题。为凸显环境治理实践的多面性，特将参与环境治理的社会主体划分为民众、租界当局和企业，着重考察三个问题：社会民众对煤烟污染持何种态度？做出何种反应？租界当局如何处理民众投诉和约束企业的违规排放行为？企业如何应对民众和租界当局联合施与的压力？总的旨趣是期望通过此一个案式研究，回溯中国近代城市空气污染治理的最初实践历程，剖析不同社会主体在治理实践中的行为逻辑及互动博弈，揭示近代能源转型背景下中国城市环境治理面临的一般性制约因素。

---

　　① 主要参见 Kerrie L. MacPherson, *A Wilderness of Marshes: The Origins of Public Health in Shanghai, 1843-1893*（Lanham: Lexington Books, 1987）；彭善民：《公共卫生与上海都市文明》；[日] 福士由纪：《近代上海と公衆衛生防疫の都市社会史》，東京：御茶の水書房，2010；马长林等：《上海公共租界城市管理研究》，中西书局，2011；刘文楠：《治理"妨害"：晚清上海工部局市政管理的演进》，《近代史研究》2014 年第 1 期；Chieko Nakajima, *Body, Society, and Nation: The Creation of Public Health and Urban Culture in Shanghai*（Cambridge: Harvard University Press, 2018）；陆烨：《近代上海公共租界的噪音治理》，《近代史研究》2022 年第 1 期。

第一节　民众的选择：厌恶、逃避与忍受

民众对煤烟的观感态度存在明显差异，赞美者有之，批评者亦有之。然而，抛却观点上的不同和偶尔的出游之外，绝大多数民众都不可避免地长时间忍受着煤烟污染带来的不便。

一、厌恶与投诉

任何时候，环境问题都可被理解为文化、科学知识、价值观和环境之间相互作用的产物。不同于上海老县城，公共租界是一个开放多元的国际性社区。美国人、英国人、德国人、日本人、印度人等不同国家的人生活在这片狭小的范围之内，当然更多的是中国人。不同的文化与知识背景，使得他们对煤烟污染持有不同的态度。一些居民赞美煤烟，认为煤烟象征着繁荣、生产、增长和就业，而煤烟污染是享受现代化必须付出的代价。在他们看来，"机声轧轧和烟雾弥漫的交织的情景"给所有人一种工业前途"正是铺满了黄金的大道"的感觉。[①] 但是，也有一些居民逐渐感觉到这种代价"应该有个限度"[②]。他们通过不同方式揭露煤烟污染带来的负面影响，表达自己的厌恶情绪。

一些居民批评煤烟污染破坏了上海的城市美观。煤灰会使绿叶变成淡黄色，并可能导致树木死亡。1918 年，有人曾发现在树木枯死的原因中以煤烟之害最甚。[③] 绿色植物生长的困难，使得民众保有市内绿地的梦想难以实现。黑色烟雾与灰黄植被的相互映衬，使得上海的城市美观受到很大影响。在生活于公共租界的外国居民看来，作为"东方最大、最现代化的城市"，上海却因煤烟污染而蒙上了一层阴暗，折损了美学的品位和价值，可称为是"一种耻辱"[④]。因此，他们呼吁当局解决煤烟污染问题，并认为这将有助于"提高上

---

① 逸安：《丝业》，《申报·本埠增刊》1935 年 3 月 3 日，第 2 版。
② "Smoke in Shanghai", *The North - China Daily News*, August 3, 1936.
③ 君实：《树木与人生之关系》，《东方杂志》1918 年第 3 期。
④ "Smoke Nuisance：'Extremely Annoying'", *The North - China Daily News*, July 26, 1935.

海的美学价值"①。

一些居民指责煤烟污染会给上海造成经济损失。在工程技术人员看来，煤烟中含有大量的可燃煤渣，本身是一种燃料的浪费。除此之外，煤烟污染也会造成诸多间接经济损失。比如倘得不到及时控制，煤烟会削弱污染源邻近房产的价值。1889 年，英商沙逊洋行（E. D. SASSOON & CO.）曾控诉苏州河河南路桥下的汽船排放的烟雾"给住户带来不便"，对房产生意造成影响。②一部分煤烟会被吹至郊区降落，对农业生产造成损害。1924 年，美国人蓝姆森曾对杨树浦附近农家进行调查，发现烟灰会"伤及土肥"，致使"田里的出产，也就赶不上从前"。③ 外国在沪侨商组织——上海和明商会（Shanghai General Chamber of Commerce）还认为煤烟弥漫的糟糕环境有损于商业理念的酝酿和商业社会的发展，因而在报刊上唤起社会关注煤烟这一"令人讨厌"的问题。④

有时，民众还会批评煤烟有碍卫生，于自身健康不利。普通民众对煤烟的厌恶多源自视觉和触觉感受，不满于煤烟的黑色污浊，疏忽了对人体健康的危害。比如 1918 年，英国环境卫生专家吉尔伯特·福勒（Gilbert Fowler）应工部局之邀来沪，研究上海水源供应与环境卫生问题。在沪期间，其感到"有责任唤起公众注意工厂排放的烟雾对身体健康的危害"⑤。此后，随着西方医学知识的持续传入，部分知识水平较高的民众逐渐从学理层面认识到空气对身体健康的重要性，认为污浊空气不仅可以引起人体呼吸系统疾病，也会导致精神疾病，严重者甚至致人死亡。⑥ 至 20 世纪 30 年代，基于清洁空气与环境卫生、人体健康的内在关联而反对煤烟污染，已成为一部分民众尤其是居沪外侨的共识。

---

① "Smoke and Smells: Some Observations", *The North - China Daily News*, July 24, 1935.

② "Nuisance Branch", *Shanghai Municipal Council Report for the Year 1889 and Budget for the Year 1890*, (Shanghai: Kelly & Walsh. Ltd. 1890), pp. 81–82.

③ ［美］蓝姆森：《工业化对于农村生活之影响——上海杨树浦附近四村五十农家之调查》，载李文海主编《民国时期社会调查丛编（乡村社会卷）》，第 254–256 页。

④ "Smoke Along the Bund", *The China Press*, October 21, 1927.

⑤ "The Smoke Nuisance", *The North - China Herald*, August 27, 1921.

⑥ 《无形之敌人》，《申报》1934 年 11 月 20 日，第 10 版；邓远澄：《大都会的煤烟防止问题》，《科学的中国》1935 年第 10 期。

因此，那些对煤烟污染持厌恶态度的民众纷纷发起投诉，也就不足为奇了。通过对众多投诉案件的分析，可以发现主要有三种投诉渠道：一是致函或亲自至工部局董事会、卫生处、警备委员会等相关机构向当局投诉，并要求当局进行调查和回复；二是致函《大陆报》、《北华捷报》、《字林西报》、《密勒氏评论报》(The China Weekly Review)、《上海泰晤士报》(The Shanghai Times)、《大公报》等中外媒体披露和投诉，期望引起社会关注和当局重视；三是情节严重者直接至会审公廨、各国领事法院、高等法院或在华法院、违警法院等审判机构提起诉讼，请求法官裁夺。

这些投诉的时间分布与上海的工业化进程和煤烟污染程度的变化密切相关。19 世纪上半叶，上海的工业发展水平有限，空气质量总体良好，相关投诉事件尚付阙如。一直到 1887 年初，《字林西报》才报道了公共租界第一起与煤烟污染有关的投诉案件。当时，一些住在百老汇的外侨认为邻近中国人的炉子烟囱太低，以致浓烟滚滚，惹人不便。[①] 甲午战争后，上海工业发展速度加快，煤炭消耗量飞速增长，煤烟污染日益加深。到 20 世纪 20 年代左右，上海已然演变成为一个庞大的、全部浸在煤烟尘灰之中的城市。其时，越来越多居住在上海的人"都可以证明上海过于灰暗、乌黑和多尘"[②]。上海煤烟污染的严重程度，可以通过与国外城市相比较得出。布莱恩·威廉·克拉普估算 1914—1916 年间曼彻斯特的煤烟沉积物为 148 吨每平方公里，伦敦为 176 吨每平方公里，谢菲尔德郊区的亚特克里福区达到 255 吨每平方公里。[③] A.K. 查莫斯估计 20 世纪 20 年代早期伯明翰的烟尘和道路扬尘量每年达到 154 吨每平方公里。[④] 同时段，上海烟尘排放量已超过 300 吨每平方公里，个别年份超过 400 吨每平方公里。1934 年左右，大阪烟尘沉降量下降至 306 吨每平方公里，伦敦为 266 吨每平方公里。[⑤] 上海的排放量则上升到 700 吨每平方公里以上，比大阪与伦敦两大城市的总和还要多。1937 年以前，上海的煤烟污染问题继续恶化。长期趋势来看，其烟尘排放量从 1890 年的不到 100

① *The North - China Daily News*, January 5, 1887.
② "Soft Coal Smoke Shrouds City in Unhealthful Sooty Blanket", *The China Press*, August 17, 1935.
③ ［英］布莱恩·威廉·克拉普：《工业革命以来的英国环境史》，第 14 页。
④ A.K. Chalmers, *The Health of Glasgow: 1818-1925: An Outline*, p.168.
⑤ 东北人民政府卫生部教育处编：《工厂卫生》，第 30 页。

吨每平方公里增加到 1936 年的约 800 吨每平方公里。[1] 因此, 民众投诉数量也呈增长趋势。

投诉者的分布区域和身份存在差别。相比法租界主要是住宅区, 公共租界的功能分区混乱, 除了在西部形成高档住宅区, 并不存在住宅区、工业区和商业区的清晰划分。工厂占用住宅开工营业, 或在工厂、商场附近兴建住宅的现象非常普遍。因此, 绝对意义而言, 投诉者遍布公共租界。相对意义而言, 主要集中在各类工厂附近、道路两侧, 以及黄浦江、苏州河沿岸地带。投诉者身份有普通民众、学校师生、医院医生、杂志记者、商铺商人、居沪外侨等。其中, 尤其以居沪外侨最为活跃。他们一般具有母国生活经验和较高的科学知识水平, 对西方国家治理空气污染的情况保持关注, 并在报刊上发表过很多有关英国和美国煤烟治理的报道。[2] 相比母国政府的治理进展, 他们不满于租界当局的无动于衷, 曾不止一次抱怨上海 "比几乎任何一座城市都更受到令人恶心的、肮脏的烟雾折磨"[3], 呼吁工部局尽快制定管制空气污染的法规和机制。[4]

投诉对象较为庞杂, 既有大工厂, 也有小作坊和老虎灶; 既有住宅, 也有商铺和办公楼; 既有汽车, 也有火车和汽船。其中, 美商上海电力公司、英商中国公共汽车公司和外滩众多的汽船成为长期以来投诉的焦点。上海电力公司是近代上海最大的工业企业, 也是最主要的煤炭消费者。经常有民众公开指责其排放的煤烟不但影响了上海的城市形象, 而且导致电厂附近居民咳嗽不止, 影响身体健康, 此外还污染居民衣物, 酿成经济损失。[5] 作为移动污染源, 公共汽车的运行范围较广且与民众日常生活密切相连, 烟雾排放

---

[1] 裴广强:《近代上海的空气污染及其成因探析——以煤烟为中心的考察》, "中研院"《近代史研究所集刊》第 97 期, 2017 年 9 月。

[2] 关于曼彻斯特的报道, 参见 "Smoke Abatement Campaign", *The North - China Daily News*, December 7, 1929; 关于伦敦的报道, 参见 "Smoke's Black Record – Costs Britain Many Millions", *The Shanghai Sunday Times*, November 1, 1936; 关于匹兹堡的报道, 参见 "Pittsburgh Loses Title of Smoky City", *The Shanghai Evening Post & Mercury*, May 20, 1935; 关于好莱坞的报道, 参见 "Hollywood News: Automatic Smoke Control", *The China Press*, June 14, 1936。

[3] Calvin S.White, "Smoke Nuisance in Shanghai Said Going from Bad to Worse", *The China Press*, July 24, 1937.

[4] "Shanghai Labors Under Darkening Pall of Smoke", *The China Press*, November 22, 1934.

[5] "Smoke Nuisance: 'Extremely Annoying'", *The North - China Daily News*, July 26, 1935.

问题极易引起广泛注意。1937 年 8 月，公共租界会审公廨交通法庭收到 356
份控告书，其中 344 份涉及公共汽车烟雾污染问题。[①] 外滩公园邻近黄浦江，
很容易被汽船排放的浓烟笼罩。游人至此，常常"受到停泊在浮码头旁的无
数汽船排放的烟雾袭击"[②]。对于这些煤烟排放者，一些民众常抱有深恶痛绝的
心理。

　　总之，公共租界的一些居民与欧美国家居民一样，多出于美丽、健康和
经济的角度对煤烟污染提出不满和批评。但是，这里也存在明显的区别。欧
美国家民众的环保意识较强，很多城市的居民先后自发组建了多个反烟组织。
大卫·斯特拉德林梳理了美国空气污染治理组织的发展过程，发现民众反烟
组织是进步主义时代治理煤烟污染的主要力量。比如 1891 年匹兹堡成立的妇
女健康保护协会（Women's Health Protective Association），圣路易斯成立的公
民消烟协会（Citizen' Smoke Abatement Association），1892 年克利夫兰成立的
大气清洁促进会（Society for the Promotion of Atmospheric Purity），1906 年辛辛
那提成立的烟雾治理联盟（Smoke Abatement League）等。[③] 相比而言，上海
公共租界没有形成类似的民众反烟组织，只限于个人单打独斗式行为。另外，
公共租界的民众往往抱有一种过度乐观的科学主义态度，认为煤烟是近代技
术进步的产物，也能够通过技术进步或者能源替代加以解决。他们相信"花
很少的钱买一些简单的设备"，"只须把烟突（囱）统统现代化"，或者"用稍
微贵一点的硬煤"，又或者干脆"只使用无烟的燃料"，便能"很容易抑制"
各类煤烟问题。[④] 应该说，他们抓住了问题的关键，但是提出的解决方法却
是异常笼统，甚或是理想化的，对煤烟污染背后涉及的政治、经济、技术等
宏观问题的了解十分欠缺。自相矛盾的是，相当一部分民众一方面认为企业
应该采用高质量燃料消灭煤烟，保持空气清洁，但是另一方面自己却在日常

---

　　① "Police Still Check Traffic Offenses Despite 'War'", *The Shanghai Times*, October 1, 1937.

　　② "The Smoke Nuisance", *The China Press*, October 22, 1924.

　　③ ［美］大卫·斯特拉德林：《烟囱与进步人士：美国的环境保护主义者、工程师和空气污染
（1881—1951）》，第 46–76 页。

　　④ "Smoke Nuisance", *The North - China Daily News*, June 21, 1924; "Smoke Nuisance: Tell Tale
Picture", *The North - China Daily News*, November 27, 1935;《纳税会负责人谈搁楼问题影响繁荣》,《申
报》1937 年 6 月 12 日，第 12 版。

生活中燃用质劣价廉的烟煤，以图节省燃料成本。卢汉超关于近代上海日常生活史的典范研究即认为 20 世纪 30 年代时，98% 的上海居民使用煤炉做饭和取暖。[①] 毫无疑问，这都削弱了民众治理煤烟污染的成效。

二、逃避与忍受

为了逃避煤烟污染，公共租界的一些民众多选择于节假之日出游，呼吸新鲜空气。值得注意的是，煤烟污染在这里引发了不同的社会反应。从距离上看，当时上海一些富有之人或政界高官多有赴国内环境清幽之地休假，呼吸新鲜空气者。比如 1929 年孔祥熙因慕杭州"空气清洁"，遂由沪赴杭，游览西湖。[②] 另外，由于时间和经济能力的限制，普通民众的出行地点基本局限于上海市区及其周边地区。市内公园或林荫树下是多数民众的首选之地。正如一位文人所言，生活在空气污浊的城区之内，只有在比较空旷的公园里"才稍稍找得到一（个）半小时的新鲜空气"，将"饱受肮脏气的肺部清理清理，洗刷洗刷"[③]。然而，近代上海市区公园数量很少。起初，公共租界公园纯粹为外国人服务，致使很长一段时间内普通民众，尤其是华人百姓无法呼吸到公园里的空气，以致给人一种"上海无公园"的错觉。[④] 1928 年后，公共租界公园正式向华人开放，加之法租界和华界方面陆续建设了一些公园，到抗战前上海公园总数达到 30 个左右。[⑤] 不过，直到 1935 年，仍然有人感叹对于拥有 300 余万居民的上海来说，公园数量是远远不够的。[⑥] 截至 1949 年，上海人均公共绿地面积也只有 0.16 平方米，各类绿地面积仅占城市总面积的 10% 左右。[⑦]

相比煤烟弥漫的市区，空气清新的郊外可以让人寄寓审美理想和生活情

[①] 卢汉超：《霓虹灯外：20 世纪初日常生活中的上海》，第 235 页。

[②] 《孔祥熙病游西湖》，《申报》1929 年 4 月 5 日，第 15 版。

[③] 叶劲风：《公园里的一群早鸟（一）》，《申报》1942 年 3 月 6 日，第 4 版。

[④] 陈伯熙编著：《上海轶事大观》，上海书店出版社，2000，第 128 页。

[⑤] 《上海园林志》编纂委员会编：《上海园林志》，第 2—4、92 页。

[⑥] Lawrence Chen, "Breathing Spots of City Grow Year by Year", *The China Press*, March 14, 1935.

[⑦] 1949 年，上海市各类绿地面积为 8.5 平方公里，市区面积为 82.4 平方公里。参见《上海园林志》编纂委员会编：《上海园林志》，第 382-384 页；顾吾浩主编：《城镇化历程》，同济大学出版社，2012，第 9 页。

趣，得着精神的爽快。久居上海的文人雅士亦以乡村为参照，反观都市，流露出对远离城市烟尘的渴望。当时，一部分民众乘坐长途汽车或者驾车到吴淞、龙华、真茹、宝山、闵行、南翔、松江等近郊或海滨做短途旅行。国民党要员也常以休假名义至郊区游玩，或有在近郊置地建房者。比如 1923 年，居正、马君武曾在吴淞杨行镇购地十余亩，营造房屋，以呼吸滨海的新鲜空气。[①] 1933 年，汪精卫曾专门命人驱车载其至沪西一带旷野"呼吸新鲜空气"[②]。当时出游形式多样，有单人、数人和集体行动。1933 年，上海著名律师王培源与文艺界人士曾联合组织夏游会，邀请上海"摩登好游之仕女"，赴闵行"一换空气"。[③] 值得一提的是，1934 年外国在沪侨民组织——妇女组织联合委员会（Joint Committee of Shanghai Women's Organizations）还专门成立"儿童新鲜空气基金"（The Children's Fresh Air Fund），资助欧美裔小学生参加夏令营，赴郊外和乡村呼吸新鲜空气。[④]

1928 年 6 月之后，工部局开始对所辖公园的游客人数进行系统统计，涉及梵王渡公园、虹口公园、外滩公园、汇山公园、舟山公园、昆山花园、愚园路及南阳路儿童公园等。迨至 1939 年后，不再做单独统计。图 8-1 根据相关资料，对 1929—1939 年公共租界公园游客人数及民众年均游园频次进行了统计，以分析民众呼吸新鲜空气的机会。从中可知，游客总人数在 1936 年之前呈加速增长势头，由 1929 年的 200 万人次左右增至 1936 年的接近 500 万人次，之后受政局动荡的影响快速下降，到 1939 年不足 300 万人次。就民众年均游园频次来看，公共租界多数年份内人均不足 3 次，最高为 1936 年的 4 次。实际上，"八一三事变"爆发后，华界人口大量涌入公共租界，界内人数应较之图 8-1 估算数更高，也即意味着 1938—1939 年间民众年均游园频次当较之以上估计更低。当然，也有部分公共租界居民至华界和法租界公园游览者，但其人数亦应相当有限。如果距离民众最近的市内公园都鲜有人游览的话，那么距离更远的市郊乃至沪外名胜之地，游览人数当更是少得可怜。可

---

① 《迁淞居家者日多》，《申报》1923 年 3 月 19 日，第 13 版。

② 《汪院长定今晚入京》，《申报·号外》1933 年 3 月 19 日，第 2 版。

③ 《夏游会今日举行》，《申报》1933 年 6 月 11 日，第 13 版。

④ "Fresh Air Fund", *The North - China Daily News*, April 16, 1934; "Children's Fresh Air Fund", *The North - China Daily News*, April 23, 1934.

以说，公共租界民众虽然存在以呼吸新鲜空气为目的的短距离乃至中长距离出游，但是此种出游并没有成为重复性或规律性的日常生活行为，绝大多数民众不得不终日处在煤烟的包围之中，无法摆脱。

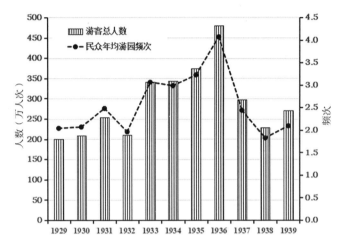

图8-1　1929—1939年公共租界公园游客人数及民众年均游园频次统计

资料来源：（1）关于游客人数，参见《上海公共租界工部局年报（1930—1939年）》"园地报告"部分；（2）1930—1937年公共租界人口数量，参见邹依仁：《旧上海人口变迁的研究》，第90页。该时段内，公共租界人口数量年均增长率为2.75%。以此推算，公共租界人数1929年为9.8万人左右，1938年为125万人左右，1939年为129万人左右。

第二节　当局的治理态度：法规、实施与不足

工部局借鉴英国经验，将煤烟污染纳入市政立法和城市管理之中，逐渐建立了一套法律规范体系，通过强制关闭或迁移、经济处罚、工程技术改造等方式约束企业的违规排放行为。不过，租界当局的法律规范体系及其实施过程存在诸多不足，远非完善。

一、法规治理体系

讨论殖民主义者在公共租界如何治理煤烟污染是一个令人颇感兴趣的话题。研究上海史的一些代表性学者，如张仲礼、熊月之、马长林等均认为上

海公共租界的管理理念和模式具有西方国家的一些特点，在很大程度上是从西方移植过来的城市管理经验。[①] 英国新锐学者伊莎贝拉·杰克逊的研究指出公共租界的统治模式是一种"跨国殖民主义"（Transnational Colonialism），不同的种族群体具有不平等的影响力，但"英国人的影响力显然占主导地位"。[②] 相比中国，英国对空气污染的官方治理由来较早，并且积累了一些经验，最明显的是进行了诸多制度方面的探索。英国普通法中将空气污染归于可能造成"伤害、不便或损失"的妨害一类，[③] 旨在维护民众的私产权益不受侵害。从19世纪20年代开始，英国出台了一些中央层面的成文法，主要有1821年的《烟尘禁止法案》（The Smoke Prohibition Act）、1863年的《制碱法案》（The Alkali Act）以及1875年的《公共健康法案》（The Public Health Act）等。此外，地方层面出台的各类法案更多，比如19世纪上半叶颁行的《德比法案》（The Derby Act）和《利兹改善法》（The Leeds Improvement Act）。[④] 这些法案支持公众在合理条件下起诉煤烟污染者，同时给予地方政府整治工业烟尘危害的权力。

因此，当1863年公共租界成立之时，煤烟污染对殖民者来说并不是一个新问题。考虑到工部局董事会中英国人始终占多数，他们中的一些人有在伦敦等空气污染严重的城市生活和应对空气污染问题的经验是不足为奇的。参考英国的经验，工部局将煤烟污染纳入土地章程和行政立法之中，逐步建立了一套法律规范体系。

首先，工部局在土地章程中界定妨害行为，为煤烟污染治理提供法律依据。一般认为，土地章程是公共租界的"根本大法"，为公共租界的形成和发展奠定了基础。1869年《上海洋泾浜北首租界章程》附律第31款规定：

[①] 张仲礼主编：《近代上海城市研究》，第644-673页；马长林等：《上海公共租界城市管理研究》，第12-26页；熊月之：《西风东渐与近代社会》，上海教育出版社，2019，第257-260页。

[②] Isabella Jackson, *Shaping Modern Shanghai: Colonialism in China's Global City*（Cambridge：Cambridge University Press, 2017），p.8.

[③] William Blackstone, *Commentaries on the Laws of England*, Vol.III（Oxford：Clarendon Press, 1775），p.222.

[④] ［英］布莱恩·威廉·克拉普：《工业革命以来的英国环境史》，第29-33页。

图 8-2　上海公共租界工部局董事会成员合影（1900）

图片来源：马学强、朱亦锋主编：《从工部局大楼到上海市人民政府大厦——一幢大楼与一座城市的变迁》，上海社会科学院出版社，2019 年，第 31 页。

　　凡租界内有人开设熔炼五金、制造蜡烛、肥皂等厂，宰杀、烧煮各牲骨肉作坊，猪圈、厕所、水坑、牛马粪堆及一切制作、售卖等场，经医生等查视，有与众人精神、身体妨碍、危险等情，函告公局，公局即投该管官署呈请饬禁。

　　为确保这一规定不会因太过狭隘而影响到对一般性妨害的限制，该章程特别制定了附律第 40 款，规定"凡事照常例系取人厌恶，致被控告有责任者"，皆在约束范围内。[①]土地章程中虽然没有直接对煤烟污染做出具体规定，不过从普通法层面将煤烟污染列为"惹厌之事"或"取人厌恶"之事，并对其加以管制，从法理上应是有效的。

　　其次，工部局出台部门性章程、规则或通告等辅助性法规，为治理煤烟

---

① 王铁崖编：《中外旧约章汇编》第 1 册，第 305-307 页。

污染提供执行细则。其中，尤其以交通和建筑部门为代表。1920 年，工部局发布第 2709 号通告，要求汽车驾驶者"必须采取合适的预防措施，避免因排放尾气而对公众产生不利影响"①。1927 年，工部局颁行《汽艇许可证条例》，第 7 款规定汽艇在码头及其附近"不得滥鸣汽笛或滥放烟雾"，给附近民众造成妨害，违规者将被法庭传唤。② 此外，工部局工务处还厘定建筑物建设标准，针对烟囱及其高度有具体规定，并强化建筑申请审批程序。1898 年颁布的《地产章程及其附则》第 30 款规定新建房屋的烟囱应"适合卫生，多留余地，流通空气"③。1901 年颁布的《中式新房建造章程》第 15 款规定新建中式房屋的烟囱"不得对着街面的房屋"④。1903 年颁布的《西式建筑章程》还规定一般建筑物高度不得超过 85 英尺（约合 25.9 米），以保证充足的光照和通风。⑤ 值得注意的是，近代中国其他城市对煤烟污染的治理活动非常少，出台具体行政立法的则更是少见。相比而言，公共租界是超前的。

最后，工部局完善执行机构，为煤烟污染治理提供执行保障。在众多的职能部门中，卫生委员会和卫生处囊括了不同专业背景的人才，提供了一个让各部门协作讨论和处理界内公共卫生事务的平台。工部局董事会为保证行政效率，还将不同分支机构的法规嵌入违警罪之中，动用警务力量保证法规落实，逐渐使得违警司法成为公共租界日常治理的核心。比如 1864 年，工部局制定《警务章程》，规定巡捕不仅要负责维持治安，还要兼管道路卫生和交通秩序。⑥ 1903 年，工部局颁行《治安章程》，第 9 款第 7 条规定巡捕"须预先留心，勿使（汽车）出管气取厌于人"。同年颁行的《巡捕房章程》第 19 款也规定如有人在道路上或公共区域制造"取厌于人之事"，"应由巡捕拘送惩罚"。⑦ 捕房向违规者发送传票，视起诉者和违规者国籍的不同，送交会审

① "The Smoke Nuisance", *The North - China Herald and Supreme Court & Consular Gazette*, May 1, 1920.

② "Whistle and Smoke Nuisance", *Municipal Gazette of the Council for the Foreign Settlement of Shanghai*, October 21, 1927.

③ 《上海公共租界地产章程及其附则》，上海市档案馆藏，档案号：U1-14-1310.

④ 史梅定主编：《上海租界志》，上海社会科学院出版社，2001，第 710 页。

⑤ 马长林等：《上海公共租界城市管理研究》，第 258-259 页。

⑥ 马长林等：《上海公共租界城市管理研究》，第 139 页。

⑦ 史梅定主编：《上海租界志》，第 694、702 页。

公廨、各国领事法院或违警法院等审判机构审理，情节轻微者也可自主灵活处理。

在法规实施环节，工部局在收到民众投诉后，一般会书面警告违规者，并派专人至违规现场调查，随后做出处理。就具体处理方法而言，主要包括强制关闭或搬迁、经济处罚和工程技术改造等。

起初，工部局处理烟尘污染的方法非常简单，直接命令关闭或转移污染源。1888 年，有邻居二人因一方灶下烧煤致另一方家内"烟雾弥漫"而发生殴斗，后被巡捕押送至会审公廨。会审官员即命令烧煤者"勿再烧煤"[①]。同年，英商沙逊洋行致函工部局董事会，控诉苏州河畔的房客受到汽艇烟尘的影响。董事会随即指示捕房督察长要求会审公堂谳员"让这些汽艇开到河南路桥上游去"[②]。公共租界白大桥附近停泊小火轮甚多，"烟雾弥漫"，致使该处有病人受累不浅。巡捕发现后，随即差人令各船"移泊远处"，并将拒绝移船者拘留送案。[③]总体来看，强制关闭的方式多存在于 19 世纪 90 年代之前。其时，公共租界尚没有得到充分发展，有大片待开发地区可供利用。此后，随着界内日益繁盛，除了一些排放有毒气体的工厂，工部局对一般煤烟排放者已很少采用此种方式。

根据具体情况对违规者实行程度不等的经济处罚，是工部局和租界法院最为常用的方式之一。1869 年《上海洋泾浜北首租界章程》附律第 35 款规定对一切"不合情理惹人取厌等事"，处以不超过 10 元的罚款。[④] 随着近代上海人口的增多和经济的发展，违规案件越来越多。法院因自身人员不足，难以进行逐一甄别和及时处理。因此，租界当局针对一些常见的违规案件，逐渐采用保释金制度替代法院的延后审判。1926 年 2 月，工部局发出通告，规定凡被指控违反交通规章者可缴纳保释金替代出庭答辩。其中，"喷射烟雾"者的保释金额为 1 元，须在收到传票后 48 小时之内交给发出传票的官员或者工部局警务处。[⑤] 工部局期望通过此举加快处理公共卫生事件，提高城市环

① 《英界公堂琐案》，《申报》1888 年 11 月 29 日，第 3 版。
② 上海市档案馆编译：《工部局董事会会议录》第 9 册，上海古籍出版社，2001，第 656 页。
③ 《英界公堂琐案》，《申报》1888 年 9 月 1 日，第 3 版。
④ 王铁崖编：《中外旧约章汇编》第 1 册，第 305–306 页。
⑤ 史梅定主编：《上海租界志》，第 592–593 页。

境治理效率。

从工程技术角度来看，煤烟与燃料消耗装置之间存在着密切关系。优良的燃烧装置，以及燃烧装置的合理布局，有助于减少和清除煤烟污染；反之，则会增加排出煤烟的数量。工部局通常要求用户安装烟囱或增加烟囱高度，使其至少高于相邻建筑物。如此，煤烟能够尽量减少对地面人和物的影响。1899 年，工务处注意到界内一些蒸汽锅炉烟囱过短，排放"令人讨厌"的烟雾，遂要求业主将其平均高度由 35 英尺（约合 10.7 米）提高到不低于 70 英尺（约合 21.3 米）。[①] 有时，工部局还率先开展消烟实验工作，以确保给予企业合宜的工程技术指导或者建议。1902 年，工部局在电气处发电厂开展初步消烟除尘实验。到 1907 年，开始参照电气处实验情况处理租界烟囱冒烟和汽艇烟雾问题。[②] 另外，工部局还提倡工业企业采用电气除尘方法。1909 年，电气处工程师呼吁工部局"应尽一切努力"促使企业主安装电动机，认为这将"大大改善"上海的煤烟问题。[③] 这种办法确实产生了一定的积极效果。例如，1912 年，电气处的一名工程师发现某棉纺厂采用电力后，一个显著的特点是"没有烟囱和黑烟"，并"使人们对关闭所有燃煤锅炉和工厂后的上海会是什么样子产生了想象"。[④]

二、法规治理体系的不足

西方国家治理煤烟污染的行动起步较早，出台的举措也较多，并起到了一定的积极作用。但是，不论是英国、美国，还是德国、日本，在 20 世纪 50 年代之前并没有彻底解决煤烟污染问题。[⑤] 其中一个重要原因，当与法规制

---

① "Engineer and Surveyor's Report", *Shanghai Municipal Council Report for the Year 1899 and Budget for the Year 1900* (Shanghai：Kelly & Walsh.Ltd, 1900), p.211.

② "Watch Matters", *Shanghai Municipal Council Report for the Year 1902 and Budget for the Year 1903* (Shanghai：Kelly & Walsh.Ltd, 1903), p.90；上海市档案馆编译：《工部局董事会会议录》第 16 册，第 718 页。

③ "Works Matters", *Shanghai Municipal Council Report for the Year 1909 and Budget for the Year 1910* (Shanghai：Kelly & Walsh.Ltd, 1910), p.255.

④ "Works Matters", *Shanghai Municipal Council Report for the Year 1912 and Budget for the Year 1913* (Shanghai：Kelly & Walsh.Ltd, 1913), p.83b.

⑤ 陆伟芳等：《西方国家如何治理空气污染》,《史学理论研究》2018 年第 4 期。

度体系的缺点不无关系。制度在实施过程中常常偏离甚至完全背离了制定者的初衷。与此类似，工部局的法规治理体系也远非完善，在法规制定和实施环节问题颇多，导致其治理煤烟污染的效果大打折扣。

土地章程虽然在普通法层面上赋予管制空气污染的权力，但是其重点在于处理粪秽、垃圾、污水等传统污染源散发的臭气或秽气。究竟煤烟污染应不应该算作违法或者违规行为，并没有予以明确说明，而是对其持有一种或是而非的、模棱两可的态度，需要依赖于法律执行者的解释，因而带有很大的主观性。在本章研究的时段内，工部局没有像伦敦等西方城市一样，出台过任何关于空气污染的专门性法规。1934 年，一位外侨甚至认为工部局"实际上没有任何管控烟雾公害的法律或法规"[1]。专门性法规的缺失，一方面说明工部局对煤烟污染问题的严重性认识不足，另一方面也限制了工部局治理煤烟污染的方式和力度。实际上，直到 1988 年初，上海才出台第一部大气污染治理的专项法规——《上海市烟尘排放管理办法》，[2] 比英国的《烟尘禁止法案》晚了 160 多年。

工部局市政管理意识落后，使得某些煤烟污染问题长期存在。1869 年《上海洋泾浜北首租界章程》第 31 款针对若干妨害行为做出的规定，只是有可能将治理的对象扩大到工业企业，而公共租界对家用炉具排放的煤烟则始终没有出台过任何管控政策，这反映了工部局对煤烟污染源的认识相当不清晰。1935 年，工部局某官员接受《大陆报》记者采访时，甚至认为上海的煤烟污染并不严重，除了上海电力公司等个例，"不存在烟雾问题"[3]。此外，工部局难以管制汽船等移动污染源。当东风起时，行驶在黄浦江面上，甚至停靠在华界码头的汽船排放的煤烟，都会对地处浦西的公共租界造成污染。尤其是上海夏秋两季盛行东南风，决定了此种现象的持续性和问题的严重性。显然，处理这一公害超出了公共租界单方面的能力，需要联络华界、法租界当局以及其他外国在华领事制定统一法规，联合应对煤烟的跨区域流动，而

---

① "Shanghai Labors Under Darkening Pall of Smoke", *The China Press*, November 22, 1934.

② 上海市经济委员会编：《上海工业污染防治》，上海科技教育出版社，1995，第 496–497 页。

③ A.H.Buchman, "Soft Coal Smoke Shrouds City in Unhealthful Sooty Blanket", *The China Press*, August 17, 1935.

实际上它从来没有这样做过。

工部局是政策的制定者，但是很多时候却有法不依。比如1869年底，工部局计划在黄浦江洋泾浜至外滩花园段堤岸建设码头，为此不惜牺牲外滩公园这一"居民在黄昏漫步时从黄浦江中吸取清新空气的唯一场所"，主动接受航运业及其势必带来煤烟。① 此外，如果煤烟排放者是经济实力强，且牵扯利益多的公用事业公司，即便其导致的污染面很广，工部局也不会直接对其施以制裁。比如工部局总董"强烈反对"起诉上海电力公司，认为如果败诉，很可能会使该公司放弃"合作态度"，不再就减烟"作出任何努力"。② 有时，工部局即使在发现问题很长一段时间后，也没有严格执行法律。比如1894年，德商瑞纶缫丝厂（Soylun Silk Fixation Co., Ltd.）成立后，即给周边地区造成煤烟污染。1915年前，卫生处督察"经常亲自提出投诉"。1915年后，亦有附近居民向工部局提出投诉。但是直到1924年，工部局才正式要求该厂"尽快处理这一问题，否则将面临起诉"。③ 这距离问题产生已过去30年之久。

图8-3对1899—1942年间工部局卫生处处理烟气公害事件的数量进行了统计。鉴于煤烟是主要空气污染物，因而内中绝大多数为处理煤烟投诉的情况。这些数据反映了什么？首先，波动幅度较大，1912年之前尚不足50件，1913—1914年短暂超过100件，后回落至1920年的10余件，继而快速增加，1927—1938年间每年都超过百件，1933年更是一度接近350件，1939年后再次回落，到1942年已不足50件。高低点之间频繁、快速地切换，让人怀疑工部局的执法态度是忽紧忽松，带有随意性。难怪一些居民曾对工部局治理煤烟的态度表示失望。相比法规的欠缺，工部局更为缺少的是强硬的执法力度。讽刺的是，连工部局卫生处官员都认为自身存在不足，承认空中弥漫的烟雾是租界当局"行政管理上的一个污点"，"处理该问题的强制性权力还相当不足"。④

---

① 上海市档案馆编译：《工部局董事会会议录》第4册，第688–690页。

② 上海市档案馆编译：《工部局董事会会议录》第27册，第532–534页。

③ "Smoke Nuisance", *Municipal Gazette of the Council for the Foreign Settlement of Shanghai*, September 3, 1925.

④ "Report of Commissioner of Public Health", *Shanghai Municipal Council Report for the Year 1929 and Budget for the Year 1930*（Shanghai：Kelly & Walsh.Ltd，1930），pp.161–162.

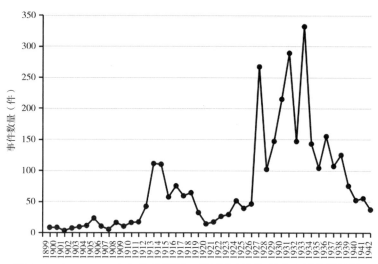

图 8-3　1899—1942 年公共租界工部局处理烟气公害事件数量统计

资料来源：（1）1899—1917、1919、1921、1923—1929 年：《上海公共租界工部局年报》（英文版）"Health Officer's Report" "Acting Commissioner's Report" 或 "Report of Commissioner of Public Health" 部分；（2）1930、1932—1942 年：《上海公共租界工部局年报》（中文版）"卫生（处）报告" 部分；（3）1918—1923 年：《上海公共租界工部局公报》（英文版）各月份 "General Sanitary Work" 部分；（4）1931—1932 年：《上海公共租界工部局公报》（中文版）各月份 "普通卫生工作报告表" 相关部分。

　　其次，1937 年后数量持续减少，原因一方面与工厂电力的应用以及原动机能源效率的提高有关。但是，更多的是工部局故意无视污染现状，不予处理污染案件造成的。比如 1937 年 3—8 月，工部局警务处共收到烟雾公害报告 799 件，其中 410 件与公共汽车有关，而当年工部局累计只处理了 107件，[①] 相差 6 倍有余。"八一三事变" 爆发后，大量华界工厂和资金输入公共租界避险，公共租界的工厂数量快速增多，形成所谓的 "孤岛繁荣"。1937 年底界内运营工厂 400 余家，到 1938 年底已增加到 4700 多家，涨幅达 10 倍有余。[②] 这些工厂大都急于投产，匆促建成，"对于最简单之卫生条件，大都犹多忽视"[③]。因此导致区域内煤烟污染 "比往年为重，为数亦较多"，而且 "大

　　① "Police Report", *Municipal Gazette of the Council for the Foreign Settlement of Shanghai*, April 30, May 28, July 2, August 6, September 10, October 1, 1937.

　　② 徐新吾、黄汉民主编：《上海近代工业史》，第 233 页。

　　③ 《卫生处报告》，载《上海公共租界工部局年报（1938 年）》，第 511 页。

部分发生在以前被称为上海最佳居住区的地区"①。与此相矛盾的是,工部局处理的煤烟污染事件数量不升反降,1942 年不到 50 件。很明显,图 8-3 并没有反映民众投诉的总数,也不是工部局调查发现的违规事件总数,更没有反映每年烟雾污染事件的实际数,但是从侧面反映了工部局在治理煤烟污染问题上的敷衍塞责。

公共租界在治理粪秽、垃圾、污水等传统污染和公共防疫方面为上海华界和中国其他城市做出了表率与榜样,甚至被称为"模范租界",但是为何无法妥善治理煤烟污染? 这里面有政治、经济和技术等方面的原因。1899 年后,受宏观政治的影响,公共租界已不能对土地章程进行修订,增补对空气污染问题的管制条文,这限制了其治理煤烟污染的法理依据。换言之,工部局缺乏一个完整的殖民政府通过立法实现变革的可能,无法采取像西方主权国家可以采取的治理行动。此外,工部局的成立初衷是服务于经济利益,原则是维护自由的市场经济。正如白吉尔所言,相比法租界的雅各宾派传统,公共租界采用的是大不列颠的自由主义制度。② 而且,煤烟污染源太多,牵扯面太广,治理成本太高,远远超过了工部局的经济承受能力。这决定了当经济利益与环境问题相冲突之时,它往往会牺牲后者来换取前者。此外,工部局对治理煤烟污染的复杂技术手段认识不够,无法从英美等国的治理实践中汲取最终成功的经验。实际上,这些国家当时仍然在苦苦探求治理办法。因此,工部局对于煤烟污染问题的态度一直很保守,并不是针对每一起煤烟污染事件都按照相关法规进行处理,而是仅处理"急性、严重的案子"③。工部局的这种消极态度,使工厂企业在面对环境管制时拥有很大的回旋空间。

---

① "Report of Commissioner of Public Health", *Shanghai Municipal Council Report for the Year 1939 and Budget for the Year 1940*(Shanghai: Kelly & Walsh.Ltd, 1940), p.172.

② [法] 白吉尔:《上海史:走向现代之路》,王菊、赵念国译,上海社会科学院出版社,2014,第 83 页。

③ A.H.Buchman, "Soft Coal Smoke Shrouds City in Unhealthful Sooty Blanket", *The China Press*, August 17, 1935.

第三节　企业的多重面相：响应、拖延与拒绝

企业将煤烟污染治理看作一种经济行为，在"成本—收益"理念的指引下以多种姿态参与到治理行动之中：有时积极响应当局政策，努力减烟；有时尽力拖延，淡化、消解当局指令；有时则摆明立场，坚决拒绝民众和当局的建议。

一、积极响应

企业是以盈利为目的经济组织，也是主要的煤烟排放者。在一些企业看来，煤烟问题很大程度上是一个经济问题，其能否解决与减烟所费和所获的关系，也即"成本—收益"核算结果有关。从工程技术的角度来看，煤烟问题与燃料、燃烧设备和方法，以及清烟设备等多项因素息息相关。值得肯定的是，公共租界内的企业在这些方面开展了一些较有成效的工程技术改造。

一些企业推动能源结构向电力转型。一般而言，最清洁的能源是电力，其次是无烟煤、焦炭、煤气和汽油，最差为烟煤和柴油。在近代上海，企业使用的能源类型与原动机类型之间存在着密切关系。据瓦科拉夫·斯米尔的研究，1900 年以前，世界各国的企业主要使用蒸汽机。[1] 因此，在一些工业城市会消耗大量烟煤，产生大量煤烟。20 世纪后，公共租界内多数工厂所用原动机逐渐由蒸汽机向电动机转型，且放弃自我生产动力，趋向于趸购电力。参考金丸裕一的研究，1913 年后上海新建的工厂多购买工部局电气处生产的电力为原动力。[2] 到 1928 年，上海工业企业使用的原动力中电力已占 84%。[3] 这一能源转型使得一些企业不再直接消耗污染性大的烟煤，减少了煤烟排放量。

一些企业对改造通风系统抱有较大兴趣。蒸汽机和内燃机的通风系统如

---

① Vaclav Smil, *Energy Transitions : History, Requirements, Prospects*（Santa Barbara：Praeger, 2010），p.54.

② 金丸裕一：《中国 "民族工業の黄金時期" と電力産業——1879—1924 年の上海市·江蘇省を中心に》，《アジア研究》1993 年第 4 期。

③ 龚骏：《中国都市工业化程度之统计分析》，商务印书馆，1933，第 54 页。

不合理，不能充分燃烧燃料，很容易产生浓烟。因此，企业倾向于研究和建造高烟囱，以改善锅炉的通风效果。比如1915年后，瑞纶缫丝厂为使煤炭完全燃烧，曾对锅炉炉膛进行改造。1924年后，在安装两台新锅炉的同时，竖立更高的烟囱。[①] 1918年，工部局电气处在杨树浦发电厂竖立高烟囱，比之前旧锅炉房"两个烟囱还要高"[②]。1941年，上海电力公司安装了105米高的钢质烟囱，其高度为当时远东之最。[③] 此外，1935年，中国公共汽车公司还从瑞士进口制造燃油泵的机器，并从英国购买适用于柴油发动机的新型活塞，[④] 以增强车用内燃机的通风排烟效果。这些举措提高了能源的利用效率，减少了煤烟的排放量。

另外，训练火夫，采用自动加煤机。开埠之后，上海工厂企业均雇用人力火夫管理锅炉，添加煤火。大多数火夫"是一个懒惰的人，对燃烧原理一无所知"，常常往锅炉中"添加大量煤炭"，[⑤] 以多得休息时间，遂使燃烧过程因氧气供应不足而产生大量煤烟。此后，一些工厂逐渐注意对火夫开展燃烧知识及方法的教育。1937年，公共租界烟草、染织、印刷、橡皮、五金、织袜、制帽及化工行业等20家工厂曾派火夫参加工部局工厂事务管理处开办的锅炉管理员训练班，学习各种锅炉的特性和操作问题。[⑥] 此外，一些工厂还购买自动加煤机，替代人力火夫或弥补其不足。1904年，工部局电气处发电厂率先安装机械加煤机，据称工作时"烟囱里完全没有黑烟"[⑦]。到1935年，上海电力公司杨树浦发电厂的4间锅炉房中有3间采用机械加煤机，1间采用

---

① "Smoke Nuisance", *Municipal Gazette of the Council for the Foreign Settlement of Shanghai*, September 3, 1925.

② "Correspondence", *The China Press*, February 28, 1918.

③ 《上海杨树浦发电厂志》编纂委员会编：《上海杨树浦发电厂志（1911—1990）》，中国电力出版社，1999，第37页。

④ "Bus Company Soon to Run Local Tours", *The China Press*, August 15, 1935; "New Type Piston to Stop Smoke Nuisance", *The Shanghai Evening Post & Mercury*, July 13, 1935.

⑤ "Watch Matters", *Shanghai Municipal Council Report for the Year 1902 and Budget for the Year 1903*, p.90.

⑥ 《工部局试办锅炉管理员训练班》，《申报》1937年5月29日，第13版。

⑦ "Works Matters", *Shanghai Municipal Council Report for the Year 1904 and Budget for the Year 1905*, p.355.

更为先进的粉煤喷射加煤机。[1] 1922 年后，瑞纶缫丝厂也曾安装自动加煤机，以避免手工加煤的不均匀。[2]

企业的上述措施，反映了 20 世纪初期全球一种工程技术减烟的趋势。当时，工业化国家从热力学和机械学的角度分析问题，普遍认为燃烧设备、燃烧技术与煤烟排放直接相关。比如，美国就曾经广泛采用过类似方法。企业雇用工程师减少烟雾排放，联邦政府雇用工程师对煤炭的有效燃烧进行研究，地方政府也开始雇用工程师为烟雾检查部门工作。[3] 这些企业明白利用技术减少与煤烟有关的浪费，可以提高生产和经济效率。更深层次地说，这些行为本质上是一种经济行为，有助于企业在降低生产成本的同时减少煤烟排放。购买和使用电力，而不是自备原动机发电，既方便又简单，可以降低支出，同时提高工厂的生产率。根据 1911 年工部局的年度报告，某面粉厂安装了一台 160 马力的三相电机替代一台蒸汽机和两台锅炉，只工作了一个月，就使生产成本降低 20%。[4] 一些企业对通风系统进行了改造，因为通风系统的优劣与工厂营业之发达"关系至为密切"[5]。使用机械加煤机代替火夫，是因为大多数火夫随意添加燃料，造成燃料浪费和不必要的经济损失。不过，当减烟的成本超过了企业的经济承受力，或者不能带来任何经济收益时，结果就完全不一样了。

二、拖延与拒绝

如前所述，民众没有建立强有力的环保组织，工部局的治理态度也较为消极。这意味着公共租界内的企业主面临的环境治理压力要比英美城市的同行们小得多。当无法确定技术降烟的有效性或其他类似污染源无法得到有效治理，且存在其他不确定的客观因素时，企业即会推迟甚至拒绝执行工部局

① "Statistics for the Advocates of Clean Air", *The North-China Daily News*, August 3, 1936.

② "Smoke Nuisance", *Municipal Gazette of the Council for the Foreign Settlement of Shanghai*, September 3, 1925.

③ ［美］大卫·斯特拉德林:《烟囱与进步人士: 美国的环境保护主义者、工程师和空气污染（1881—1951）》，第 108 页。

④ "Works Matters", *Shanghai Municipal Council Report for the Year 1911 and Budget for the Year 1912*（Shanghai: Kelly & Walsh.Ltd，1912），p.203.

⑤ 刘铨法:《工厂烟囱之建筑》，《同济杂志》1922 年第 8 期。

的减烟指令。

一些企业尽力将煤烟污染描述为一个复杂的技术问题。在面对民众和工部局的压力，又无法通过合理支出完成燃烧技术的改造时，企业一般会拖延治理煤烟污染，强调技术改造需要"相当长的一段时间和大量的金钱支出"才能找到令人满意的办法。[1] 上海电力公司和中国公共汽车公司经常要求在大规模减少煤烟排放之前进行技术实验工作，当实验结果足够有效时，才会在实践中减少烟尘排放；反之，则不会采取行动。比如1936年上海电力公司声称"在确知实验办法之能减除烟气以前"，不会耗资治理煤烟污染。[2] 同时，它们要求工部局在实验期间不要进行行政干预。至于企业是否在实验期内全力寻求减烟之策，以及何时能达到满意的实验结果则无法确知。唯一可知的是，企业因此成功为实验期间继续排放煤烟的行为寻找到了借口。由于工部局对相关工程技术问题缺乏深入认识，无法分辨企业的真实意图，只能被迫陷入企业的技术话语体系之中，延后惩治违规排放者。比如1935年7月，工部局董事会明确要求中国公共汽车公司在3个月内解决煤烟污染问题。[3] 该公司总工程师事后也曾保证至10月12日止将通过实验消除烟害，并同意工务处职员"随时进入公司工场内"察看进展情况。[4] 然而，事实是直到1940年该问题仍未得到改善。[5]

一些企业指责其他毫无减烟行动的排放者，为自己拖延治理煤烟污染寻找托词。大部分企业主同意煤烟污染是一个问题，且很多情况下并不避讳自己煤烟排放者的身份。但是，在他们看来，只有自己减烟而别人不这样做，是不公平的，这会降低自己的经济竞争力。因此，企业在面对工部局的压力之时，常常转而指责其他煤烟排放者。例如，1936年8月3日，《字林西报》刊载了两篇关于上海煤烟污染的特别报道。一篇文章指出1935年上海电力公司消耗的煤炭只占上海煤炭总消耗量的21%，强调即便该公司能够完全消除

---

①　"The Smoke Problem", *The North-China Herald*, May 20, 1936.

②　《关于上海电力公司河滨分站之烟气厌恶事件》，《上海公共租界工部局公报》1936年8月5日。

③　《公共汽车排气管泄冒烟气问题》，《上海公共租界工部局公报》1935年7月24日。

④　《公共汽车排气管泄冒烟气问题》，《上海公共租界工部局公报》1935年11月13日。

⑤　上海市档案馆编译：《工部局董事会会议录》第28册，第572–573页。

自身煤烟问题，"上海仍然会面临其他 79% 的问题"[①]。另一篇文章指出大多数人抱怨的煤烟是否主要来自上海电力公司，"是非常值得怀疑的"，强调工部局董事会仅仅治理该公司的煤烟污染是"远远不够"的，而应该全面检讨上海的煤烟问题。[②] 两篇文章的潜台词一致，即认为相比很多没有治理行动的排放者，上海电力公司已经做了很多努力，没有义务率先完成减烟工作。实际上，这也是公共租界内的企业主们惯用的说辞。

值得注意的是，企业有时还可能利用了政治方面的关系，拖延煤烟污染治理，反映了公共租界内经济—政治利益的纠葛及其之于环境的影响。领先的私营企业主充当着政治管理者的角色，亲手描绘了公共租界内微观政治的轮廓。W.A. 托马斯早已指出外国企业代表在公共租界内具有政治特权地位，他们有权选举或者当选董事会主席或成员，操纵公共租界内"有限民主"的发展方向。[③] 此外，董事会、工部局以及选民内部往往存在利益冲突。如果翻看一下《工部局董事会会议录》，经常可以看到殖民主义者们就一些问题的争论。这种情况反映在煤烟污染治理上，表现为一些企业对工部局的指令往往阳奉阴违。比如 1890 年，英国人 C.O·里德尔以及 J.O·里德尔兄弟合伙成立平和洋行（Liddell Bros. & Co.）。1902 年，C.O·里德尔进入工部局董事会担任董事。[④] 就在同一年，英商公和洋行（Palmer & Turner Architects and Surveyors）曾联合多家公司签署请愿书，要求工部局处理平和洋行造成的煤烟公害。但是，工部局并没有立即要求平和洋行解决问题，而是决定首先在电气处发电厂进行实验，如实验有效，再告知平和洋行依法减烟。[⑤] 时间上的一致或许不仅仅是巧合。又如中国公共汽车公司系由经营英商安利洋行的 H.E·安诺德和 C.H·安诺德兄弟于 1923 年创办，其中 H.E·安诺德在政治上十分活跃，曾在 1923 年担任上海英商公会（The British Chamber of Commerce,

---

① "Statistics for the Advocates of Clean Air", *The North - China Daily News*, August 3, 1936.

② "Smoke in Shanghai", *The North - China Daily News*, August 3, 1936.

③ W.A. Thomas, *Western Capitalism in China: A History of the Shanghai Stock Exchange*（Aldershot: Ashgate Publishing Limited, 2001）, pp.20–21.

④ 黄光域编著:《外国在华工商企业辞典》，四川人民出版社，1995，第 166–167 页；熊月之主编:《上海通史》（第十五卷），第 427 页。

⑤ "Watch Matters", *Shanghai Municipal Council Report for the Year 1902 and Budget for the Year 1903*, p.54.

Shanghai）主席，[①] 1928 年进入工部局担任董事，并于 1929—1936 年间多次担任过董事会总董，[②] 积累了深厚的政治人脉资源。难怪有人质疑中国公共汽车公司是否"至少间接地对一支温顺的警察部队施加了影响"。相比之下，"没有一个私家车车主会受到如此礼貌、宽容"的待遇。[③] 1939 年 4 月，也曾有西人致函工部局，质问其制定的法规为什么"对公共汽车公司和普通百姓来说是不同的法律"，指责工部局不应区别执法。[④]

当某些消烟方法不可避免地导致生产成本显著增加时，企业会拒绝接受民众和工部局的建议。烟煤、煤油和柴油等矿物能源含有大量的杂质，具有环境污染性。单纯的技术改造只能减少它们燃烧时排放的煤烟数量，却不能从根本上解决污染问题。20 世纪初，公共租界居民多次建议企业使用相对清洁的燃料，彻底解决煤烟问题。1907 年，有人建议所有汽船都燃烧高质量的英国加地夫无烟煤，认为这将使煤烟"立即消失"。[⑤] 此外，20 世纪 30 年代，工部局也想摆脱企业的技术话语体系的束缚，提出通过清洁燃料来解决煤烟污染问题。1935 年，工务处处长认为公共汽车"只有使用较高等级的燃油，才可真正改善情况"。[⑥] 在 1937 年的一次董事会会议上，还有董事建议上海电力公司直接使用"完全或几乎不含硫的无烟煤"消除煤烟。[⑦] 这种方法在英国治理煤烟的历程中并不陌生。彼得·布林布尔科姆注意到早在中世纪时，英国就曾禁止燃烧海煤，以清除难闻的气味。[⑧] 实际上，二战之后，英国等西方国家最终解决煤烟污染也是依靠这种办法。正如彼得·索尔谢姆指出的，用煤气、电和固体无烟燃料替代烟煤，建立无烟区，是 20 世纪 50 年代之后英国解决煤烟污染的最重要措施。[⑨]

---

① 陈谦平：《民国对外关系史论：1927—1949》，生活·读书·新知三联书店，2013，第 200 页。

② 熊月之主编：《上海通史》（第十五卷），第 436–440 页。

③ "Bus Smoke", *The Shanghai Evening Post & Mercury*, July 2, 1936.

④ "Proceedings", *Municipal Gazette of the Council for the Foreign Settlement of Shanghai*, April 21, 1939.

⑤ "The Smoke Nuisance", *The North - China Herald and Supreme Court & Consular Gazette*, July 26, 1907.

⑥ "Bus Company to End Fumes in 3 Months", *The Shanghai Times*, July 11, 1935.

⑦ 上海市档案馆编译：《工部局董事会会议录》第 27 册，第 532–534 页。

⑧ ［澳］彼得·布林布尔科姆：《大雾霾：中世纪以来的伦敦空气污染史》，第 22–23 页。

⑨ ［美］彼得·索尔谢姆：《发明污染：工业革命以来的煤、烟与文化》，第 183–205 页。

　　然而，这些建议在企业看来均过于理想化，从来没有得到过采纳。究其原因，与清洁燃料的高价格有关。图 8-4 对 1923—1941 年间上海无烟煤和烟煤的趸售市价进行了统计，选取四种最为常见的煤炭种类为代表。其中，越南东京白煤代表无烟煤，另外三种均为烟煤，依照物理形态的不同又分为日本验田统煤（块煤和煤屑混合体）、日本松浦烟煤块与开平煤屑。抗战之前，白煤由于产量和供给能力有限，价格一直远高于其他三种煤炭。抗战爆发后，烟煤由于来源基本断绝，供应日趋紧张，价格快速上升，但仍低于白煤。

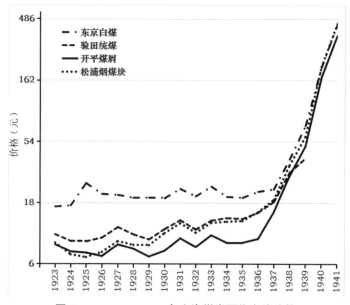

图 8-4　1923—1941 年上海煤炭趸售市价趋势

资料来源：（1）1923—1933 年参见《上海货价季刊》1923 年第 1 期至 1933 年第 4 期所载"进口货价表""上海物价表""上海趸售洋货市价""上海趸售土货市价""上海趸售物价表"，1934 年 1—3 月参见《商业月报》1934 年 3—5 期所载"上海趸售物价表"，1934 年 4 月至 1941 年参见《上海物价月报》1934 年第 5 期至 1941 年第 7 期所载"上海趸售物价表"；（2）单位：1925—1932 年为上海规元，1933—1941 年为国币元。

　　上海市场上多种煤炭种类并用，但是主要是烟煤。据对 1933—1937 年相关数据的分析，烟煤与无烟煤的比例在 9∶1 左右。[1] 对于大多数工厂和运输

---

　　① 裴广强：《近代上海的空气污染及其原因探析——以煤烟为中心的考察》，"中研院"《近代史研究所集刊》第 97 期，2017 年 9 月。

企业来说，能源成本是其成本预算中最大的支出项目。例如，1897—1940 年，煤炭支出在上海电力公司总支出中的比例一直不低于 29%，在 1904—1906 年、1916—1931 年、1939—1940 年超过 50%。[1] 与此同时，上海电力公司耗煤量增长迅速，1901 年仅为 4850 吨，到 1940 年已超过 62 万吨。[2] 倘若从燃烧廉价的烟煤改变为燃烧昂贵的无烟煤，企业需要加大能源成本支出，此外还需要花费大量资金更换适用于无烟煤的锅炉以及通风系统。因此，大多数企业总是拒绝使用无烟煤作为主要燃料。与此种情况类似，同一时段内相对清洁的汽油的价格一直高于污浊的柴油，故而中国公共汽车公司为节省资本，大量购买和消费柴油，拒绝任何能源转型。基于此，公共租界的主要污染企业始终无法通过能源转型彻底解决煤烟污染问题。

相比以上海电力公司为代表的大型企业，近代上海更多的是分散落后的小企业。据刘大钧研究，1931 年上海不符合国民政府工厂法规定的小工厂数量超过全部工厂的 60%。[3] 公共租界即便外资企业较多，但亦以小企业占多数。较之大企业在减烟工程技术改造方面的进展，小企业的成绩相当有限，其原因往往在于其无力负担工程技术改造的高昂花销。比如 1927 年，工部局电气处在 3 号锅炉房安装捕砂器，耗资 12.5 万美元。[4] 1937 年，上海电力公司开始建设 345 英尺（约合 105 米）高的烟囱，耗资 35 万美元。[5] 这都绝非一般企业所能承受的。另一个原因是小企业即便开展减烟工程技术改造，也无法形成类似大企业的规模效应，反而会加大企业的日常支出。烟囱过高会加快燃料燃烧速度，增加热量损失和燃料消耗量。[6] 因此，很多小厂家面对工部局提高烟囱的要求，往往是有所保留的。比如 1896 年，工部局通令南京路与西藏路的印刷厂须将烟囱高度提高至 75 英尺（约合 22.9 米），很快便遭

① 陈宝云：《中国早期电力工业发展研究——以上海电力公司为基点的考察（1879—1950）》，第93-94 页。
② 《上海公共租界工部局总办处关于上海电力公司年报和账目》，上海市档案馆藏，档案号：U1-4-1720。
③ 刘大钧：《上海工业化研究》，第 73 页。
④ "Statistics for the Advocates of Clean Air", *The North - China Daily News*, August 3, 1936.
⑤ "Shanghai Power to Build 345-ft Stack, Lessen Smoke Evils", *The China Press*, June 18, 1937.
⑥ 德明：《烟囱的建筑法》，《申报·本埠增刊》1934 年 11 月 27 日，第 9 版。

到某烟囱高度只有 50 英尺（约合 15.2 米）的印刷厂的坚决反对。[1] 在燃烧方法上，小工厂为图降低开厂成本，多采用火夫进行管理。1937 年，有人曾感叹上海没有几家工厂采用自动加煤机，"大多数厂家的炉火均用旧式人工管理"[2]。如此，大量小企业对近代上海的煤烟污染治理构成了阻碍。一直到 1943 年公共租界归还中国政府，这一状况都没有改变。

小　结

　　本章分析了上海公共租界的煤烟污染治理实践，发现 1949 年之前中国就已存在社会性的煤烟污染治理行动。当今环境保护的核心因素，如环境意识、社会责任、环保法律与政策、治污技术等在一个世纪前的中国即已存在。不同社会主体——这里是民众、工部局和企业广泛参与其中，以各自不同的举措书写了中国近代煤烟污染治理的最初实践历史。一部分民众投诉污染型企业，要求工部局和企业及时治理煤烟污染。工部局借鉴英国经验，将煤烟污染纳入立法和城市治理之中，形成了一套以土地章程为基础，部门规章为辅助的法规治理体系，试图以此处理煤烟污染。企业开展了一些工程技术改造，尝试减少煤烟排放。这些举措探索了煤烟治理的途径，一定程度上减轻了公共租界的煤烟污染问题。不过，三方在治理过程中的不足同样很明显。民众没有建立常设性煤烟污染治理组织，削弱了自身参与治理行动的力度，使工部局和企业有了足够"容错空间"。工部局缺乏针对空气污染的专门性制度法规，且存在大量无法可依、有法不依和执法不严等问题，难以处理企业的所有违规行为，与学界一般认为的城市环境治理"标杆"式形象相去甚远。企业秉持"成本—收益"理念，多数情况下拖延执行工部局的减烟指令，而在减烟必然导致生产成本大增之时，不惜直接拒绝民众和工部局的建议。

　　由于三方之间始终无法形成合力，导致公共租界的煤烟治理实践屡遭挫

---

① 上海市档案馆编译：《工部局董事会会议录》第 12 册，第 557、560 页。
② 黄人杰：《我们用煤的浪费》，《大公报》（上海）1937 年 2 月 6 日，第 13 版。

折，成效有限。民众、工部局和企业只能在有限的范围内治理煤烟污染，而任何单方面的治理行动都难以突破系统性困境，取得圆满的成绩。换言之，煤烟污染不仅仅是一个环境问题，更是一个政治、经济和技术等多重问题相互关联的混合体，其产生根源在于能源结构的近代化转型，而其解决途径则被纳入中国近代化的整体进程之中，受到多方因素的联合制约。此现象并非上海公共租界独有，也并非仅体现在煤烟污染方面，而是近代中国能源转型背景下产生的一种跨地域的环境现象，需要引起学界的充分注意。

结　语　从能源转型视角理解江南的近代化

虽然近代化过程中不存在放之四海而皆准的范式，但其中总有某种规律可循。就本书而言，如何在具体的研究中找到近代社会经济以及环境变迁所蕴含的这一模式，并将其有效地连接社会经济和环境领域的各个方面，就显得特别重要。至少这要比逐一罗列式的要素分析显得更有说服力。道理很明显，因为这有助于从整体上认识社会经济发展和生态环境变迁的水平与性质，甚至能够把握未来的发展趋势。本书以能源转型为中心视角的探讨，就是一个在江南自传统农业社会向近代工业社会的转变动力以及影响方面寻找类似模式的初步尝试。因此，在快要结束这场学术旅行之时，针对近代江南能源转型与社会经济和环境变迁的关系进行一番总结和归纳，是十分必要的。

一、能源转型的基本特征

前近代江南的能源结构以植物型能源为主，无法以此为基础推动江南由传统农业经济向近代工业经济转型。这就注定了江南只能通过外部矿物能源的大量输入，启动近代化的程序。通过国内和国外能源通道，江南由外部大量输入矿物型能源，打破了传统以有机植物型能源为主的能源结构，逐渐向以矿物型能源为主的近代能源结构转型。以上海、南京、杭州、苏州、镇江五口为中心的矿物能源分销格局的构建和层级销售方式的建立，是实现能源结构转型的基本保障。总体来看，这一转型具有以下三点基本特征。

1. 外在依赖性

与"英国模式"相比，江南能源转型的起始是非自发的，受到外来近代化的明显影响。正因如此，转型的过程呈现出相当程度的断裂性，是对传统有机植物型能源结构的摒弃。随着社会经济发展的需要，以及得益于西方工业化发展起来的轮船、铁路运输方式和国际能源市场的整合，江南通过提高对外能源依存度来解决本地的能源供应和保障问题。输入的国际能源主要有日本、英国及两者实际控制下的东北和开滦产出的煤炭资源，美国、东南亚以及苏联（俄国）产出的石油资源。与此同时，输入的国内能源主要是山东、湖北、河北、山西、河南以及淮北、淮南等地所产的煤炭资源。凭借海路、河路和铁路等运输手段的综合运用，这些能源被源源不断地运抵江南。就国外能源与国内能源的权重进行比较的话，国外能源要占据绝对优势。这直接反映出近代江南能源转型所具有的国际性特征，同时也表现了其深度的外在依赖性特征。这种依赖性使得江南的能源供给容易受到国内外政治、经济、军事等多种因素的影响，具有不确定性。江南五口的煤炭和煤油、汽油、柴油的输入量除了最高输入量与最低输入量之间落差极大，一般年份间小范围的波动亦很频繁。此种现象反映出江南的能源市场缺乏稳定性，能源安全存在隐患。总之，大量矿物能源的输入，既为江南工业化的开展提供了保障，又注定了江南近代化的坎坷与曲折。

2.后发性

直到洋务运动时期，伴随着矿物能源的大量输入和蒸汽机等原动机的使用，江南的能源结构才开始发生大的变化。因而，其能源转型开始的时间要晚于英国、法国、德国、美国等国。具体来看，在能源的三大功能领域，只有光能（最早为煤油灯）的最初利用时间与西方差距较小，其余热能和动力能的推广利用时间均要大大晚于西方。由于江南能源转型起步之时，西方主要资本主义国家已经完成了第一次工业革命，并且正向第二次工业革命迈进，因此使得江南能够直接利用西方国家能源领域的发展成果。由此，江南的热能、光能以及动力能领域在19世纪60年代之后几乎同时取得大的突破，体现出明显的后发性优势。如在动力领域，江南可以在条件允许的范围内借鉴利用新型原动机，故而各种原动机的替代更新周期也相对西方主要资本主义国家要短。从蒸汽机到煤油内燃机，到柴油内燃机，再到电动机，近代江南每一步的跨越所耗费的时间都要短于西方主要资本主义国家。而在电力应用领域，江南几乎与当时全球电力商业化趋势同步而行，个别电厂的发电能力和售电价格并不逊色于欧美绝大多数电厂。

3. 不平衡性

无论从热能、光能，还是从动力能应用情况来看，都能够反映出近代江南能源转型的不平衡性。

从热能应用情况来看，虽然近代江南工业领域中已经普遍使用煤炭作为主要燃料，但是在城市和传统乡村的生活领域中，柴薪仍然占据相当重要的地位。煤气、煤球、电热等限于使用成本的高昂和城市基础设施建设的不完善，仅能在上海、杭州、南京、苏州、无锡等中心城市使用。在广大乡村地区，由于城市"能源吸纳"能力的存在和强化，城乡工业发展对植物原料的需求以及矿物能源价格高昂等诸多原因，燃料危机不但没有解决，反而在特定时空下呈现更加恶化的态势。

从光能的应用来看，近代江南各地的普及利用程度并不一致。江南公、私领域内不同灯光照明方式的选择，受到市政当局的发展规划、各地经济发展水平以及电厂、煤气厂等基础设施建设情况的制约。从对这些限定条件的破解程度上来看，上海的能源转型发生最早，其他城市的能源转型在很大程度上由模仿租界和上海的照明方式而起。在光能的具体种类上，近代江南主要是以光质相对低劣的煤油灯光为主，电灯和煤气灯的使用仅在个别城市和地区占优势。总体来看，江南城乡之间，各城市之间以及城市内部不同地段、不同收入阶层之间，光能的普及程度及亮度都存在着较大的差异。

从动力能的应用来看，江南虽然动力应用程度领先于国内其他地区，但与欧美国家相比较，仍存在很大差距。早期蒸汽机因为售价高昂，设备笨重，故应用较少，其利用范围基本没有溢出工业领域。内燃机的引进和利用为江南工业、农业以及交通运输业的发展带来莫大推动力，但应用程度仍很有限。电动机的使用范围仅局限在江南中心城市，除了个别地区的电力灌溉业，极少有乡村利用电力作为生产性动力。根据刘大钧的研究，1933年上海平均每家工厂马力占有数为151匹，平均每名工人仅能使用0.83匹马力。[1]相较而言，美国早在1908年平均每名工人使用3.6匹马力，德国1910年为3.9匹马力，法国1911年为2.8匹马力，即便是一战之前发展相对落后的俄

---

① 刘大钧：《上海工业化研究》，第76页。

国，平均每一工农也可利用 1.5 匹马力。[①] 江南与上述各国的差距，均在数十年或数倍之间。完整地理解近代江南的能源转型，既要看到其进步的一面，亦要看到其不足的一面。江南能源转型中具备的以上特征，并非能源行业本身完全"自主"的行为，而是在整个中国近代宏观背景下所发展和呈现的结果。因此，转型的过程也必然要与社会经济和生态环境领域产生广泛联系，造成一连串的连锁反应。

二、能源转型与社会经济变迁

对于江南能源转型及其相关问题的探讨，很大程度上是一个追寻中国何时真正产生经济近代化的问题。近年来，对于如何看待工业化以前的经济和如何评价中国传统经济的问题，在国内外学界都是一个重要的理论问题。在这一方面，李伯重先生对 19 世纪初江南华娄地区与荷兰的比较经济史研究颇能引起关注。根据他的研究，华娄地区的社会经济发展水平与同时期荷兰经济在许多重要方面存在相似之处。因此，他认为如果说当时的荷兰经济是一个"近代经济"的话，那么同时的华娄经济也应当是一个"近代经济"。[②] 这里面蕴含着一个重要的学术问题，即近代经济是否以工业化为核心内涵？对照荷兰学者对于"近代经济"的定义，他们并不认同这一点，否则不会舍弃工业化最为重要的物质基础——能源。他们仍然只是以制度、技术和市场灵活度为画笔，描绘了一幅高度发达的有机社会经济图景，却在落款处盖上了"近代经济"的印章。鉴于荷兰本身就是一个无法自发由传统社会向近代工业社会转变的典型，中荷学者在不同地域间所寻找到的近代化因素，虽然

---

① 陈真：《旧中国工业的若干特点》，《人民日报》1949 年 9 月 24 日，第 5 版。

② 荷兰学者德·弗里斯（Jan de Vries）和范·德·伍德（Ad van der Woude）对"近代经济"的概念做了界定，认为其"不必具有 20 世纪工业经济的外观，而是包含了那些使得上述外观成为可能的普遍特征"。这些特征主要包括：（1）商品和土地、劳动、资本等生产要素市场具有相当的自由和普遍；（2）农业生产率高，可以支撑一个复杂的社会结构和职业结构，从而使得劳动分工成为可能；（3）国家的决策和政策的执行关注产权、自由流动和契约合同；（4）具备一定水平的技术和组织，能够胜任持续的发展和提供丰富的物质文化以维持市场导向的消费行为。他们认为，这些特征也存在于其他欧洲国家或者地区，但是荷兰经济由于其所具有的历史延续性和在建立经济近代性方面所处的领先地位，因此可以称为第一个"近代经济"。参见李伯重：《中国的早期近代经济——1820 年代华亭 - 娄县地区 GDP 研究》，第 285–286、289 页。

作为过去的遗产仍可以在此后"真正的"近代化过程中发挥重要作用，但是以此种标准定义"近代经济"，并尝试从中探索转向近代经济路径的举措，却很难不被贴上夸大的标签。"画虎画皮难画骨"，矿物能源恰恰是近代经济的"骨"。本书认为，近代经济应是一种建立在矿物能源大量利用基础之上的经济类型，这是其得以存在并维持运转的最重要的物质前提。当然，这绝非意味着其他因素不重要，仅有能源结构的近代化转型才能解释近代化的内涵，而是再次强调矿物能源的大规模利用是近代社会经济转型的不可忽略的、必要非充分因素。能源的重要性应该得到比现在更多的关注。

近代江南是一个以矿物型能源为运行基础的社会，其在生产过程中可投入能量的数量成功摆脱了有限土地以及水、热因素的限制，打破了之前有机植物型社会下生态系统运行机制的束缚。由此，江南的资源投入—产出效益发生了根本性变化，跨越了传统农业社会自然生态机制的值域门槛，进入一个更为广阔的增长空间，也即正式开启了社会经济近代化的全新时代。那么，这一能源转型是如何对社会经济的发展构成影响的呢？

与一般商品不同，能源所能提供的服务对象是所有社会生产和生活部门。一般而言，评价自然资源投入—产出效益的基本模式是：RIO（自然资源投入产出效益）=D（直接产出效益）+I（间接产出效益）+DE（诱发产出效益）。[①] 能源所具有的这种特殊的投入—产出模式，决定了它具备将近代社会经济各个部门连接成为一体的网络辐射化影响。因此，对能源转型之于近代江南社会经济发展的影响进行归纳或者总结，应主要从以下两个方面进行理解。

1. 直接影响机制

所谓直接影响机制，即江南通过热能、光能和动力能三大基本功能的突破性进展，消除传统社会中因能源不足而对社会经济发展的窒碍，来直接带动相关主干及分支行业的发展。

热能是近代江南能源转型中最早发挥规模性效应的能源功能。伴随着矿物类能源——主要是煤炭和矿物油（以煤油、汽油和柴油为主）的大量输入，

---

① 张雷：《矿产资源开发与国家工业化——矿产资源消费生命周期理论研究及意义》，商务印书馆，2004，第64页。

江南建立起了一系列近代化的工业企业和交通运输业。在这些行业中，由于蒸汽机和内燃机的推广使用，矿物型燃料在工业热能供给中取得垄断性地位，并且对以窑业为代表的传统高能耗产业的燃料不足问题产生了明显的缓解作用。这就为江南产业结构的近代化以及社会经济发展的飞跃创造了前提，为江南光能和动力能领域及其相关行业的大发展，以及对促使江南成长为近代中国的工业中心，奠定了坚实的基础。而煤球、煤气和电热的使用，极大地方便了民众的日常生活，提高了民众的生活质量，给予城市化移民不一样的生活体验，并成为近代化生活方式的主要标识之一。

光能是近代江南能源转型中又一发挥规模性影响的主要能源功能。近代以来，江南在公共和私人照明领域发生了一场以煤气灯、煤油灯和电灯为主体的光能转型。其主要内涵体现为公共领域中从以往的没有路灯发展到煤油路灯，继而煤气路灯和电气路灯；私人照明领域中传统的植物油灯、土烛等照明方式逐渐衰落，洋烛、煤油灯、煤气灯以及电气灯相继兴起。不同照明方式的利用，对近代江南社会经济的发展产生了广泛而深远的影响。比如借助警务部门的路灯建设活动，光能开始以网络性的形式，参与到社会治安治理的过程中，有助于官方加强对基层社会的管控，维护社会的稳定。而且，得益于煤油灯、电灯逐渐渗透进工农业生产领域，为工人和农民延长劳动时间、调整生产方式、提高生产效率、优化工厂制度等创造了可能。

动力能是近代江南能源转型中较之以往传统社会取得最大突破的能源功能，在很大程度上可以说是能源转型中的"主角"。近代以来，江南借鉴利用西方两次工业革命的成果，在引进和模仿制造蒸汽机、内燃机、发电机以及建立电厂的基础上，开启了动力转型的过程。从微观层面来看，这一过程渗透进工业、农业及交通运输业等主要经济领域，并取得了显著的经济效果。得益于电力的使用，以纺织业为代表的工业部门其生产力得到飞速提升。内燃机以及电动机的使用，使得以碾米业、灌溉业为代表的农业部门获得了直接的生产效益。与此同时，交通运输业中的船舶和汽车业也由于不同原动机的配备使用而获益匪浅。从宏观层面来看，动力转型使得近代江南的工业地理布局发生重大变化，形成了以上海为中心，无锡、常州、杭州、南京、苏州等多地齐飞的工业地理布局。由于江南的动力转型规模在全国最大，也就进一步巩固了江南在整个中国的经济中心位置。

2. 间接影响机制

所谓间接影响机制，是指江南通过价值规律的作用，对经济系统内的生产要素进行重新配置和优化，使资本、技术和资源之间的组合关系愈加合理。

发展经济学理论认为，当一种经济要素（如资本）相对于另一种经济要素（如劳动力）的存量变得更为丰富时，特定的相对要素价格就会在价值规律的诱导下，使用更多资本和节省劳动力的技术变迁。这种有偏向的技术变迁源于企业家用相对更丰富且更廉价的资源替代更稀缺且更昂贵的资源，来降低生产成本的努力。[①] 在近代江南城市工业发展中，不乏不同行业的企业家用快速稳定的机械动力来取代低效价昂的人畜力，谋求经济效益的努力。除了这一直接的层面，还可以看到近代江南的能源转型亦通过价值规律的作用，对经济系统内生产要素进行间接的配置和优化。这一点突出地表现在传统经济部门以及现代工业部门之间的互补和并存上。简言之，得益于机械动力的运用，工业生产中同一行业的某些原先耗时多但产量少的环节在解除了之前人畜力动力不足的限制后，生产力得到了飞速发展。而在另外一些环节，由于丰富且廉价的人力仍然存在以及机械动力生产扩大了对初级原材料的供应，动力生产还无法完全替代人力劳动，使用人力生产仍可收到一定收益并可安置劳动力就业。故在价值规律的作用下，劳动力便从耗时多但产量少的环节，转移到能够凭借自身优势仍能与机械生产并存且能取得一定收益的环节，最终实现对行业内外劳动力的优化配置。

在很大程度上可以说，近代江南大量手工业的发展，正是在动力转型下价值规律发挥作用，优化配置劳动力生产要素的结果。在所有行业中，近代江南纺织业的协同生产最为常见。工厂和手工业者可以分别从事不同的纺织工序，即先由城市的现代棉纺厂或者缫丝厂生产出棉纱或者厂丝，再由农村女工使用改良的手工织机织成棉布或者丝绸，整个生产环节带有混合性特征。彭南生关于"半工业化"现象下近代嘉兴、常熟、硖石、震泽等地手工纺织

---

① ［日］速水佑次郎、［日］神门善久：《发展经济学——从贫困到富裕》，李周译，社会科学文献出版社，2009，第15页。

业包买主制度下依附经营形式的若干描述，基本上都可以视作动力转型给予
手工生产带来的正反馈。[1] 实际上除了纺织业，江南绝大多数手工行业都获
得了不同程度的发展。托马斯·罗斯基的研究显示，二战之前中国不仅城市
工业部门发展较快，而且旧的部门和组织方式仍保持一定的灵活性和增长潜
力，"农村劳动力和从事非农产业的非技术工人"的收入也都有实质性的长期
提高。[2] 其原因除了市场的扩大和制度的更新，也必须在动力转型背景下予
以理解和分析。

三、能源转型与环境变迁

里格利在描述工业革命带来的影响时，引用了一则古希腊的神话：潘多
拉魔盒的故事。他认为 18 世纪晚期的人们很难把握工业革命所具有的实际影
响，因为这就像打开了一个潘多拉魔盒一样，它所释放的东西在当时来看完
全是"不可预测"和"无法逃避"的。[3] 能源转型的过程中带来的环境污染
问题，便是一个当时尚少引起足够重视，同时也无法逃避的问题。能源结构
由植物型能源为主向矿物型能源为主的转型，打破了以往江南传统的自然生
态格局，是导致江南自然环境产生近代变迁的最关键的诱导性因子之一。正
如空气污染史研究先驱彼得·布林布尔科姆所言，燃料的燃烧在大气污染问
题的产生上"扮演了一个关键性的角色"[4]。本书以上海为中心，对矿物能源大
规模利用造成的煤烟污染问题展开了深入分析，发现能源转型之于城市环境
变迁的影响直接而深刻，塑造着环境问题的形成途径和表现形式，影响着社
会经济发展的可持续性，并进而形成社会传导机制，产生了以环境问题为中
介的社会治理问题，最终将能源转型与人类社会最高等级的领域——政治领
域勾连起来。

江南能源结构的转型打破了地域内传统生态现状，导致新型煤烟污染问

---

① 彭南生：《半工业化——近代中国乡村手工业的发展与社会变迁》，中华书局，2007，第307–
325页。

② ［美］托马斯·罗斯基：《战前中国经济的增长》，唐巧天等译，李天峰等校，浙江大学出版
社，2009，第4、11–12页。

③ E.A.Wrigley, *Energy and the English Industrial Revolution*, pp.1–2，245–246.

④ ［澳］彼得·布林布尔科姆：《大雾霾：中世纪以来的伦敦大气污染史》，第7页。

题应运而生。近代上海煤炭和石油的大量消费，排放了大量的煤烟污染物。由于自身吸收和转化，以及扩散和稀释污染物的能力不足，上海至20世纪20年代左右形成了点—线—面三位一体的煤烟污染源地理体系，整座城市演化为一个巨大的体污染源。定量分析显示，1946—1948年上海雾天数和霾天数总计高达三年总天数的70%左右；1890—1937年上海每年每平方公里因燃煤和燃油产生的烟尘及二氧化硫排放量呈整体上升趋势，最高年份分别接近800吨和200吨，超过同时段西方一些主要工业城市。两方面特征的同时并存，集中反映出近代上海煤烟污染问题之严重。

煤烟污染程度既然如此严重，也就难免对生态环境造成扰动和破坏。大量史实能够证明煤烟妨害了市区内植物的正常生长，损害了都市的美观，并导致近郊局部地段农作物产量减产，严重者引起种植结构的改变。煤烟污染对居民室内外物品、衣物和建筑物等造成污染和腐蚀，对城市的繁荣与进步构成威胁，酿成难以计量的直接和间接经济损失。另外，煤烟污染严重妨碍居民的日常卫生，对人体呼吸系统和精神系统造成很大损害，并且使得市民的生活环境终日被烟尘携带的致病因子包围，加重了肺结核等流行性传染病的致病率和致死率。由此，煤烟污染对上海市区乃至周边地区的生态系统和居民身心健康造成明显的负面影响。

煤烟污染造成的严重负面影响逐渐引起不同社会主体的关注和治理，民众、工部局和企业广泛参与其中，以各自不同的举措书写了中国近代煤烟污染治理的最初实践历史。一部分民众投诉污染型企业，要求工部局和企业及时治理煤烟污染。工部局将煤烟污染纳入立法和城市治理之中，形成了一套以土地章程为基础，部门规章为辅助的法规治理体系。企业开展了一些工程技术改造，尝试减少煤烟排放。不过，三方在治理过程中存在诸多不足。民众没有建立常设性煤烟污染治理组织，削弱了自身参与治理行动的力度。工部局缺乏针对空气污染的专门性制度法规，且存在大量有法不依和执法不严等问题，难以处理企业的所有违规行为。企业多数情况下拖延执行工部局的减烟指令，而在减烟必然导致生产成本大增之时，不惜直接拒绝民众和工部局的建议。由于三方之间始终无法形成合力，导致公共租界的煤烟治理实践屡遭挫折，成效有限。至此，能源转型已经不再是一个单纯的物质结构转变问题，它通过所造成的环境污染问题，已然演变成一个与人类社会紧密贴合、相互关联的社会政治问题，环境问题政治化悄然形成。这一问题的解决途径也由此被嵌入整个近代化的过程之中，与时代发展的整体水平同频共振。

总之，本书通过对 1840—1937 年间江南能源转型问题的系统性考察，主张能源史研究应该也必须跳出传统能源行业史的窠臼，将能源视作推动近代化进程的关键因素之一，还其本来具有的活力，着力挖掘以能源为中心的多层关联，构建"需求—供给—应用—影响"的能源史分析框架。所谓需求，即要分析能源需求方的种类和需求原因，把握能源转型的起因；所谓供给，即要梳理能源贸易的通道和分销模式，把握能源转型的基础；所谓应用，即要分析能源三大功能（热能、光能和动力能）在社会经济各领域（主要是工业、农业和交通领域）的具体应用过程；所谓影响，即要揭示能源消费之于人类社会和自然环境的多方影响。在近代江南社会经济史研究领域，尤其要注重能源史与社会经济史、环境史的结合，把能源史引入江南近代化的宏观进程中，发掘和构建以能源转型为中心的多重经济和环境关系，进一步推进更立体、丰满的近代江南社会经济史和环境史研究。

当前，江南地区经济仍持续快速增长，在中国经济发展中继续充当着"火车头"的角色。与近代的情况类似，这一经济奇迹是建立在消耗巨量矿物能源基础之上的。据相关报道，2016 年长江三角洲地区合计消费能源达到6.3 亿吨标准煤，占全国能源总消费量的 15.56%。[1] 与此相伴随的，是江南地区的空气污染物排放量仍保持在较高位置。比如据上海市生态环境局统计，2021 年上海市二氧化硫排放量达 5766 吨，氮氧化物排放量达 135700 吨，颗粒物排放量达 9780 吨。[2] 尽管当前江南的能源消费种类、消费结构和利用效率发生了很大变化，已与近代的情况不可同日而语，但是当我们从长时段角度回顾近代江南最初开启能源转型的历程之时，总要将视野回放到本书研究

---

① 于明亮等：《长三角地区能源消费变化的驱动因素分解研究——基于 1995—2016 年数据的分析》，《东南大学学报》（哲学社会科学版）2020 年第 2 期。

② 《2021 年上海市大气环境保护情况统计数据》，上海市生态环境局官网，https://sthj.sh.gov.cn/hbzhywpt1133/hbzhywpt1135/20221028/ddab06d736c6463f9ebc56004f50d99f.html，访问日期：2023 年 6 月1 日。

的这一时段。而近代江南能源转型过程以及该过程中揭示的能源消费与社会经济、环境变迁的关系，亦能够为当代社会推动新一轮能源转型，妥善处理能源消费、经济发展和环境保护的关系提供历史镜鉴。这种镜鉴作用主要体现在三个方面：首先，政府应该制定科学合理的宏观能源政策，促进光伏、风能、水电等无机型能源的发展，推动能源消费结构向以无机型能源为主导转型，提高能源供给的自主性程度，确保经济发展的安全性；其次，应该在保障能源安全的同时，加大对能源利用新技术的投入和研发力度，紧跟国际先进趋势，促进原动机及时更新换代和能源服务质量的不断提高，以此推进产业经济结构的优化升级和民众生活水平的提高；最后，应该运用政治、经济和技术手段，协调政府、社会民众和企业的关系，营造多方参与的环境治理机制，妥善处理好因能源消耗而导致的环境问题。从此意义上而言，历史和现实之间可以实现融通，同时能源经济学和环境保护学能够从能源史当中得到更多。

附　表

附表 1　明末以降江南人口统计表

单位：万

地区	1620 年	1776 年	1820 年	1851 年	1880 年	1910 年	20 世纪 30 年代初
江宁	—	394.1	525.2	622.5	165.9	204.5	
苏州	—	511.1	590.8	654.3	236.7	252.8	—
松江	—	227.7	263.2	291.5	255.2	240.5	
镇江	—	177.0	219.5	248.4	72.9	142.3	
常州	—	311.5	389.6	440.9	149.1	231.8	—
太仓	—	142.3	177.2	197.1	137.5	124.3	—
杭州	—	268.2	319.7	361.8	85.3	120.0	
嘉兴	—	235.3	280.5	309.0	113.6	122.9	—
湖州	—	215.3	256.8	290.7	76.7	113.0	—
合计	约 2000	2482.5	3022.5	3416.2	1292.9	1552.1	1628.8

注：（1）1776 年、1820 年、1851 年、1880 年、1910 年数字，来源自曹树基：《中国人口史（第五卷）》，第 691–692 页，表 16–1。

（2）1620 年的人口数字来自李伯重先生的估计。李伯重先生首先根据万历《大明会典》卷十九得知苏、松、常、镇、应天五府 1393 年的人口数字合计约 606 万，再据康熙《浙江通志》卷十五所记明初杭、嘉、湖三府的人口数合计约 264 万，得知 1400 年左右江南的人口在 900 万左右。之后，他参考柏金斯（Dwight Perkins）有关江南人口的计算，认为 1393 年至 1600 年间全国的年人口增长率大约为 3.8‰，据此推算出 1620 年江南的人口大约为 2000 万（参见李伯重：《江南的早期工业化》修订版，第 306–308 页）。

（3）关于 1932 年江南人口数，黄敬斌直接将 1910 年人口数和 1953 年人口数加起来平均，似有不妥（黄敬斌：《家计与民生：清初至民国时期江南居民的消费》，第 15 页）。实际上，实业部国际贸易局于 1933 年出版的《中国实业志·江苏省》和《中国实业志·浙江省》两书中，已经统计有江南 20 世纪 30 年代初的详细人口数字，据此补入。

附表 2　1859—1937 年江南各口煤炭净输入统计表

单位：万

年份	上海		镇江		苏州		杭州		南京	
	数量（吨）	数值（关平两）	数量（吨）	数值（关平两）	数量（吨）	数值（关平两）	数量（吨）	数值（关平两）	数量（吨）	数值（关平两）
1859	0.58	58	—	—	—	—	—	—	—	—
1860 前半年	0.24	24	—	—	—	—	—	—	—	—
1864	10.82	87.47	—	—	—	—	—	—	—	—
1865	12.77	87.34	0.18	0.19	—	—	—	—	—	—
1866	22.7	105	0.13	0.32	—	—	—	—	—	—
1867	19.3	105	0.04	0.21	—	—	—	—	—	—
1868	44.77	154	—	—	—	—	—	—	—	—
1869	31.92	86	—	—	—	—	—	—	—	—
1870	15.75	62	—	—	—	—	—	—	—	—
1871	29.4	85.8	—	—	—	—	—	—	—	—
1872	58.53	126	0.27	0.15	—	—	—	—	—	—
1873	44.32	92.6	0.02	0.2	—	—	—	—	—	—
1874	29.3	69.2	0.03	0.25	—	—	—	—	—	—
1875	43.67	85.45	0.27	0.23	—	—	—	—	—	—
1876	40.25	67.16	0.32	0.28	—	—	—	—	—	—
1877	43.47	74.74	0.97	0.39	—	—	—	—	—	—
1878	38.22	97.28	5.79	2.79	—	—	—	—	—	—
1879	44.92	70.52	3.4	1.47	—	—	—	—	—	—
1880	51.75	85.17	3.37	1.75	—	—	—	—	—	—
1881	55.98	112.63	4.29	2.03	—	—	—	—	—	—
1882	70.42	113	5.5	2.83	—	—	—	—	—	—
1883	55.65	97.5	1.39	0.66	—	—	—	—	—	—
1884	66.24	138.6	22.3	6.77	—	—	—	—	—	—
1885	56.6	150.6	0.33	2.1	—	—	—	—	—	—
1886	65.31	163.63	0.35	2.22	—	—	—	—	—	—
1887	24.1	142.5	0.52	2.94	—	—	—	—	—	—

（续表）

年份	上海		镇江		苏州		杭州		南京	
	数量（吨）	数值（关平两）	数量（吨）	数值（关平两）	数量（吨）	数值（关平两）	数量（吨）	数值（关平两）	数量（吨）	数值（关平两）
1888	16.2	92.38	1.59	8.74	—	—	—	—	—	—
1889	24.8	147	1.53	8.86	—	—	—	—	—	—
1890	14.1	87.42	2	11.1	—	—	—	—	—	—
1891	22.3	96.3	1.55	9.8	—	—	—	—	—	—
1892	21.6	103.7	2.37	15.1	—	—	—	—	—	—
1893	19.74	65.43	3.2	19.9	—	—	—	—	—	—
1894	29.75	204	1.9	12.36	—	—	—	—	—	—
1895	28.68	168.35	2.65	20.2	—	—	—	—	—	—
1896	28.7	165.35	3.7	25.12	—	—	0.002	0.016	—	—
1897	28.78	194.48	2.49	16.21	0.52	3.51	0.17	1.32	—	—
1898	38	273	1.63	9.78	1.17	9.62	0.9	9.2	—	—
1899	41.2	297	2.97	22.3	1.95	11.1	1.78	17.78	0.8	9.7
1900	24.62	164.5	2.37	16.36	0.6	3.3	0.8	8.1	1.55	10.9
1901	44	295.6	3.87	28.7	1.42	10.2	1.15	12.7	1.12	9
1902	41.7	227.8	4.5	36.1	1.85	14	1.7	2.3	2.49	17
1903	50.6	291	5.6	44.5	2.2	13.7	2.2	19.7	2.3	17.1
1904	46.1	269.7	5.8	32	2.2	12.2	1.8	10.2	3.8	26.3
1905	47.8	282.7	—	—	1.8	—	1.7	—	1.98	—
1906	61.1	351.8	—	—	2.38	—	1.78	—	2.57	—
1907	50.4	284.4	—	—	2.3	—	1.8	—	1.55	—
1908	63.1	349.8	2.1	—	3.6	—	1.9	—	3.36	—
1909	65	369.3	10.1	—	4.5	—	1.9	—	3.5	—
1910	63.3	368.1	8.9	—	4.8	—	1.8	—	3.3	—
1911	77.8	439.9	6.3	—	5	—	1.78	—	3.3	—
1912	73.8	400	8.35	—	2.2	—	1.1	—	5.98	—
1913	105	535.3	9.1	—	1	—	1.16	—	3.2	—
1914	118.2	580.7	6.34	—	15.8	—	1.1	—	2.27	—

（续表）

年份	上海		镇江		苏州		杭州		南京	
	数量（吨）	数值（关平两）	数量（吨）	数值（关平两）	数量（吨）	数值（关平两）	数量（吨）	数值（关平两）	数量（吨）	数值（关平两）
1915	99.33	520.62	5.56	—	1	—	1.2	—	2.86	
1916	120.2	651.5	9.28	—	2.3	—	1.1	—	3.43	
1917	133.3	995.68	3.9	—	3.2	—	1.1	—	2.5	
1918	93.65	801.4	2.5	—	2.67	—	0.67	—	1	
1919	133.1	961.9	7.1	—	1.57	—	0.4	—	2.27	
1920	149.4	1181.85	6.9	75.64	2	23.2	0.46	5.1	3.44	37.83
1921	193.6	1394.2	10.3	126	2.95	32.85	0.35	3.2	3.4	33.9
1922	137.45	1016.81	5.79	51	2	21.46	0.38	3.89	2.4	24.3
1923	219	1630.3	10.65	103.2	1.78	18.2	0.24	2.46	2.2	21.9
1924	189	1480.37	6.7	60.2	1.67	17.97	0.44	3.4	3.84	43.7
1925	257	2070.75	13.46	119.78	3.42	34	0.71	6.3	7.1	79.7
1926	272	2345.67	15.7	125	3.75	40	0.4	4.1	7.6	72.69
1927	287.2	2184	18.4	152.6	3.59	37	3.17	33.14	5.04	51.64
1928	305.26	2129.56	19.9	171	0.02	0.2	3.85	38	11.7	105
1929	312.6	2274.6	24.3	231.9	0.002	0.02	0.67	6.38	14.7	171.6
1930	340.28	2558.5	27.86	289.8	—	—	0.06	0.6	18.4	208.3
1931	357.8	4139	27.66	289.1	0.001	0.006	0.16	1.95	17.3	196.8
1932	2949	2282	13.73	93.94	0.002	0.01	0.02	0.12	1.2	6.5
1933	1199.7	582.3	3.7	19.44	—	—	—	—	16.67	8.04
1934	60.78	279	1.8	10.24	—	—	—	—	0.56	2.4
1935	38.15	180.7	1.88	14.34	—	—	—	—	0.32	1.37
1936	289.9	127.5	0.97	6.93	—	—	—	—	0.24	1.37
1937	23.01	111.6	1.9	7.2	—	—	—	—	0.35	0.98

注：（1）以上煤炭包括外国和本国输入的煤炭和焦炭；（2）1932年之后的数值单位为值金单位；（3）1932年之后的统计，仅包括由国外输入的煤炭和焦炭数量；（4）按照四舍五入原则加以整理。

资料来源：中国第二历史档案馆、中国海关总署办公厅：《中国旧海关史料（1859—1948）》，第1-127册。

附表3　1864—1937年江南各口煤油净输入统计表

单位：万

年份	上海		镇江		苏州		杭州		南京	
	数量（加仑）	数值（关平两）	数量（加仑）	数值（关平两）	数量（加仑）	数值（关平两）	数量（加仑）	数值（关平两）	数量（加仑）	数值（关平两）
1864	1.2	0.5	—	—	—	—	—	—	—	—
1865	0.5	0.4	—	—	—	—	—	—	—	—
1866	3.8	1.7	—	—	—	—	—	—	—	—
1867	2.2	0.9	—	—	—	—	—	—	—	—
1868	9.8	2.4	0.009	0.005	—	—	—	—	—	—
1869	7.8	2.2	0.07	0.2	—	—	—	—	—	—
1870	27.6	10.4	0.2	0.09	—	—	—	—	—	—
1871	0.4	1.2	0.3	0.1	—	—	—	—	—	—
1872	27.3	8.1	0.5	0.3	—	—	—	—	—	—
1873	68.4	13.7	0.7	0.2	—	—	—	—	—	—
1874	—	—	0.6	0.2	—	—	—	—	—	—
1875	108.9	19.6	1.4	0.3	—	—	—	—	—	—
1876	73	1.5	3.4	0.7	—	—	—	—	—	—
1877	5.2	1.6	3.1	0.8	—	—	—	—	—	—
1878	177	24.9	5.5	1.1	—	—	—	—	—	—
1879	252.8	26.5	13	1.9	—	—	—	—	—	—
1880	150.2	15.6	17.8	2.1	—	—	—	—	—	—
1881	134.8	17.7	19.9	2.5	—	—	—	—	—	—
1882	555.8	59.9	25.8	3.2	—	—	—	—	—	—
1883	237.4	25.8	38.4	4.4	—	—	—	—	—	—
1884	107.6	8.4	84	9.3	—	—	—	—	—	—
1885	523.1	57.3	121.7	13.8	—	—	—	—	—	—
1886	1316.4	115.4	120.5	12.5	—	—	—	—	—	—
1887	209.4	31.6	158.2	14.5	—	—	—	—	—	—
1888	472.1	66	152.5	17.2	—	—	—	—	—	—

（续表）

年份	上海 数量（加仑）	上海 数值（关平两）	镇江 数量（加仑）	镇江 数值（关平两）	苏州 数量（加仑）	苏州 数值（关平两）	杭州 数量（加仑）	杭州 数值（关平两）	南京 数量（加仑）	南京 数值（关平两）
1889	710.7	53.7	188.2	23.7	—	—	—	—	—	—
1890	732.8	77.9	246	29.6	—	—	—	—	—	—
1891	1315.7	112.6	327.8	32.4	—	—	—	—	—	—
1892	486.9	45.3	269.7	25.3	—	—	—	—	—	—
1893	335.7	35.7	345.5	33.3	—	—	—	—	—	—
1894	1938.5	2039	359.6	36.5	—	—	—	—	—	—
1895	549.9	78	383.3	43.5	—	—	—	—	—	—
1896	1127.6	149.3	445	53.7	—	—	0.5	0.06	—	—
1897	1543.4	195.4	629.1	83.4	1	0.13	173.1	23.9	—	—
1898	2121.7	240.7	215	81.9	4.7	0.45	280.4	37.4	—	—
1899	1196.3	200.8	833	96.8	2.4	0.24	330	43	1.1	0.2
1900	1294.2	177.3	543.3	99.3	19	2.3	242.8	38.7	4.5	0.7
1901	3226.8	317.1	648.1	96.5	51.8	5.5	340.3	52.4	7	0.9
1902	1846.1	242	427.2	56.1	50.4	5.2	294.8	41.3	12.3	1.6
1903	860.4	131.8	444.8	94.6	67.6	12.5	341	37	9	1.2
1904	2892.2	504.3	665.6	128.2	82.6	14.4	396.8	70	2.4	0.5
1905	3549	466.3	709.2	—	80	—	265	—	22.6	—
1906	1410.7	125.2	848.5	—	61.3	—	247.5	—	112.5	—
1907	1991.6	284.8	1077.2	—	94.1	—	338.3	—	163	—
1908	2806.5	411.3	1042	—	124.3	—	388.7	—	220.5	—
1909	1186.1	174.3	722.7	—	196.5	—	396.7	—	158	—
1910	1311.2	184.6	1104.8	—	282.9	—	347	—	244.5	—
1911	2979.2	456.2	1491.2	—	547.6	—	551.3	—	205.1	—
1912	1601	219.8	1459.5	—	636.9	—	283.1	—	221.6	—
1913	827	105	926	—	615.8	—	284.7	—	232.4	—
1914	2375.5	335.9	1065.4	—	722.1	—	206	—	474.5	—

（续表）

年份	上海		镇江		苏州		杭州		南京	
	数量（加仑）	数值（关平两）	数量（加仑）	数值（关平两）	数量（加仑）	数值（关平两）	数量（加仑）	数值（关平两）	数量（加仑）	数值（关平两）
1915	1832.6	237.1	901.7	—	621	—	192.1	—	484.4	—
1916	2825.9	581.6	540	—	390.4	—	145.4	—	363.6	—
1917	1342.9	259	725.2	—	415.5	—	244.8	—	531.1	—
1918	918.6	228	816.6	—	319.1	—	220.6	—	536.4	—
1919	1742.5	371.4	1102.7	—	560.3	—	253.4	—	589.9	—
1920	2197.2	623.4	1391.6	399.7	470.9	136.8	258.6	74.9	654	189.1
1921	1797.2	579.7	1139.9	367.5	432.2	145.4	211	71.1	614.4	163
1922	2950.6	834.3	1008.8	268.4	520.7	151.4	341.7	105.3	808.1	208.2
1923	1862.9	517.6	1202.2	270.1	563.4	168.8	350.7	102.6	1052.6	255.1
1924	1090.2	242.5	1315.6	293.1	577.6	161.3	338.4	88.6	802	186.4
1925	1213.1	333.4	1949.3	405	680.6	180.9	919.2	248.1	994.2	212.4
1926	2493.2	603	1521	333.6	683.2	190	834.6	208.5	1145.9	246.3
1927	2551	642.4	1314.4	340	752.8	199.7	475.6	128.1	196.6	44.7
1928	2726.9	629.1	1833.1	425.7	335.7	87.6	197.9	49.7	454.1	95.9
1929	2339.2	486.1	1539.8	340.5	601.1	132.3	699.4	147.8	734.1	163.2
1930	2621	647.2	1417	374.2	500.4	119.2	502.2	111.3	513.1	177.7
1931	2521.4	788.2	1075.6	463.6	193	46	79.6	23	530.2	171.2
1932	4673.5	1495.1	535	201	—	—	—	—	202.2	62.9
1933	7372.7	1549.6	1061	225.5	—	—	—	—	207	42.2
1934	16832.8	606.3	2813.6	80.2	125.2	5.8	—	—	1072.2	26.8
1935	7712	412	3121.2	156.3	234.6	15	29.3	1.3	385.4	23.8
1936	5342.8	226	4254.2	192.5	993.8	55	361.5	15.2	723.8	18.8
1937	4873.4	209.7	3838.9	184.4	1167.3	65.6	471.9	20	792.1	30

注：（1）1883 年之前的煤油统计中，包含原油部分；（2）1932 年之后的数值单位为值金单位；（3）按照四舍五入原则加以整理。

资料来源：中国第二历史档案馆、中国海关总署办公厅：《中国旧海关史料（1859—1948）》，第 1–127 册。

附表4　1923—1937年江南各口柴油净输入统计表

年份	上海		镇江		苏州		杭州		南京	
	数量（吨）	数值（关平两）	数量（吨）	数值（关平两）	数量（吨）	数值（关平两）	数量（吨）	数值（关平两）	数量（吨）	数值（关平两）
1923	20437	490205	137	2952	1273	29495	112	1104	89	5731
1924	61302	1395696	310	6643	1864	32058	372	8077	155	9079
1925	45192	1077389	1378	32244	2200	48484	881	18950	269	6265
1926	73400	1810393	1165	25111	2533	56034	2212	49157	369	8324
1927	99362	2831958	1568	34703	3620	82553	1515	34213	278	6430
1928	96940	2347390	1762	42321	3106	79928	3283	78897	886	20909
1929	76471	1621062	2151	49989	3163	77841	1244	30942	2054	46410
1930	29572	717877	4845	129475	4630	95337	2392	51383	2243	58678
1931	77154	2895623	5094	137850	10588	304074	3781	106237	3008	89551
1932	147623	4445059	2930	69021	—	—	—	—	195	6250
1933	180146	4802842	3484	77746	—	—	—	—	424	11998
1934	182180	4016262	5890	182677	3902	125389	—	—	120	2462
1935	162446	3468282	7763	224377	2206	82229	—	—	391	6571
1936	132318	2530043	6958	168665	296	8457	—	10545	283	8131
1937	124369	2766701	4215	131423	3487	108082	2556	64191	770	17099

注：1932年之后的数值单位为值金单位。

资料来源：中国第二历史档案馆、中国海关总署办公厅：《中国旧海关史料（1859—1948）》，第1—127册。

附表5　1923—1937年江南各口矿质汽发油、石脑汽油、扁陈汽油净输入统计表

单位：万

年份	上海		镇江		苏州		杭州		南京	
	数量（加仑）	数值（关平两）	数量（加仑）	数值（关平两）	数量（加仑）	数值（关平两）	数量（加仑）	数值（关平两）	数量（加仑）	数值（关平两）
1923	335	191	5	3	1	0.5	0.1	0.07	7	4
1924	312	183	12	6	4	1	6	3	9	6
1925	337	176	17	8	2	0.7	12	7	8	4
1926	549	257	13	6	2	0.8	25	12	16	8
1927	515	233	5	3	1	0.6	11	5	7	4
1928	709	282	19	9	2	1	21	9	39	18
1929	965	261	16	7	5	2	48	22	106	47
1930	1045	382	10	3	7	3	61	25	128	56
1931	1421	653	10	5	5	2	9	3	156	75
1932	1353	485	——	——	——	——	——	——	0.0005	0.0004
1933	1879	646	——	——	——	——	——	——	——	——
1934	9264	521	——	——	13	1	——	——	0.002	0.0001
1935	9376	565	1	0.07	138	10	7	0.3	11	0.8
1936	9201	508	10	0.6	222	14	139	7	140	7
1937	6996	355	22	1	192	12	67	3	342	15

注：（1）汽油种类包括矿质汽发油、石脑汽油及扁陈汽油；（2）1932年之后的数值单位为值金单位；（3）按四舍五入原则整理。

资料来源：中国第二历史档案馆、中国海关总署办公厅：《中国旧海关史料（1859—1948）》，第1-127册。

附表6　1921—1937年上海趸售物价指数表

1926=100

年份	粮食	纺织品及其原料	金属	燃料	建筑材料	总指数
1921	——	——	——	109.7	——	104.6
1922	——	——	——	105.4	——	98.6
1923	——	——	——	102.8	——	102.0
1924	——	——	——	97.9	——	97.9
1925	——	——	——	99.5	——	99.3

（续表）

年份	粮食	纺织品及其原料	金属	燃料	建筑材料	总指数
1926	100.0	100.0	100.0	100.0	100.0	100.0
1927	100.6	100.9	109.1	112.7	105.4	104.4
1928	89.6	102.1	102.9	104.0	103.0	101.7
1929	97.2	101.9	111.0	104.1	108.1	104.5
1930	110.3	105.6	136.2	117.1	118.2	114.8
1931	94.4	118.8	154.2	148.5	135.4	126.7
1932	81.7	98.4	130.1	132.8	124.4	112.4
1933	69.6	89.9	132.9	119.1	113.1	103.8
1934	69.1	82.2	123.8	122.1	106.9	97.1
1935	80.0	78.9	114.1	119.7	99.2	96.4
1936	92.0	99.5	130.9	139.9	111.2	108.5
1937	111.7	105.9	191.5	158.8	134.0	129.1

资料来源：1921 年至 1925 年数字，参见邢必信等编：《第二次中国劳动年鉴》上册，陶孟和校订，北平社会调查所，1932，第 207-208 页；1926 年至 1937 年数字，参见《上海趸售物价指数表一》，《经济统计月志》1938 年第 3 期。

附表 7　1924—1931 年南京零售物价指数表

1926=100

年份	燃料	总指数
1924	77.4	78.3
1925	88.6	88.0
1926	100.0	98.0
1927	146.5	119.0
1928	135.2	122.1
1929	147.1	128.5
1930	162.1	134.6
1931	184.1	137.4

注：总指数包括食料类、服用类、燃料类、杂项类等四大类。

资料来源：1931 年的指数原以 1930 年为基年，上表中所列为以 1926 年基年换算后的数字。参见上海市政府社会局：《上海市工人生活费指数（1926—1931）》，第 53-55 页。其余年份数字，参见邢必信等编：《第二次中国劳动年鉴》上册，第 220-221 页。

附表8 抗战之前江南地区电厂情况一览表

厂名	厂址	成立时间	资本（元）	原动机种类	发电容量（千瓦）	电压种类
民营电厂						
华商电气公司	上海南火车站	1906	3000000	蒸汽机	17500	5500-6600
浦东电气公司	上海浦东	1919	500000	蒸汽机	600	2200
闸北水电公司	上海闸北	1911	4000000	蒸汽机	25500	6600-3300
翔华电气公司	上海引翔	1925	250000	—	460	120
闵行振市电灯厂	上海闵行	1918	30000	—	375	—
新明电灯公司	江宁上新河	—	14400	柴油机	23	—
大照电灯公司	镇江	1904	700000	蒸汽机	3070	3150
振亨电灯公司	常州溧阳	1915	85000	蒸汽机	160	2000
启新电灯公司	溧阳南渡镇	—	—	—	—	—
梓桦电灯公司	无锡南延市	1923	50000	煤气机	100	—
开源电灯公司	无锡开源乡	—	30000	—	80	—
竞明电灯公司	无锡礼社	—	5000	蒸汽机	10	—
?勤电灯公司	无锡景云市	1921	18000	—	25	200
大明电灯公司	无锡前洲	—	300000	柴油机	—	—
太仓电灯公司	太仓	—	40000	柴油机	82	—
沙溪电灯公司	太仓沙溪镇	1920	22500	煤油机	30	—
友华电灯公司	太仓浏河镇	1923	20000	蒸汽机	30	—
义利电灯公司	常州金坛	1923	40000	—	100	—
耀宜电灯公司	宜兴	1918	80000	—	68	—
张渚电灯厂	宜兴张渚镇	—	26000	—	20	—
和桥耀宜二厂	宜兴和桥镇	—	—	—	68	—
徐舍耀宜三厂	宜兴徐舍镇	—	—	—	—	—
杨港耀宜四厂	宜兴杨港镇	—	—	—	—	—
蜀山振兴电灯公司	宜兴蜀山镇	—	20020	—	25	—
大川电灯公司	川沙	1922	20000	柴油机	20	—
川北电灯公司	川沙曹镇	—	6000	—	16	—
常熟电灯公司	常熟	1915	120000	蒸汽机	304	2300

（续表）

厂名	厂址	成立时间	资本（元）	原动机种类	发电容量（千瓦）	电压种类
昌明碾米电灯公司	常熟文塘镇	—	6000	—	—	—
协丰砻坊电灯厂	常熟莫城水西	—	3000	—	4	—
耀浦电灯公司	常熟浒浦镇	—	2000	—	20	—
复兴电灯公司	吴江盛泽	1919	35000	柴油机	32	—
公兴电灯厂	吴江平望	—	12000	—	17	—
兴业电灯厂	吴江同里镇	—	40000	—	80	—
大浦碾米电灯厂	吴江北堰镇	—	6000	—	15	—
星明碾米电灯厂	吴江莘塔镇	—	3000	—	15	—
吴明电灯公司	吴江横扇镇	—	2000	—	15	—
明星电灯公司	吴江黎里镇	—	8000	—	20	—
松江电气公司	松江	1913	128000	蒸汽机	263	—
亨利电气公司	松江泗泾市西	—	4000	—	16	—
利生电灯碾米厂	松江莘庄镇	—	7000	—	11	—
枫溪电气公司	松江枫泾镇	—	15999	—	375	—
丰盛电气碾米厂	松江亭林镇	—	4000	—	10	—
茂兴昶电灯厂	松江叶榭镇	—	5000	—	15	—
淞滨电力公司	宝山淞滨	1919	300000	蒸汽机	750	2200
高桥电灯公司	宝山高邮镇	1924	200000			
罗店电灯公司	宝山罗店镇	1923	13000	蒸汽机	24	—
大耀余记电灯厂	宝山天场?	—	25000	—	30	—
宝明电气公司	宝山吴淞	1918	150000	—	343	—
章明电灯公司	青浦章练塘	1925	50000	—	15	—
珠浦电灯公司	青浦朱家角	1913	80000	煤气机柴油机	95	150
朱泾电灯公司	金山朱泾	—	20000	—	15	—
振兴电灯厂	金山张堰镇	—	—		36	—
信孚电灯厂	金山廊下镇	—	—		8	—
明华电灯厂	金山吕巷镇	—	2000	—	167	—

（续表）

厂名	厂址	成立时间	资本（元）	原动机种类	发电容量（千瓦）	电压种类
松隐电灯公司	金山松隐镇	—	3000	—	—	—
真茹电气公司	宝山真茹镇	1923	30000	—	80	230
南桥立亭电灯公司	奉贤南桥	1918	25000	—	25	—
程恒昌电灯厂	奉贤青村港	—	—	—	1000	19
和兴电灯厂	奉贤庄行镇	—	4500	—	14	—
振大碾米电灯厂	奉贤金汇桥	—	1780	—	13	—
苏州电气厂	吴县	1920	2400000	蒸汽机	8150	2300
吴兴电灯厂	吴县陈墓镇	—	6000	—	20	—
明星电灯碾米厂	吴县唯亭镇	—	3000	—	25	—
新明电气公司	吴县甪直镇	—	20000	—	46	—
明星公司	吴县光福镇	—	—	—	15	—
慕记开明电灯厂	南京溧水	—	—	—	15	—
新华承记电灯厂	南京高淳	—	60000	—	12	—
三阳顺记电灯厂	高淳东坝镇	—	5000	—	10	—
南乡电灯公司	嘉定南翔	1918	70000	—	40	—
华新电厂	嘉定	1918	30000	—	40	—
南沙电灯公司	南汇	—	15000	—	40	—
大明电灯厂	南汇周浦	1919	30000	柴油机	60	—
昌华电气公司	南汇新场镇	1931	2000	—	20	—
耀昶电灯公司	南汇大团镇	—	12000	—	20	—
肇明电灯公司	镇江丹阳	1919	40000	柴油机	75	—
承明电灯公司	丹阳吕城	1915	—	—	—	—
泰记电气公司	昆山	1918	45000	柴油机	75	—
华明电灯公司	江阴	—	84500	蒸汽机	165	—
青阳电灯公司	江阴青阳镇	1914	7000	—	20	—
武进电灯公司	武进	1921	400000	蒸汽机	1700	1200–220
溥明电灯公司	武进奔牛镇	1921	8000	柴油机	20	—
六合电灯公司	六合	1916	20000	蒸汽机	40	1250

（续表）

厂名	厂址	成立时间	资本（元）	原动机种类	发电容量（千瓦）	电压种类
明星电灯厂	江浦浦头	—	18000	—	18	—
骥明电灯公司	靖江	—	10000	—	32	—
崇明电气公司	崇明	1923	60000	—	64	—
东明电气公司	崇明南堡镇	—	20000	—	50	—
临平兴记电气公司	杭县临平镇	1926	20000	—	25	—
乔司电气公司	杭县乔司镇	1928	—	—	12	—
留下电气公司	杭县留下镇	1928	—	—	10	—
新明电气公司	杭县	1920	30000	—	64	—
宜阳电气公司	杭县瓶窑镇	1923	20000	—	44	—
?	杭县三墩镇	—	—	—	—	—
吴兴电气公司	吴兴	1914	400000	蒸汽机柴油机	110	220
双林电气公司	吴兴双林镇	1923	40000	煤气机	30	
明湖电灯公司	吴兴菱湖镇	1928	40000	柴油机	40	220
浔震电灯公司	南浔—震泽	1918	100000	柴油机	200	2300
新民电灯公司	吴兴埭溪镇	1928	6000	—	9	—
惠孚碾米电灯公司	吴兴袁家汇	1921	10000	柴油机	37	220
永明电气公司	嘉兴城外	1912	200000	蒸汽机	196	220
耀明电气公司	嘉兴王店镇	1919	15000	柴油机	20	—
振兴电气公司	嘉兴新胜镇	1922	30000	柴油机	35	200
明星电气公司	嘉兴新篁镇	1927	13100	—	36	220
昌耀电灯公司	嘉善东门外	1923	33000	柴油机	54	2200–220
嘉善电灯公司	嘉善四塘镇	1925	14000	—	30	2200–220
有利电灯公司	嘉善陶庄镇	1927	1500	柴油机	6	220
新明电灯厂	嘉善干窑镇	1926	5000	柴油机	16	2200–220
同仁电灯碾米厂	嘉善杨庙镇	1925	1000	柴油机	5	200
启明电灯厂	嘉善天凝镇	1923	1400	柴油机	5	200

（续表）

厂名	厂址	成立时间	资本（元）	原动机种类	发电容量（千瓦）	电压种类
明华电气厂	平湖黄街坊	1920	38690	蒸汽机	60	220
明星电灯厂	平湖新仓镇	1920	2000	柴油机	175	220
明华电气分厂	平湖	1925	9000	柴油机	20	220
？	海宁乍浦	1920	10000	柴油机	40	—
海宁电气公司	海宁	1923	35500	柴油机	75	220
长安电气公司	海宁长安镇	1919	25000	—	40	220
硖石电气公司	海宁硖石镇	1913	84880	蒸汽机	280	220
昌大电气处	海宁斜桥镇	1928	—	柴油机	10	220
袁花电气公司	海宁袁花镇	1924	30000	柴油机	56	220
海盐电灯公司	海盐南堂里	1920	24000	柴油机	40	2300-220
沈荡电气公司	海盐沈荡镇	1927	20000	柴油机	17	220
永明电气公司	崇德城区	1928	35000	煤气机	40	220
普益电灯公司	崇德石门湾	1923	8000	煤气机	15	—
薄利电气公司	崇德洲泉镇	1924	5000	煤气机	15	200
长明电气公司	长兴大东门外	1923	36000	煤气机	50	220
普照电灯公司	长兴泗安镇	1919	25000	煤气机	40	220
德清电气公司	德清	1923	24000	煤气机	76	150
才记电气公司	德清新市镇	1918	40000	柴油机	36	200
公明电气厂	桐乡濮院镇	1922	20000	柴油机	20	—
薄明电灯厂	桐乡屠镇东市	1925	38000	柴油机	10	—
乌清电气公司	桐乡乌清镇	—	40000	—	75	
新兴电灯公司	新登	1926	8000	柴油机	14	220
兴业电气厂	孝丰城南	1926	6000	柴油机	10	176
复旦电灯厂	安吉递铺镇	1928	6000	柴油机	15	176
梅晓光明电灯厂	安吉梅溪镇	1919	10000	柴油机	12	220
普照电气公司	余杭	1919	80000	柴油机	340	200
远大电气公司	德清洛社镇	1922	9000	柴油机	10	176
总计					65590	
江苏省总计					63504.2	

（续表）

厂名	厂址	成立时间	资本（元）	原动机种类	发电容量（千瓦）	电压种类
浙江省总计					8686.7	
江浙两省总计					72190.9	
官营电厂						
浦口电气厂	江浦浦口	1920	900000	蒸汽机	1550	6600–220
首都电厂	南京西华门	1909	3600000	蒸汽机 柴油机	2940 1600	13200 3300 2520
首都电厂分厂	南京下关	1920	174570	蒸汽机	1750	
戚墅堰电厂	武进戚墅堰	1923	2500000	蒸汽机	6400	33000 6600 220
杭州电厂	杭县	1910	2000000	蒸汽机 柴油机	6980	5250–220
江南总计					21220	
江苏省总计					14240	
浙江省总计					6980	
江浙两省总计					21220	
外人电厂						
上海电力公司	上海公共租界	1883	112500900	蒸汽机	161900	22000 6600 220
法商电灯电车公司	上海法租界	1906	10000000	柴油机	12500	
江南总计					174400	
江苏省总计					174400	
浙江省总计					—	
江浙两省总计					174400	
工厂自备发电厂						
申新第五纱厂	上海	—	26508	蒸汽机	100	—
恒丰纱厂	上海	—	44400	—	2198	—

（续表）

厂名	厂址	成立时间	资本（元）	原动机种类	发电容量（千瓦）	电压种类
鸿章纱厂	上海	—	20736	—	850	—
？新纱厂	上海	—	69880	—	1270	—
永安第一第二纱厂	上海	1921	84000	蒸汽机	3750	580/550
鸿裕纱厂	上海	—	43900	—	1600	—
第一第二纱厂	上海	—	50520	—	1650	—
厚生纱厂	上海	—	61776	—	2787	—
纬通纱厂	上海	—	23808	—	600	—
统益纱厂	上海	—	52552	—	2000	—
恒大纱厂	上海	1923	15552	蒸汽机	700	600
振华纱厂	上海	—	13548	—	120	—
大丰纱厂	上海	1922	20736	蒸汽机	1345	350
振泰纱厂	上海	—	27220	—	867	—
华丰纱厂	上海	—	？	—	1000	—
大通纱厂	崇明	—	10800	柴油机	75	—
振新纱厂	无锡	1910	30000	蒸汽机	1544	550/359
庆丰纱厂	无锡	1921	18400	蒸汽机	1000	2300
申新第三厂	无锡	—	51000	蒸汽机	4000	—
申新第六厂	武进	1911	18200	蒸汽机	1300	2200
鼎新纱厂	杭州	—	12000	—	100	—
怡和纱厂	上海	—	153420	—	—	—
东方纱厂	上海	—	52000	—	—	—
上海纱厂	上海	—	96424	—	—	—
日华纱厂	上海	—	215582	蒸汽机	2000	2300
内外纱厂	上海	1924	265564	—	2480	6200/3300
丰旧纱厂	上海	—	60768	—	—	—
东华纱厂	上海	1929	45440	—	1250	600
东洋纱厂	上海	—	45600	—	—	—

（续表）

厂名	厂址	成立时间	资本（元）	原动机种类	发电容量（千瓦）	电压种类
日本纱厂	上海	—	58080	—	—	—
同兴纱厂	上海	—	69600	—	—	—
上海制造？丝会社	上海	—	87866	—	—	—
江南总计					34586	
江苏省总计					35763	
浙江省总计					100	
江浙两省总计					35863	
其他工厂						
沪宁铁路机器厂	上海张华浜	—	—	蒸汽机	392	—
沪杭甬铁路机器厂	杭州闸口	—	—	—	5	—
津浦铁路局电厂	浦口	1922	—	蒸汽机	1000	6600
南京造币厂	南京下浮桥	—	—		96	—
上海兵工厂	上海高昌庙	—	—	蒸汽机	125	—
上海兵工分厂	上海龙华	—	—	—	5	—
江南总计					1623	
江苏省总计					1618	
浙江省总计					5	
江浙两省总计					1623	
江南发电总容量					297419	
江浙发电总容量					305296.9	
江南所占比例					97.4%	

注：（1）原书关于江苏"外人电厂"及"官营电厂"发电容量的计算错误，此处予以修正；（2）"？"处为原文献字迹模糊，无法辨认。

资料来源：杨大金：《现代中国实业志》（上），第904、917-930、946-948、950-953、955-956页。

附表 9 1913—1921 年江南造船所所造船只原动机配备情况表

订造处所	船名	种类	马力·匹	机器种类	锅炉种类	造成年份
东三省	瑞辽	缉捕船	350	蒸汽机	—	1913
东三省	安海	缉捕船	350	蒸汽机	—	1913
开滦矿局	开滦	破冰船	360	蒸汽机	—	1913
海河公司	通凌	破冰船	700	蒸汽机	—	1913
海河公司	波凌	破冰船	870	蒸汽机	—	1913
海参崴	引擎	破冰船	375	蒸汽船	—	1913
海参崴	麦士门	破冰船	375	蒸汽机	—	1913
川江公司	蜀亭	浅水船	2200	蒸汽机	—	1914
祥泰木行	祥泰	轮船	650	蒸汽机	—	1916
海军总司令处	利川	拖轮	800	蒸汽机	—	1916
美孚洋行	美滩	浅水船	1250	油机	—	1917
海军部	海凫	海防团炮船	250	蒸汽机	—	1917
海军部	海鸥	海防团炮船	250	蒸汽机	—	1917
海军部	永绩	炮舰	1350	蒸汽机	—	1917
海军部	永健	炮舰	1350	蒸汽机	—	1917
怡和洋行	顺和	拖轮	—	蒸汽机	140 磅汽炉	1917
祥泰木行	维新	拖轮	400	高轮煤汽机	小汽炉	1918
祥泰木行	祥泰 2 号	拖轮	—	高轮煤汽机	小汽炉	1918
汇丰银行	新汇丰	游轮	50	高轮汽油机	—	1918
亚细亚公司	裕光	拖船	230	蒸汽机	140 磅汽炉	1918
南京和记洋行	和昌	拖船	130	蒸汽机	130 磅汽炉	1918
南京和记洋行	和英	拖船	130	蒸汽机	130 磅汽炉	1918
大来洋行	大来	渡轮	130	蒸汽机	—	1918
祥泰木行	兰西毋来	轮船	—	蒸汽机	大汽炉	1919
亚细亚公司	星江	浅水船	100	高轮汽油机	—	1919
南京和记洋行	和平	拖船	130	蒸汽机	130 磅汽炉	1919
南京和记洋行	和安	拖船	130	蒸汽机	130 磅汽炉	1919
南京和记洋行	和利	拖船	130	蒸汽机	130 磅汽炉	1919

（续表）

订造处所	船名	种类	马力·匹	机器种类	锅炉种类	造成年份
南京和记洋行	和恭	拖船	130	蒸汽机	130磅汽炉	1919
太古洋行	浦东	拖船	250	蒸汽机	180磅汽炉	1919
隆茂洋行	隆茂	浅水船	3300	3汽缸汽机	250磅汽炉	1920
津浦铁路局	澄平	渡船	—	蒸汽机	汽炉	1920
南京和记洋行	和威	拖船	250	蒸汽机	130磅汽炉	1920
美国验船师	立可	渡轮	—	蒸汽机	汽炉	1920
亚细亚公司	通江	油轮	75	高轮汽油机	—	1920
上海租界自来水公司	涟水	浅水船	—	蒸汽机	汽炉	1920
上海租界自来水公司	漪水	浅水船	—	蒸汽机	汽炉	1920
上海浚浦局	海鳄	挖泥船	—	挖泥机	汽炉	1920
美国政府运输部	官府	运舰	300	3汽鼓立机	锅炉	1921
美国政府运输部	西勒所	运舰	300	3汽鼓立机	锅炉	1921
美国政府运输部	奥连讨	运舰	300	3汽鼓立机	锅炉	1921
美国政府运输部	客赛	运舰	300	3汽鼓立机	锅炉	1921
招商局	江庆	浅水船	3300	3汽缸汽机	250磅汽炉	1921
川江公司	新蜀通	浅水船	3300	3汽缸汽机	250磅汽炉	1921
聚福公司	福源	浅水船	3300	3汽缸汽机	250磅汽炉	1921
大来洋行	大来喜	浅水船	3300	3汽缸汽机	250磅汽炉	1921
大达公司	大庆	江船	—	蒸汽机	汽炉	1921
亚细亚公司	浦西	浅水汽船	110	加监拿马达	—	1921
亚细亚公司	江西	浅水汽船	110	加监拿马达	—	1921
中兴煤矿	浦兴	拖船	150	蒸汽机	汽炉	1921
海洋社	听天	浅水船	3300	3汽缸汽机	250磅汽炉	1921
海洋社	行地	浅水船	3300	3汽缸汽机	250磅汽炉	1921
日清公司	云阳丸	浅水船	3300	3汽缸汽机	250磅汽炉	1921

资料来源：《江南造船所时期历年成船一览表》，载陈真编《中国近代工业史资料》第三辑，生活·读书·新知三联书店，1961，第106-110页。

参考文献

一、档案类

[1] 朱批奏折，中国第一历史档案馆藏，卷宗号：04-01-36。

[2] 上海市公用局档案，上海市档案馆藏，卷宗号：Q5。

[3] 上海市工务局档案，上海市档案馆藏，卷宗号：Q215。

[4] 上海市煤商业同业公会档案，上海市档案馆藏，卷宗号：S304。

[5] 上海公共租界工部局档案，上海市档案馆藏，卷宗号：U1。

[6] 苏州电气公司档案，苏州市档案馆藏，卷宗号：I34。

[7] 国民政府建设委员会电业档案（江苏省），台湾"中研院"近代史研究所档案馆藏，卷宗号：23-25-11。

[8] 国民政府建设委员会电业档案（浙江省），台湾"中研院"近代史研究所档案馆藏，卷宗号：23-25-13。

[9] "中研院"近代史研究所编印：《海防档》，1957。

[10] 上海市档案馆编：《工部局董事会会议录》，上海古籍出版社，2001。

[11] 中国第二历史档案馆编：《中国旧海关史料（1859—1948）》，京华出版社，2002。

二、古籍文献类

[1] 〔明〕宋应星：《天工开物》，管巧玲等注释，岳麓书社，2002。

[2] 〔明〕徐光启：《农政全书》，陈焕良、罗文华校注，岳麓书社，2002。

[3] 〔明〕俞大猷：《正气堂全集》，廖渊泉等整理点校，福建人民出版社，2007。

[4] 〔清〕魏允恭：《江南制造局记》，光绪三十一年刊本。

［5］〔清〕永瑢、纪昀等编纂：《四库全书》，上海古籍出版社，2008。

［6］〔清〕张履祥：《补农书校释》，陈恒力校释，王达参校、增订，农业
出版社，1983。

［7］〔清〕叶梦珠：《阅世编》，来新夏点校，中华书局，2007。

［8］〔清〕童岳荐编撰：《调鼎集》，张延年校注，中国纺织出版社，2006。

［9］〔清〕陈确：《陈确集》，中华书局，1979。

［10］〔清〕包世臣：《齐民四术》，李星点校，黄山书社，1997。

［11］〔清〕包世臣：《安吴四种》，文海出版社，1966。

［12］〔清〕姜皋：《浦泖农咨》，上海古籍出版社，2002。

［13］〔清〕纳兰性德：《渌水亭杂识》，进步书局，出版时间不详。

［14］〔清〕钱泳：《履园丛话》，中国书店，1991。

［15］〔清〕左宗棠：《左宗棠全集》，岳麓书社，2009。

［16］〔清〕曾国藩：《曾国藩全集（修订版）》，岳麓书社，2011。

［17］〔清〕顾炎武：《肇域志》，谭其骧等点校，上海古籍出版社，2004。

［18］〔清〕李鸿章：《李鸿章全集（修订版）》，安徽教育出版社，2007。

［19］〔清〕吴汝纶编：《李文忠公全集》，商务印书馆，1921。

［20］〔清〕王韬：《漫游随录》，岳麓书社，1985。

三、志书类

［1］〔清〕李光祚修，顾诒禄等纂：《长洲县志》（乾隆），江苏古籍出版
社，1991。

［2］〔清〕刘蓟植修：《安吉州志》（乾隆），海南出版社，2001。

［3］〔清〕蓝应袭修，何梦纂、程延祚等纂：《上元县志》（乾隆），南京
出版社，2011。

［4］〔清〕吕燕昭修，姚鼐纂：《新修江宁府志》（嘉庆），成文出版社，
1974。

［5］〔清〕扬寿延等修，马汝舟等纂：《如皋县志》（嘉庆），成文出版社，
1970。

［6］〔清〕汪曰桢：《南浔镇志》，上海书店，1992。

［7］〔清〕莫祥之、甘绍盘修，汪士铎等纂:《上江两县志》（同治），成文出版社，1970。

［8］〔清〕宗源瀚等修，周学濬等纂:《湖州府志》（同治），成文出版社，1970。

［9］〔清〕王振禄、周凤鸣修，王宝田纂:《峄县志》（光绪），凤凰出版社，2004。

［10］〔清〕潘玉璿、冯健修，周学濬、汪日桢纂:《乌程县志》（光绪），上海书店，1993。

［11］吴馨等修，姚文枬等纂:《上海县续志》，上海文庙南园志局刻本，1918。

［12］方鸿铠修，黄炎培纂:《川沙县志》，国光书局，1937。

［13］建设委员会经济调查所统计课:《中国经济志·南京市》，建设委员会经济调查所印行，1934。

［14］王培棠编著:《江苏省乡土志》，商务印书馆，1938。

［15］〔清〕李维清:《上海乡土志》，吴健熙标点，上海古籍出版社，1989。

［16］陈传德修，黄世祚纂:《嘉定县续志》，成文出版社，1975。

［17］张仁静修，钱崇威撰，金詠榴续纂:《青浦县续志》，上海书店出版社，2010。

［18］吕舜祥、吴跟纯编:《嘉定疁东志》，郭子建标点，上海社会科学院出版社，2004。

［19］严伟修，秦锡田等纂:《南汇县续志》，成文出版社，1983。

［20］胡祥翰:《上海小志》，吴健熙标点，上海古籍出版社，1989。

［21］吴江市地方志编纂委员会编:《吴江县志》，江苏科学技术出版社，1994。

［22］吕华清主编:《南京港史》，人民交通出版社，1989。

［23］吴县地方志编纂委员会编:《吴县志》，上海古籍出版社，1994。

［24］《杭州市电力工业志》编纂委员会编:《杭州市电力工业志（1896—1990）》，水利水电出版社，1994。

［25］上海市电力工业局史志编纂委员会编：《上海电力工业志》，上海社会科学院出版社，1994。

［26］江浦县地方志编纂委员会编：《江浦县志》，河海大学出版社，1995。

［27］《嘉兴市电力工业志》编纂委员会编：《嘉兴市电力工业志》，中国电力出版社，1996。

［28］上海市黄浦区志编纂委员会编：《黄浦区志》，上海社会科学院出版社，1996。

［29］《苏州电力工业志》编纂委员会编：《苏州电力工业志（1897—1986）》，中国电力出版社，1997。

［30］《上海气象志》编辑委员会编：《上海气象志》，上海社会科学院出版社，1997。

［31］上海市普陀区志编纂委员会编：《普陀区志》，上海社会科学院出版社，1997。

［32］杭州市地方志编纂委员会编：《杭州市志（第四卷）》，中华书局，1997。

［33］湖州丝绸志编纂委员会编：《湖州丝绸志》，海南出版社，1998。

［34］《南京电力工业志》编纂委员会编：《南京电力工业志》，江苏古籍出版社，1998。

［35］《上海环境保护志》编纂委员会编：《上海环境保护志》，上海社会科学院出版社，1998。

［36］《上海杨树浦发电厂志》编纂委员会编：《上海杨树浦发电厂志（1911—1990）》，中国电力出版社，1999。

［37］《上海园林志》编纂委员会编：《上海园林志》，上海社会科学院出版社，2000。

［38］史梅定主编：《上海租界志》，上海社会科学院出版社，2001。

［39］熊月之主编：《稀见上海史志资料丛书》，上海书店出版社，2012。

四、报刊类

［1］《矿业周报》（南京），1930—1936。

［2］《国闻周报》（上海），1933。

［3］《申报》（上海），1872—1943。

［4］《东方杂志》（上海），1907、1918、1926、1930—1931、1935、1947。

［5］《大公报》（上海），1936—1937、1946、1948—1949、1951。

［6］《江苏省公报》（南京），1913。

［7］《新电界》（济南），1931—1932。

［8］《道路月刊》（上海），1930。

［9］《社会月刊》（上海），1929。

［10］《国货月刊》（广州），1936。

［11］《国际贸易导报》（上海），1930、1932。

［12］《上海总商会月报》（上海），1925。

［13］《江苏实业月志》（南京），1919—1920。

［14］《时事汇报》（上海），1914。

［15］《矿冶》（北平），1928、1930。

［16］《南方年刊》（上海），1939。

［17］《电业季刊》（南京），1930、1932。

［18］《科学的中国》（南京），1935、1937。

［19］《首都电厂月刊》（南京），1932、1934、1936。

［20］《首都市政公报》（南京），1928—1929、1931。

［21］《首都警察厅月刊》（南京），1930。

［22］《江南警务杂志》（南京），1910。

［23］《江苏省政府公报》（南京），1931。

［24］《警务丛报》（上海），1914。

［25］《染织纺周刊》（上海），1936。

［26］《中行月刊》（上海），1931。

［27］《财政月刊》（北京），1923。

［28］《华商纱厂联合会季刊》（上海），1920、1922、1929—1930。

［29］《中国纺织学会年刊》（上海），1931。

［30］《光华附中半月刊》（上海），1933。

［31］《劳动季报》（南京），1936。

［32］《中国实业》（南京），1935。

［33］《电世界》（上海），1938。

［34］《无锡市政》（无锡），1929—1930。

［35］《苏州明报》（苏州），1927。

［36］《市政季刊》（昆明），1933。

［37］《市政月刊》（杭州），1928。

［38］《工商半月刊》（上海），1930。

［39］《妇女杂志》（上海），1928。

［40］《家庭常识》（上海），1918。

［41］《工商学报》（天津），1898。

［42］《交大月刊》（上海），1930。

［43］《武进月报》（武进），1918—1920。

［44］《钱业月报》（上海），1928。

［45］《经济研究》（上海），1940。

［46］《新中华》（上海），1934、1936。

［47］《江苏省立第三中学杂志》（上海），1917。

［48］《自修》（上海），1938。

［49］《华语月刊》（上海），1930。

［50］《华商联合报》（上海），1909。

［51］《励志》（上海），1926。

［52］《广智馆星期报》（天津），1933。

［53］《科学时报》（北平），1935。

［54］《湖州月刊》（湖州），1928、1931。

［55］《吴江》（吴江），1922—1924。

［56］《合作讯》（北京），1926。

［57］《海事》（天津），1930。

［58］《农业周报》（南京），1933。

［59］《解放》（上海），1961。

［60］《产业界》（上海），1937。

［61］《青年界》（上海），1946。

［62］《同济杂志》（上海），1922—1923。

［63］《益友》（上海），1939。

［64］《空军》（杭州），1937。

［65］《科学》（上海），1915—1916。

［66］《工业通讯》（重庆），1945。

［67］《恒丰》（上海），1925。

［68］《国货与实业》（香港），1941。

［69］《抗战与交通》（重庆），1942。

［70］《经济统计月志》（上海），1935。

［71］《国际劳工通讯》（上海），1938。

［72］《兴业杂志》（常州），1925—1926。

［73］《国货研究月刊》（天津），1932。

［74］《电气月刊》（杭州），1934。

［75］《动力工程》（上海），1947—1948。

［76］《实业浅说》（北京），1916。

［77］《银行周报》（上海），1926。

［78］《交通职工月报》（上海），1935。

［79］《时时周报》（上海），1931。

［80］《时兆月报》（上海），1928。

［81］《大常识》（上海），1929。

［82］《军事汇刊》（南京），1937。

［83］《科学知识》（桂林），1943。

［84］《长途》（上海），1937。

［85］《工程》（上海），1925。

［86］《经济半月刊》（北京），1928。

［87］《新闻日报》（上海），1956。

［88］《上海公共租界工部局公报》（上海），1935—1936。

［89］*The North - China Herald*（Shanghai），1896、1921、1925、1935—1936、1938—1939.

［90］*The China Press*（Shanghai），1918、1924、1927、1933—1937.

［91］*The China Weekly Review*（Shanghai），1932.

［92］*The Shanghai Times*（Shanghai），1935、1937.

［93］*The Shanghai Sunday Times*（Shanghai），1936.

［94］*The Shanghai Evening Post & Mercury*（Shanghai），1935—1936.

［95］*The North - China Herald and Supreme Court & Consular Gazette*（Shanghai），1907、1920.

［96］*Municipal Gazette of the Council for the Foreign Settlement of Shanghai*（Shanghai），1925、1927、1937、1939.

［97］*Shanghai Municipal Council Report*，1899—1939.

五、调查资料、统计资料、资料汇编、年鉴等

［1］上海求新制造机器轮船厂：《求新制造机器轮船厂产品图册》，文明书局，1911。

［2］刘冠男：《江南造船所纪要》，江南造船所印行，1922。

［3］商务印书馆编译所编：《上海指南》，商务印书馆，1922。

［4］台湾总督府官房调查课编印：《上海を中心とする石油贩卖业及其组织》，1923。

［5］谢家荣：《中国矿业纪要（第二次）》，农商部地质调查所印行，1926。

［6］朱懋澄：《调查上海工人住屋及社会情形记略》，上海中华基督教青年会全国协会职工部印行，1926。

［7］于定一：《武进工业调查录》，商务印书馆，1928。

［8］王清彬等编：《第一次中国劳动年鉴》，陶孟和校订，北平社会调查部，1928。

［9］魏颂唐编：《浙江经济纪略》，出版社不明，1929。

［10］建设委员会编印：《中国各大电厂纪要》，1931。

［11］铁道部财务司调查科编印：《杭州市县经济调查报告书》，1931。

［12］建设委员会调查浙江经济所统计科：《浙江富阳县经济调查》，建设委员会调查浙江经济所印行，1931。

［13］邢必信等编：《第二次中国劳动年鉴》，陶孟和校订，北平社会调查所，1932。

［14］建设委员会调查浙江经济所编印：《杭州市经济调查》，1932。

［15］实业部中央农业试验所、南京技术合作委员会给养组编印：《南京市之食粮与燃料》，1932。

［16］上海市政府社会局：《上海市工人生活费指数（1926—1931）》，中华书局，1932。

［17］实业部国际贸易局编印：《中国实业志·江苏省》，1933。

［18］实业部国际贸易局编印：《中国实业志·浙江省》，1933。

［19］浙江省政府秘书处服用国货委员会：《浙江省会各业调查录》，手稿，1934。

［20］实业部《中国经济年鉴》编纂委员会编：《中国经济年鉴》，商务印书馆，1934。

［21］侯德封：《中国矿业纪要（第五次）》，实业部地质调查所、国立北平研究院地质学研究所印行，1935。

［22］冯锐：《江苏金坛县王母观村乡村调查报告》，国立东南大学教育科乡村教育及生活研究所，年份不详。

［23］国民政府行政院农村复兴委员会编：《江苏省农村调查》，商务印书馆，1934。

［24］实业部统计长办公处编：《无锡工人生活费及其指数》，华东印务局，1935。

［25］冯和法：《中国农村经济资料》，上海黎明书局，1935。

［26］实业部《中国经济年鉴》编纂委员会编：《中国经济年鉴续编》，商务印书馆，1935。

［27］王子建、王镇中：《七省华商纱厂调查报告》，商务印书馆，1936。

［28］上海通志馆年鉴委员会：《上海市年鉴（1936）》，中华书局，1936。

［29］柳培潜编：《大上海指南（1936）》，中华书局，1936。

［30］冯紫岗：《嘉兴县农村调查》，浙江大学、嘉兴县政府印行，1936。

［31］［美］卜凯主编：《中国土地利用·统计资料》，商务印书馆，1937。

［32］上海通志馆年鉴委员会：《上海市年鉴（1937）》，中华书局，1937。

［33］刘大钧：《中国工业调查报告》，经济统计研究所，1937。

［34］建设委员会编：《全国电气事业电价汇编》，南京国光印务局，1937。

［35］上海市社会局编印：《上海工厂劳工统计》，1946。

［36］谭熙鸿等：《全国主要都市工业调查初步报告提要》，中华书局，1948。

［37］华东军政委员会土地改革委员会编印：《江苏省农村调查》，内部资料，1952。

［38］彭泽益编：《中国近代手工业史资料（1840—1949）》第一卷，生活·读书·新知三联书店，1957。

［39］彭泽益编：《中国近代手工业史资料（1840—1949）》第二卷，生活·读书·新知三联书店，1957。

［40］彭泽益编：《中国近代手工业史资料（1840—1949）》第三卷，生活·读书·新知三联书店，1962。

［41］孙毓棠编：《中国近代工业史资料（1840—1895）》第一辑，科学出版社，1957。

［42］王铁崖编：《中外旧约章汇编》第1册，生活·读书·新知三联书店，1957。

［43］陈真等编：《中国近代工业史资料》第二辑，生活·读书·新知三联书店，1958。

［44］姚贤镐编：《中国近代对外贸易史资料（1840—1895）》，中华书局，1962。

［45］上海社会科学院经济研究所编：《刘鸿生企业史料》，上海人民出版社，1981。

［46］李代耕：《中国电力工业发展史料——解放前的七十年：1897—1949》，水利水电出版社，1983。

［47］常州地方志编纂委员会办公室、常州市档案局编印：《常州地方史

料选编》第 8 辑，1983。

［48］黄苇、夏林根：《近代上海地区方志经济史料选辑（1840—1949）》，
上海人民出版社，1984。

［49］上海市统计局：《上海统计年鉴（1983）》，上海人民出版社，1984。

［50］徐雪筠等译编：《上海近代社会经济发展概况（1882—1931）——
〈海关十年报告〉译编》，张仲礼校订，上海社会科学院出版社，
1985。

［51］上海社会科学院经济研究所、上海市国际贸易学会学术委员会：
《上海对外贸易》，上海社会科学院出版社，1989。

［52］祁守华、钟晓钟编：《中国地方志煤炭史料选辑》，煤炭工业出版
社，1990。

［53］童世亨：《企业回忆录》，上海书店出版社，1991。

［54］陆允昌编：《苏州洋关史料（1896—1945）》，南京大学出版社，
1991。

［55］上海市政协文史资料委员会编：《上海文史资料存稿汇编（市政交
通）》，上海古籍出版社，2001。

［56］中华人民共和国杭州海关译编：《近代浙江通商口岸经济社会概
况——浙海关、瓯海关、杭州关贸易报告集成》，浙江人民出版社，
2002。

［57］陈梅龙、景消波译编：《近代浙江对外贸易及社会变迁：宁波、温
州、杭州海关贸易报告译编》，宁波出版社，2003。

［58］李文海主编：《民国时期社会调查丛编》，福建教育出版社，2005。

［59］全国图书馆文献缩微复制中心编印：《民国时期物价、生活费、工
资史料汇编》，2008。

［60］［美］甘博：《北京的社会调查》，邢文军等译，中国书店出版社，
2010。

［61］上海市统计局、国家统计局上海调查总队编：《上海统计年鉴
（2013）》，中国统计出版社，2013。

［62］中国人民政治协商会议镇江市委员会文史资料研究会：《镇江文史

资料》，连续出版物。

[63] 政协苏州市委员会文史资料研究委员会：《苏州文史资料》，连续出版物。

六、著作类

[1]《字林西报》馆编印：《上海今昔观》，1893。

[2] 经济学会编译：《中国经济全书》，商务印书馆，1910。

[3] 卢南生：《工业与电气》，工业电气社，1916。

[4] 陈重民编：《今世中国贸易通志》，商务印书馆，1924。

[5][日] 稻叶良太郎、[日] 小泉亲彦：《实用工业卫生学》，程瀚章译，商务印书馆，1927。

[6] 张福仁编：《行道树》，商务印书馆，1928。

[7] 谢一鸣编著：《市政学概要》，世界书局，1929。

[8] 李春南编：《上海生活》，建业广告公司社印行，1930。

[9] 孔祥鹅：《汽机发达小史》，商务印书馆，1930。

[10] 杨西孟：《上海工人生活程度的一个研究》，北平社会调查所，1930。

[11] 吴半农：《铁煤及石油》，社会调查所印行，1932。

[12] 何行：《上海之小工业》，上海生活书店，1932。

[13] 龚骏：《中国都市工业化程度之统计分析》，商务印书馆，1933。

[14] 林史光：《世界煤油竞争与中国》，史端著作学社，1933。

[15] 张履鸾：《江苏武进物价之研究》，金陵大学农学院，1933。

[16] 刘振华：《内燃机》，商务印书馆，1933。

[17] 陈重民：《中国进口贸易》，商务印书馆，1934。

[18] 上海市政府社会局：《上海市工人生活程度》，中华书局，1934。

[19] 陈公博等：《中国实业之过去与今后》，中华书局，1935。

[20][美] 卜凯：《中国农家经济》，张季鸾译，商务印书馆，1937。

[21] 杨大金：《现代中国实业志》，商务印书馆，1938。

[22] 上海特别市社会局编：《上海之工业》，中华书局，1939。

[23] 刘大钧：《上海工业化研究》，商务印书馆，1940。

［24］中国工程师学会:《三十年来之中国工程》,中国工程师学会,1946。

［25］东北人民政府卫生部教育处:《工厂卫生》,东北人民政府卫生部教育处出版科,1950。

［26］胡荣铨:《中国煤矿》,商务印书馆,1953。

［27］严中平:《中国棉纺织史稿（1928—1937）》,科学出版社,1955。

［28］中国科学院上海经济研究所、上海社会科学院经济研究所编:《恒丰纱厂的发生发展与改造》,上海人民出版社,1959。

［29］上海市工商行政管理局、上海市第一机电工业局机器工业史组编:《上海民族机器工业》,中华书局,1966。

［30］北京市环境保护科学研究所《国外城市公害及其防治》编译组:《国外城市公害及其防治》,石油化学工业出版社,1977。

［31］张国辉:《洋务运动与中国近代企业》,中国社会科学出版社,1979。

［32］邹依仁:《旧上海人口变迁的研究》,上海人民出版社,1980。

［33］刘念智:《实业家刘鸿生传略》,中国文史出版社,1982。

［34］［美］罗兹·墨菲:《上海——现代中国的钥匙》,上海社会科学院历史研究所译,上海人民出版社,1984。

［35］朱邦兴、胡林阁、徐声合编:《上海产业与上海职工》,上海人民出版社,1984。

［36］［美］J.B.马德、［美］T.T.科兹洛夫斯基编:《植物对空气污染的反应》,刘富林译,科学出版社,1984。

［37］吴承明:《中国资本主义与国内市场》,中国社会科学出版社,1985。

［38］谢成侠:《中国养牛羊史》,农业出版社,1985。

［39］张家诚:《气候与人类》,河南科学技术出版社,1988。

［40］许洪声:《镇江市场大观》,中国展望出版社,1988。

［41］杨文渊等编:《上海公路史》,人民交通出版社,1989。

［42］徐新吾主编:《中国近代缫丝工业史》,上海人民出版社,1990。

［43］张仲礼主编:《近代上海城市研究》,上海人民出版社,1990。

［44］《中国近代煤矿史》编写组:《中国近代煤矿史》,煤炭工业出版社,1990。

［45］上海建筑施工志编委会编写办公室：《东方"巴黎"——近代上海建筑史话》，上海文化出版社，1991。

［46］上海市公用事业管理局编：《上海公用事业（1840—1986）》，上海人民出版社，1991。

［47］［澳］蒂姆·赖特：《中国经济和社会中的煤矿业：1895—1937》，丁长清译，东方出版社，1991。

［48］江苏省农林厅编：《江苏农业发展史略》，江苏科学技术出版社，1992。

［49］林刚、张守广：《横看成岭侧成峰：长江下游城市近代化的轨迹》，江苏人民出版社，1993。

［50］丁日初：《上海近代经济史》，上海人民出版社，1994。

［51］何艾生、梁成瑞：《中国民国科技史》，人民出版社，1994。

［52］上海市经济委员会编：《上海工业污染防治》，上海科技教育出版社，1995。

［53］段本洛：《苏南近代社会经济史》，中国商业出版社，1997。

［54］范金民：《明清江南商业的发展》，南京大学出版社，1998。

［55］徐新吾、黄汉民主编：《上海近代工业史》，上海社会科学院出版社，1998。

［56］熊月之主编：《上海通史》，上海人民出版社，1999。

［57］沈祖炜主编：《近代中国企业制度和发展》，上海社会科学院出版社，1999。

［58］刘佛丁主编：《中国近代经济发展史》，高等教育出版社，1999。

［59］李伯重：《江南的早期工业化（1550—1850）》（修订版），中国人民大学出版社，2010。

［60］李伯重：《发展与制约：明清江南生产力研究》，联经出版事业公司，2002。

［61］李伯重：《中国的早期近代经济——1820年代华亭–娄县地区GDP研究》，中华书局，2010。

［62］陈伯熙编著：《上海轶事大观》，上海书店出版社，2000。

［63］王玉茹等:《制度变迁与中国近代工业化——以政府的行为分析为中心》,陕西人民出版社,2000。

［64］费孝通:《江村经济——中国农民的生活》,商务印书馆,2001。

［65］潘谷西主编:《中国建筑史》,中国建筑工业出版社,2001。

［66］曹树基:《中国人口史(第五卷)》,复旦大学出版社,2001。

［67］许涤新、吴承明主编:《中国资本主义发展史》,人民出版社,2005。

［68］余新忠:《清代江南的瘟疫与社会——一项医疗社会史的研究》,中国人民大学出版社,2003。

［69］方如康主编:《环境学词典》,科学出版社,2003。

［70］卢汉超:《霓虹灯外——20世纪初日常生活中的上海》,段炼等译,上海古籍出版社,2004。

［71］蒋维楣等编著:《空气污染气象学教程》,气象出版社,2004。

［72］黄晞:《中国近现代电力技术发展史》,山东教育出版社,2006。

［73］田军、闫久贵主编:《环保文化与人体健康》,黑龙江人民出版社,2006。

［74］王守泰等口述,张柏春整理:《民国时期机电技术》,湖南教育出版社,2007。

［75］彭南生:《半工业化——近代中国乡村手工业的发展与社会变迁》,中华书局,2007。

［76］彭善民:《公共卫生与上海都市文明》,上海人民出版社,2007。

［77］［美］彭慕兰:《大分流:欧洲、中国及现代世界经济的发展》,史建云译,江苏人民出版社,2008。

［78］陈文彬:《近代化进程中的上海城市公共交通研究(1908—1937)》,学林出版社,2008。

［79］朱荫贵:《中国近代股份制企业研究》,上海财经大学出版社,2008。

［80］张忠民等:《近代中国的企业、政府与社会》,上海社会科学院出版社,2008。

［81］［美］托马斯·罗斯基:《战前中国经济的增长》,唐巧天等译,浙江大学出版社,2009。

［82］黄敬斌：《民生与家计：清初至民国时期江南居民的消费》，复旦大学出版社，2009。

［83］周昕：《中国农具通史》，山东科学技术出版社，2010。

［84］［美］杰克·戈德斯通：《为什么是欧洲？——世界史视角下的西方崛起（1500—1850）》，关永强译，浙江大学出版社，2010。

［85］［日］城山智子：《大萧条时期的中国——市场、国家与世界经济（1929—1937）》，孟凡礼、尚国敏译，江苏人民出版社，2010。

［86］仲伟民：《茶叶与鸦片：十九世纪经济全球化中的中国》，生活·读书·新知三联书店，2010。

［87］姜世中主编：《气象学与气候学》，科学出版社，2010。

［88］张丽：《非平衡化与不平衡——从无锡近代农村经济的发展看中国近代农村经济的转型（1840—1949）》，中华书局，2010。

［89］张伟保：《经济与政治之间——中国经济史专题研究》，厦门大学出版社，2010。

［90］林满红：《银线：19世纪的世界与中国》，詹庆华等译，江苏人民出版社，2011。

［91］［德］贡德·弗兰克：《白银资本：重视经济全球化中的东方》，刘北成译，中央编译出版社，2011。

［92］马长林等：《上海公共租界城市管理研究》，中西书局，2011。

［93］杜恂诚主编：《中国近代经济史概论》，上海财经大学出版社，2011。

［94］［英］布莱恩·威廉·克拉普：《工业革命以来的英国环境史》，王黎译，中国环境科学出版社，2011。

［95］［英］罗伯特·艾伦：《近代英国工业革命揭秘：放眼全球的深度透视》，毛立坤译，浙江大学出版社，2012。

［96］刘刚等编著：《大气环境监测》，气象出版社，2012。

［97］张伟保：《艰难的腾飞：华北新式煤矿与中国现代化》，厦门大学出版社，2012。

［98］左琰、安延清：《上海弄堂工厂的生与死》，上海科学技术出版社，2012。

［99］顾吾浩主编:《城镇化历程》,同济大学出版社,2012。

［100］刘清等主编:《大气污染防治》,冶金工业出版社,2012。

［101］袁家明:《近代江南地区灌溉机械推广应用研究》,中国农业科学技术出版社,2013。

［102］方立松:《中国传统水车研究》,中国农业科学技术出版社,2013。

［103］［英］E.A.里格利:《延续、偶然与变迁:英国工业革命的特质》,侯琳琳译,浙江大学出版社,2013。

［104］温国胜主编:《城市生态学》,中国林业出版社,2013。

［105］［美］罗伯特·海夫纳三世:《能源大转型:气体能源的崛起与下一波经济大发展》,马圆春、李博抒译,中信出版社,2013。

［106］陈宝云:《中国早期电力工业发展研究:以上海电力公司为基点的考察（1879—1950）》,合肥工业大学出版社,2014。

［107］戴鞍钢:《中国近代经济地理（第二卷）:江浙沪近代经济地理》,华东师范大学出版社,2014。

［108］万勇:《近代上海都市之心:近代上海公共租界中区的功能与形态演进》,上海人民出版社,2014。

［109］［法］白吉尔:《上海史:走向现代之路》,王菊、赵念国译,上海社会科学院出版社,2014。

［110］张济顺:《远去的都市:1950年代的上海》,社会科学文献出版社,2015。

［111］孔健健等编著:《环境学原理及其方法研究》,中国水利水电出版社,2015。

［112］王衍富主编:《呼吸系统健康》,中国协和医科大学出版社,2015。

［113］［美］彼得·索尔谢姆:《发明污染:工业革命以来的煤、烟与文化》,启蒙编译所译,上海社会科学院出版社,2016。

［114］［澳］彼得·布林布尔科姆:《大雾霾:中世纪以来的伦敦空气污染史》,启蒙编译所译,上海社会科学院出版社,2016。

［115］吴翎君:《美孚石油公司在中国（1870—1933）》,上海人民出版社,2017。

[116] 杨琰:《政企之间：工部局与近代上海电力照明产业研究（1880—1929）》,上海社会科学院出版社,2018。

[117] ［加］瓦科拉夫·斯米尔:《能源转型：数据、历史与未来》,高峰等译,科学出版社,2018。

[118] ［加］瓦科拉夫·斯米尔:《能量与文明》,吴玲玲、李竹译,九州出版社,2021。

[119] 黄河:《近代苏州电力事业研究》,安徽师范大学出版社,2019。

[120] 侯嘉星:《机器业与江南农村：近代中国的农工业转换（1920—1950）》,政治大学出版社,2019。

[121] ［美］大卫·斯特拉德林:《烟囱与进步人士：美国的环境保护主义者、工程师和空气污染（1881—1951）》,裴广强译,社会科学文献出版社,2019。

[122] ［美］威廉·卡弗特:《雾都伦敦：现代早期城市的能源与环境》,王庆奖、苏前辉译,社会科学文献出版社,2019。

[123] 陈富强编著:《中国电力工业简史（1882—2021）》,中国电力出版社,2022。

[124] ［英］尹懋可:《中国的历史之路：基于社会和经济的阐释》,王湘云等译,浙江大学出版社,2023。

七、论文

[1] 马伯煜:《论旧中国刘鸿生企业发展中的几个问题》,《历史研究》1980年第3期。

[2] 马伯煜:《刘鸿生的企业投资和经营》,《社会科学》1980年第5期。

[3] 王锦光、闻人军:《中国早期对蒸汽机和火轮船的研究制造》,《自然辩证法通讯》1981年第3期。

[4] 凌大燮:《我国森林资源的变迁》,《中国农史》1983年第2期。

[5] 李荣昌:《上海开埠前西方商人对上海的了解与贸易往来》,《史林》1987年第3期。

[6] 郑亦芳:《中国电气事业的发展,1882—1949》,台湾师范大学博士学

位论文，1988。

［7］咸金山：《中国近代农机改良事业述评》，《古今农业》1989年第1期。

［8］李伯重：《明清江南工农业生产中的燃料问题》，《中国社会经济史研究》1984年第4期。

［9］李伯重：《明清江南地区造船业的发展》，《中国社会经济史研究》1989年第1期。

［10］李伯重：《"天""地""人"的变化与明清江南的水稻生产》，《中国经济史研究》1994年第4期。

［11］李伯重：《"道光萧条"与"癸未大水"——经济衰退、气候剧变及19世纪的危机在松江》，《社会科学》2007年第6期。

［12］林美莉：《外资电业的研究（1882—1937）》，台湾大学硕士学位论文，1990。

［13］王树槐：《中国早期的电气事业，1882—1928：动力现代化之一》，"中研院"近代史研究所编印《中国现代化论文集》，1991。

［14］王树槐：《首都电厂的成长（1928—1937）》，"中研院"《近代史研究所集刊》第20期，1991年6月。

［15］王树槐：《振亨电灯公司发展史：1915—1937》，载"中华民国"建国八十年学论集编辑委员会编《"中华民国"建国八十年学术讨论集》，近代中国出版社，1991。

［16］王树槐：《江苏武进戚墅堰电厂的经营（1928—1937）》，"中研院"《近代史研究所集刊》第21期，1992年6月。

［17］王树槐：《上海闸北水电公司的电气事业，1910—1937》，载中华民国史专题第二届讨论会秘书处编《中华民国史专题第二届讨论会论文集》，"国史馆"，1993年9月。

［18］王树槐：《上海浦东电气公司的发展（1919—1937）》，"中研院"《近代史研究所集刊》第23期，1994年6月。

［19］王树槐：《江苏省第一家民营电气事业——镇江大照电气公司（1904—1937）》，"中研院"《近代史研究所集刊》第24期下，1995年6月。

［20］王树槐：《上海翔华电气公司（1923—1937）》，载"中央研究院"近代史研究所编《郭廷以先生九稚诞辰纪念论文集》上册，"中央研究院"近代史研究所，1995。

［21］王树槐：《上海闸北水电厂商办的争执，1920—1924》，"中研院"《近代史研究所集刊》第25期，1996年6月。

［22］王树槐：《上海华商电气公司的发展》，载"中央研究院"近代史研究所编《近世中国之传统与蜕变：刘广京院士七十五岁祝寿论文集》上册，"中央研究院"近代史研究所，1998。

［23］王树槐：《张人杰与杭州电厂》，"中研院"《近代史研究所集刊》第43期，2004年3月。

［24］王树槐：《中国早期的电价纠纷，1918—1937》，载李国祁主编《郭廷以先生百岁冥诞纪念史学论文集》，商务印书馆，2005。

［25］唐文起：《旧中国江苏地区农业机器使用情况概述》，《江苏经济探讨》1992年第11期。

［26］唐凌：《抗战时期的中国煤矿市场》，《近代史研究》1996年第5期。

［27］方行：《清代江南农民的消费》，《中国经济史研究》1996年第3期。

［28］经盛鸿：《南京近代的铁路建设》，载南京市人民政府经济研究中心编《下关开埠与南京百年》，方志出版社，1999。

［29］戴鞍钢、阎建宁：《中国近代工业地理分布、变化及其影响》，《中国历史地理论丛》2000年第1期。

［30］朱德明：《20世纪30年代上海公共租界环境卫生治理概况》，《中华医史杂志》2000年第4期。

［31］曾雄生：《从江东犁到铁搭：9世纪到19世纪江南的缩影》，《中国经济史研究》2003年第1期。

［32］熊月之：《照明与文化：从油灯、蜡烛到电灯》，《社会科学》2003年第3期。

［33］王印焕：《交通近代化过程中人力车与电车的矛盾分析》，《史学月刊》2003年第4期。

［34］马学强：《清代江南物价与居民生活：对上海地区的考察》，《社会

科学》2003 年第 11 期。

［35］上海社会科学院、上海高校都市文化 E- 研究院编印:《上海开埠
160 周年国际学术讨论会会议论文集》,2003。

［36］邢建榕:《水电煤:近代上海公用事业演进及华洋不同心态》,《史
学月刊》2004 年第 4 期。

［37］王茂亭:《影响棉籽出油率的因素浅析》,《新疆农机化》2004 年第
3 期。

［38］丁贤勇:《新式交通与生活中的时间:以近代江南为例》,《史林》
2005 年第 4 期。

［39］俞金尧:《访谈英国史学家 E.A. 里格利》,《史学理论研究》2005 年
第 4 期。

［40］［英］E.A. 里格利:《探问工业革命》,俞金尧译,《历史研究》2006
年第 2 期。

［41］刘岸冰:《近代上海城市环境卫生管理初探》,《史林》2006 年第
2 期。

［42］汪波:《南浔社会的近代变迁（1840—1937）》,浙江大学博士学位论
文，2006 年。

［43］陈梅龙、沈月红:《近代浙江洋油进口探析》,《宁波大学学报》（人
文科学版）2006 年第 3 期。

［44］陈文彬:《民营公用事业:"监理"还是"监督"？——关于近代
上海公用事业管理方式的一场官商之争（1927—1930）》,《史林》
2006 年第 2 期。

［45］张东刚、李东升:《近代中国民族棉纺织工业技术进步研究》,《经
济评论》2007 年第 6 期。

［46］吴宇新:《煤气照明在中国:知识传播、技术应用及其影响考察》,
内蒙古师范大学硕士学位论文，2007 年。

［47］袁家明、惠富平:《民国时期苏锡常地区新式排灌机械发展及原因
探析》,《南京农业大学学报》（社会科学版）2007 年第 4 期。

［48］王力:《20 世纪初期中日煤炭贸易的分析》,《中国经济史研究》

2008 年第 3 期。

［49］孙烈等：《传统立轴式大风车及其龙骨水车之调查与复原》，《哈尔滨工业大学学报》（社会科学版）2008 年第 3 期。

［50］朱佩禧：《抗战时期上海的"煤荒"研究》，《社会科学》2009 年第1 期。

［51］王建革：《华阳桥乡：水、肥、土与江南乡村生态（1800—1960）》，《近代史研究》2009 年第 1 期。

［52］薛秩群：《电气事业的主权之争与公私之争——1929 年上海工部局出售电气处之考察》，"两岸三地历史学研究生论文发表会"论文，上海大学，2009 年。

［53］戴鞍钢：《清末民初上海与杭州的交通联系》，上海市档案馆编：《上海档案史料研究》第 9 辑，生活・读书・新知三联书店，2010。

［54］柴国生：《中国古代农用畜力能源体系构成及利用形式浅探》，《农业考古》2010 年第 1 期。

［55］廖大伟、罗红：《从华界垃圾治理看上海城市的近代化（1927—1937）》，《史林》2010 年第 2 期。

［56］傅喆、[日] 寺西俊一：《日本大气污染问题的演变及其教训——对固定污染发生源治理的历史省察》，《学术研究》2010 年第 6 期。

［57］胡茂胜：《晚清至抗战前士绅与江苏农业近代化研究》，南京农业大学博士学位论文，2011。

［58］樊果：《近代上海公共租界中的电费调整及监管分析：1930—1942》，《中国经济史研究》2011 年第 4 期。

［59］樊果：《上海公共租界工部局电力监管研究》，《中国经济史研究》2014 年第 2 期。

［60］李沛霖：《抗战前南京城市公共交通研究（1907—1937）》，南京师范大学博士学位论文，2012。

［61］李沛霖：《公共交通与城市现代性：以上海电车为中心（1908—1937）》，《史林》2018 年第 3 期。

［62］肖爱丽：《上海近代纺织技术的引进与创新——基于〈申报〉的综

合研究》，东华大学博士学位论文，2012。

［63］朱伟:《旧上海道路照明的演进》,《都会遗踪》2012 年第 2 期。

［64］殷志华、惠富平:《再论明清时期太湖地区的铁搭与牛耕》,《中国
农史》2012 年第 4 期。

［65］《能源转换》,《能源与节能》2012 年第 7 期。

［66］王静雅:《南京国民政府建设委员会电业规划与实践研究——以 20
世纪 30 年代长江中下游地区为例》,《华北电力大学学报》（社会科
学版）2012 年第 6 期。

［67］王静雅:《建设委员会与民国窃电问题治理——以 1930 年代长江中
下游地区为例》,《暨南学报》（哲学社会科学版）2012 年第 6 期。

［68］王静雅:《论近代民族资本主义工业发展历程及特点——以 20 世纪
30 年代以前长江中下游电业为例》,《石河子大学学报》（哲学社会
科学版）2013 年第 4 期。

［69］毛立坤:《日货称雄中国市场的先声：晚清上海煤炭贸易初探》,
《史学月刊》2013 年第 2 期。

［70］侯嘉星:《中国近代农业机械化发展——以抽水机灌溉事业为例》,
《民国研究》2013 年第 2 期。

［71］蔡昉:《理解中国经济发展的过去、现在和将来——基于一个贯通
的增长理论框架》,《经济研究》2013 年第 11 期。

［72］裴广强:《清代山东煤炭资源开发的时空特征及其运销格局》,《中
国矿业大学学报》（社会科学版）2014 年第 1 期。

［73］裴广强:《想象的偶然——从近代早期中英煤炭业比较研究中的几
个关键问题看加州学派的分流观》,《清史研究》2014 年第 3 期。

［74］裴广强:《工业革命史煤炭问题研究中的三个维度》,《史学理论研
究》2015 年第 2 期。

［75］裴广强:《近代以来西方主要国家能源转型的历程考察——以英荷
美德四国为中心》,《史学集刊》2017 年第 4 期。

［76］裴广强:《近代上海的空气污染及其原因探析——以煤烟为中心的
考察》,"中研院"《近代史研究所集刊》第 97 期，2018 年 2 月。

［77］裴广强：《近代上海空气污染的影响探析——以煤烟为中心的考察》，《中国社会经济史研究》2019年第1期。

［78］裴广强：《近代上海公共租界煤烟污染治理的实践与困境（1863—1943）》，《清华大学学报》（哲学社会科学版）2023年第3期。

［79］高明：《国家资本主义：中国式重建的开端——以"上海联合电力公司"为例》，《学术界》2014年第11期。

［80］高明：《边缘之路：战后中国经济的重建——基于民国时期上海燃料管理机构档案的研究》，《史林》2017年第3期。

［81］刘文楠：《治理"妨害"：晚清上海工部局市政管理的演进》，《近代史研究》2014年第1期。

［82］常旭：《旧海关史料与煤油进口（1863—1904）》，《中国经济史研究》2015年第5期。

［83］常旭：《中国近代煤油埠际运销与区域消费（1863—1931）》，《中国经济史研究》2016年第6期。

［84］陈碧舟：《美商上海电力公司经营策略研究（1929—1941）》，上海社会科学院博士学位论文，2018年。

［85］陆伟芳等：《西方国家如何治理空气污染》，《史学理论研究》2018年第4期。

［86］黄河：《对民国前期苏州收回电权运动中商界的考察》，《近代中国》2018年第2期。

［87］黄河：《民国前期国人的科技观念——以苏州民众对电的认知为例》，《民国研究》2019年第3期。

［88］张珺：《近代中日煤炭贸易——以上海对日本煤炭的进口为中心》，《清史研究》2021年第2期。

［89］张珺：《近代上海市场的中外煤炭竞争》，《近代史研究》2023年第4期。

［90］陆烨：《近代上海公共租界的噪音治理》，《近代史研究》2022年第1期。

八、外文资料

［1］［日］天海谦三郎:《支那の电気事业に関する调查》，三菱合资会社资料课印行，1925。

［2］EF Section，IE Conference，"Memorandum on Iron and Steel Industry"，*League of Nations*，1927.

［3］A.K. Chalmers，*The Health of Glasgow，1818-1925: An Outline*，Glasgow: Printed by Authority of the Corporation，1930.

［4］J.U.Nef，*The Rise of the British Coal Industry*，George Routledge & Sons Ltd，1932.

［5］［日］山下直登:《日本資本主義確立期における東アジア石炭市場と三井物産——上海市場を中心に》，《エネルギー史研究: 石炭を中心として》第8号，1977年6月。

［6］［日］山下直登:《日本資本主義確立期における上海石炭市場の展開》，《エネルギー史研究: 石炭を中心として》第9号，1977年11月。

［7］J.Gimpell:《中世の产业革命》，坂本贤三译，岩波书店，1978。

［8］［日］杉山伸也:《幕末、明治初期における石炭輸出の動向と上海石炭市場》，《社会経済史学》第43卷第6号，1978年3月。

［9］Thomas P. Hughes，*Networks of Power: Electrification in Western Society，1880-1930*，Baltimore and London: The Johns Hopkins University Press，1983.

［10］［日］塚瀬進:《上海石炭市場をめぐる日中関係（1896—1931年）》，《アジア研究》第35卷第4号，1989年9月。

［11］David Nye，*Electrifying America: Social Meanings of a New Technology，1880-1940*，Cambridge，MA: MIT Press，1990.

［12］Tim Wright，"Electric Power Production in Pre-1937 China"，*China Quarterly*，Vol.126，June 1991.

［13］［日］金丸裕一:《中国「民族工業の黄金時期」と電力産業—

1879—1924 年の上海市・江蘇省を中心に一》，《アジア研究》第 39 卷第 4 号，1993 年 8 月。

［14］［日］金丸裕一：《从破坏到复兴？——从经济史来看"通往南京之路"》，《近代中国》第 122 期，1997 年 12 月。

［15］［日］金丸裕一：《统计表中之江苏电业——以「建国十年」时期为中心的讨论稿》，《立命館経済学》第 48 卷第 5 号，1999 年。

［16］［日］金丸裕一：《「中支電気事業調査報告書」（昭和 13 年 2 月）の一考察》，《立命館経済学》第 54 卷第 4 号，2005 年 11 月。

［17］Clapp，B.W，*An Environmental History of Britain*，London：Longman，1994.

［18］Joel A. Tarr，*The Search for the Ultimate Sink：Urban Pollution in Historical Perspective*，Akron：University of Akron Press，1996.

［19］Little. Daniel，*Microfoundations，Method and Causation：On the Philosophy of the Social Sciences*，New Jersey：Transaction Publishers，1998.

［20］Stephen Mosley，*The Chimney of the World：A History of Smoke Pollution in Victorian and Edwardian Manchester*，Cambridge：The White Horse Press，2001.

［21］W.A. Thomas，*Western Capitalism in China：A History of the Shanghai Stock Exchange*，Aldershot：Ashgate Publishing Limited，2001.

［22］E.A.Wrigley，*Poverty，Progress，and Population*，Cambridge：Cambridge University Press，2004.

［23］E.A.Wrigley，*Energy and the English Industrial Revolution*，Cambridge University Press，2010.

［24］E.A.Wrigley，*The Path to Sustained Growth. England's Transition from an Organic Economy to an Industrial Revolution*，Cambridge：Cambridge University Press，2016.

［25］Vaclav Smil，"World History and Energy"，in C. Cleveland，ed. *Encyclopedia of Energy*，Vol. 6，New York：Elsevier，Amsterdam，

2004.

[26] Bruce Podobnik, *Global Energy Shifts: Fostering Sustainability in a Turbulent Age*, Philadelphia: Temple University Press, 2006.

[27] Malanima, P., *Energy Consumption in Italy in the 19th and 20th Centuries*, Naples: Consiglio Nazionale delle Ricerche, 2006.

[28] Malanima, P., "Energy Consumption in England and Italy, 1560–1913. Two Pathways Toward Energy Transition", *Economic History Review*, No.3, 2015.

[29] Warde, P., *Energy Consumption in England and Wales 1560-2000*, Naples: Consiglio Nazionale delle Ricerche, 2007.

[30] Kinder, A. and P.Warde, "Number, Size and Energy Consumption of Draught Animals in European Agriculture", *Centre for History and Economics Working Paper*, 2009.

[31] Frank Uekötter, *The Age of Smoke Environmental Policy in Germany and the United States, 1880-1970*, Pittsburgh: University of Pittsburgh Press, 2009.

[32][日] 福士由紀:《近代上海と公衆衛生防疫の都市社会史》, 御茶の水書房, 2010。

[33] Vaclav Smil, *Energy Transitions: History, Requirements, Prospects*, Santa Barbara: Praeger, 2010.

[34] Peter A. O'Connor, "Energy Transitions", Adil Najam, *The Pardee Papers Series*, Boston University, No. 12, November 2010.

[35] Roger Fouquet, "The Slow Search for Solutions: Lessons from Historical Energy Transitions by Sector and Service", BC3 Working Paper Series, May 2010.

[36] R.C.Allen, "Why the Industrial Revolution Was British: Commerce, Induced Invention, and the Scientific Revolution", *The Economic History Review*, Vol.64, No.2, 2011.

[37] Richard W. Unger, John Thistle, *Energy Consumption in Canada in the*

19th and 20th Centuries, A Statistical Outline, 2013.

[38] Astrid Kander (eds.), *Power to the People: Energy in Europe over the Last Five Centuries*, Princeton: Princeton University Press, 2013.

[39] Jochen Hauff, et al., "Global Energy Transitions: A Comparative Analysis of Key Countries and Implications for The International Energy Debate", *World Energy Council*, Berlin: Weltenergierat–Deutschland, 2014.

[40] Isabella Jackson, *Shaping Modern Shanghai: Colonialism in China's Global City*, Cambridge: Cambridge University Press, 2017.

[41] Chieko Nakajima, *Body, Society, and Nation: The Creation of Public Health and Urban Culture in Shanghai*, Cambridge: Harvard University Press, 2018.

后 记

写作本书的最初动机，可以说由来已久。我的父亲是山东省莱芜市莱城区斛林煤矿一名普通的工人，直到退休之前，他在煤矿工作了34年之久（1976—2010）。小时候，父亲曾经带我去他工作的地方玩耍。那高高的煤山，轰隆隆的卷扬机，漆黑的矿场，至今在我的脑海中留有清晰的印象。据母亲说，30余年里，不管刮风下雨，父亲几乎从来没有迟到或请假过。而母亲则在背后默默支持父亲的工作，承担了家中繁重的劳务。我不知道在雨天里父亲骑着自行车（1998年后为摩托车）是如何行驶的，但现在回头想想，方才理解父亲的艰辛与生活的不易。因此，如果说算起我与能源史结缘的最初源头的话，那应当来自对父亲和母亲的敬佩以及幼时对父亲所在煤矿单位的"观察"。

从个人学术史的角度而言，我初涉能源史的研究应始于本科毕业论文设计。当时，只想对家乡莱芜古代时期的矿业开采活动做一番简要的论述。回头来看，虽然其内容不尽如人意，存在颇多不足，但却让我正式开启了能源史的学术训练。在2009年考取中国人民大学研究生之后，我仍延续对煤炭史的研究，因此硕士论文选题在本科的基础上扩而大之，变为对有清一代山东煤炭开采活动的整体性探讨。待2012年"升级"为博士研究生之后，我仍旧没有放弃这一以往的学术兴趣点，依然痴迷于对能源史的学习和探究。本书即是在博士毕业论文基础上的进一步拓展和深化。与硕士、博士论文相比，本书呈现了明显的变化。这主要表现在研究的地域转变了，从山东转到了江南；研究的对象增多了，从煤炭增加到煤炭、石油、电力等类目；研究的内容增加了，从关注经济、社会到兼顾生态环境；研究的方法多样化了，从侧重史实梳理、定性研究到兼涉多学科的方法。

促使这一学术转型的内在动力，来自我本人对能源史重要性的不断认识。

如果说本科时期对煤炭史的关注多出于带有追寻故乡史事、弘扬先人伟业的家乡情感在内，那么本书的写作，更多的是出于对现实的反思、对国内外经济史研究趋势的把握以及能源史研究学理延伸的结果。作为一个能源生产和消耗大国，中国的能源问题目前受到社会各界的高度关注。不过，能源消费结构的转型、能源的生产与进口、能源对社会经济和环境的影响、能源安全与能源依附等问题，却并非可以称为一个新问题，实际上抗战之前在以上海为中心的江南地区即已存在。在史学研究领域，迄至目前，国内尚没有学者就这些问题进行过整体性、专门性的研究。相比而言，国际经济史和能源史学界则比较重视对能源史的研究。尤其是随着"加州学派"掀起的关于中西分流的讨论，倾向于将能源视为核心问题之一，西方学界开始围绕能源史展开新一轮的研究热潮。这一落后局面的存在，已明显不利于我们较为完整地认识近代中国社会经济和环境变迁的全貌，同样也不利于科学度量中国近代工业化的发展程度。在如此大的学术背景之下，我尝试就近代中国经济中心——江南地区的能源史问题展开集中性探讨。不过，由于国内学界整体研究现状的不充分以及自身学术能力的有限，出现各种不足也就在所难免。事实上，本书仍属于对近代江南能源史的粗线条勾勒，甚至在某些地方还存在遗漏，较"完美"二字距离尚远。这些问题的存在，是促使我未来进一步思考的动力，也是让我决定不再叨扰前辈学者或师友作序的主要原因。

在写作本书的过程中，我得到一些老师和朋友的帮助甚多。首先，在此对我的博士导师何瑜教授致以诚挚的谢意。在四年的博士求学期间，何老师一丝不苟的治学态度和对不同学术方向的包容精神，使我受益良多。其次，我想对我的硕士导师赵珍教授表达崇高的敬意。犹记15年之前，赵老师以环境史为孔径，启人心智，引领我走入学术研究的殿堂。赵老师传授给我的为人、为事、为学术的种种告诫以及生活方面慈母般的恩情，是我一生都难以忘却的。再者，我博士所就学的清史研究所的多位老师，也曾以他们高深的学术造诣，指点我懵懂迷茫的学术求索之路。夏明方教授、朱浒教授、黄兴涛教授、曹新宇教授、杨剑利副教授等，在论文的开题及预答辩环节，都曾给予本文以指导性意见。清史所宽松的治学环境，良好的学术氛围，确是滋养人才的一方沃土。能够在此接受各位高师的指点，是我今世的荣幸！

　　除此之外，我亦通过多种渠道有幸从所外多位学者处获得良多教益，这包括中国社会科学院的赫治清教授，清华大学的仲伟民教授、倪玉平教授，武汉大学的薛毅教授，南京大学的马俊亚教授，淮阴师范学院的李德楠教授，聊城大学的胡其柱副教授，同济大学的陈颖军教授，青岛大学的赵九洲教授，河南师范大学的王守谦教授，中国科学院的葛全胜教授，澳门大学的张伟保副教授，台湾东华大学的吴翎君教授，日本九州大学的中岛乐章准教授，日本立命馆大学的金丸裕一教授，英国剑桥大学的 E.A.Wrigley 教授、Paul Warde 教授，瑞典隆德大学的 Astrid Kander 教授，意大利卡坦扎罗大学的 Paolo Malanima 教授，加拿大曼尼托巴大学的 Vaclav Smil 教授，澳大利亚国立大学的 Tim Wright 教授以及美国密西西比州立大学的 Mark D. Hersey 副教授，等等。我不一定全部采纳他们的意见，但他们的真知灼见以及观察问题的角度，却常常令我服膺。这些都无疑对本文从总体框架布局到具体论述方面，起到了相当建设性的作用。

　　本书的主体部分曾在《清史研究》、《清华大学学报》（哲社版）、《中国社会经济史研究》、《山东社会科学》、《民国研究》、《中国矿业大学学报》（哲社版）以及台北"中研院"《近代史研究所集刊》和美国 *Environmental History* 等期刊上发表，因此也就多次得到若干匿名外审专家的批评和指正。虽然不曾予名，但是我却深深感到前辈们治学的严谨，纠正了我可能犯下的许多错误。因此，特此向这些前辈专家们表示敬意。同时，我亦感恩于本书责任编辑鲍鹏飞老师严格的学术要求与严谨的工作态度！

　　最后，我还要特别感谢我的妻子班婷婷。相知至今近廿载，终生堪作有缘人。这些年来，为了支持我的工作，她默默地承担和付出了很多。从聊城到北京，再到福冈、西安和深圳，一路风风雨雨，无怨无悔。2020 年宝贝暖暖出生以后，她更是全部担负起了繁重的育儿工作，多少个日夜难以安寝。如果缺少了这样一份特殊的支持，本书的完成是绝无可能的。谨将此书献给她。

初稿于人大品园 3 栋

复修于深圳南山朗麓家园

2024 年 8 月